STURMARTILLERIE

FRANZ KUROWSKI und GOTTFRIED TORNAU

突撃砲兵 上

[著]
フランツ・クロウスキー＋ゴットフリート・トルナウ
[訳]
高橋慶史

大日本絵画
dainippon kaiga

目次

突撃砲兵

一通の覚書きが戦史を変えた

『突撃砲は、戦闘重点の歩兵を直接支援するために、攻撃および防御の両面において投入された。

優秀な火力と機動力は、特に低い車高と厚い正面装甲と相まって、この兵器の本質的な特徴となった。

1943年までの突撃砲兵は、すべての階級においてその大半が志願兵であったが、彼等はこの生まれたばかりの兵器に強い印象を受けた。あらゆる戦域で響いた「突撃砲、前へ！」という声は、長い戦争期間中の激しい戦闘において、あるいは万策尽きた決定的瞬間に兵士に希望を与え、救いをもたらした。』

第二次大戦における突撃砲に関する一章を、極端に短く要約して書くとこのようになるであろう。この突撃砲を創り出した人々の想像力は、誠に先見性があって現実に即したものであり、戦争中の実戦投入の可能性はもちろんのこと、その必要性まで予見していた。将兵と技術者の大胆な計画と優秀な能力によってこの兵器は創造され、兵器システムとして命を与えられ、そしてなによりも突撃砲兵により、冷たい鉄の塊へ精神と生命の息吹が満たされたのである。彼等の偉業については、辛く苦難の時代における突撃砲の功績について、冷徹な研究家や辛辣な批評家でさえも認知し、賞賛していることからも理解できよう。課せられた以上の義務を果たし、長年にわたる激しい苦闘において信じられないような功績を残したことを考えるに当たり、そのデザインに託された可能性を良く理解する必要がある。

突撃砲のシステムは、個々の兵士、部隊に配属された突撃砲の乗員、弾薬あるいは燃料運搬係、小隊長、砲長と指揮官、兵卒、整備部隊と修理工場、オートバイ伝令、炊事当番と衛生兵、すなわち戦闘部隊の兵士と後方支援の兵士のすべてが参加しており、その記憶が現在も未来にも生き続けることは当然であると言えよう。

突撃砲兵とその兵装、すなわち突撃砲は、後の元帥であるフォン・マンシュタインの提案により誕生したものであった。当時、彼は陸軍参謀本部作戦課長の地位にあり、攻撃の際に、あらゆる状況下において迅速かつ有効な火力支援が可能な、新時代に適応した強力な火力と機動性を兼ね備えた歩兵支援用装甲車両の開発計画を策定していた。

1935年にマンシュタインにより、陸軍総司令官および陸軍参謀長宛ての覚書きの中で一つの提言が行なわれた。この提言は、第一次大戦における歩兵用支援兵器の使用がヒントになっており、これを再び採用し、最新技術を適用した歩兵を直接支援する装甲化自走砲として用いるという概念であった。

突撃砲兵の発案者にして生みの親のエーリヒ・フォン・マンシュタイン元帥

この覚書きには〝突撃砲兵〟と言う名称がすでに打ち出されており、この新しい攻撃兵器は現実的には砲兵によって運用されることがはっきりと提唱されていた。また、各歩兵師団は、各6両の突撃砲を有する3個中隊編成の1個突撃砲大隊を配備するとされた。

この提言は、当初はOKH（陸軍総司令部）の各部署の反対がないわけではなかったが、最終的には陸軍総司令官フォン・フリッチェ上級大将の承認を受け、兵器局がこの兵器を速やかに開発した後、1939年秋までにすべての現役師団、そして1940年には予備師団に各1個突撃砲大隊（最初の各中隊は4両編成）を配備するという計画が、1937年秋にフリッチェ上級大将により裁可署名された。

しかし残念なことに、この配備計画はフォン・フリッチェ上級大将の退任とマンシュタイン自身のOKHからの離任により、著しく遅延することとなった。この遅延は百害あって一利なしであり、単に後任の陸軍総司令官フォン・ブラウヒッチェによって計画が変更された結果であった。この計画によれば、工場の製造設備容量は原案の計画を満たすとされたものの、限られた数の突撃砲兵大隊を陸軍部隊として編成し、実質的には1940年夏までにわずか数個の独立中隊を編成すると言うものであった。しかも最初の原型車両が、すでに1938年初頭よりデーベリッツ演習場において申し分ない試験結果を出していたにもかかわらずである。この結果、この兵器は戦争前に開発が終了し、戦争勃発の際にはある程度の数が運用可能となるはずであったが、実際、戦争が起こってみると数が全く不足することとなった。すなわち、人事異動により提案者と決定者であるフォン・マンシュタイン、フォン・フリッチェとベック将軍が、OKHから第一線部隊へ転出した後、突撃砲部隊の創設は著しく後退し妨げられてしまったのである。

前大戦の突撃砲的な兵器を再び採用しようという原案は、第一次大戦最終年の戦訓にその一端を求められる。当時、戦車に支援された敵の強力な歩兵攻撃が発起された場合、馬匹に牽引されて個々に前進した野砲のみが、かろうじてこれを撃退することに成功していた。この場合、志願して選ばれた鉄の神経を持った豪胆な兵士のみが、この歩兵支援用野砲の任務に当たったが、人的および物的損害は際立って高く、生命の保証は全くなかった。

興味深い事は、後の突撃砲の前身である戦闘車両は、1917年の西部戦線で敵と睨み合い密集した戦線において、初めて戦車と出くわしたドイツ軍の対抗策であったとみなされる点である。大損害を被りながらも大きな戦果が得られるようになったのは、実際には対戦車兵器の使用が開始されてからであり、その時までは近接防御兵器のほかは、非常に危険な戦車に対する防御兵器は皆無であった。そして戦況は、それ以後、本質的に守勢に転じていったのである。

どちらかと言えば、その前身の戦闘車両は、フランス語の[artillerie d'assault]（突撃砲兵）を用いるのが適当であろう。この軽装甲が施された装軌式車両に搭載された野砲は、1917年の春、すなわちカンブレーやアラス会戦の半年前に姿を現し、折にふれて防御に、しかし大部分は攻撃に投入された。この戦闘車両は、それが応急措置的対策であることと得られた戦果を考慮すると、当時の原始的な戦車の先祖と勝るとも劣らない着想であったと言える。

従って、1935年に開始された計画において、本質的には攻撃作戦に投入するという方針は当然であった。その目的は、攻撃する歩兵部隊に随伴して支援する兵器を配備することであり、可能な限り〝ラムボック〟（角をふりかざして突進する雄山羊）として、あらゆる類いの敵の頑強な抵抗を制圧し、さらなる攻撃の拡大や敵前線への侵入・突破の経路を確保することにあった。当時は、まず砲兵の援護射撃を行なってから歩兵が敵前線に侵入するのが一般的であったが、突撃砲の主任務は、この砲兵と歩兵の間に生じる隙間をなくそうというものであった。と言うのも、この重要で決定的な場面において砲兵は、もともと後方の塹壕目標に対する効果が少ないうえに、近距離偵察の不足やなによりも友軍への誤射撃の危険性があったため、必ずしも充分な援護射撃を歩兵に与えることができなかった。突撃砲の新たな任務は、前線へ侵入した攻撃中の歩兵部隊を、有効的かつ戦闘の決定的段階で支援することにあり、裏を返すと、歩兵と直接協同することによる防御戦闘にも投入可能であった。この計画性と理論性がいかに優れたものであったかは、第二次大戦のあらゆる戦局においてそれが証明されている。

この開発は、基本的な概念として突撃砲の軍事的要求が生じた1935年から始められたが、当然のことながら戦術的必要性や具体化への技術的な可能性について、充分な検討がなされた。突撃砲の創設においても、古今東西の大型兵器開発の例に漏れず、異なった見解を調整し、摩擦を解消し、障害を除去して小児病的初期トラブルを克服しなければならなかった。

マンシュタイン元帥の着想どおり、新しい兵器の所轄は砲兵科にとどまるという決定がようやくなされた以降、突撃砲の開発は、後の元帥となる当時歩兵大佐であったモーデルと当時のレッティンガー歩兵少佐（後の初代ドイツ連邦軍陸軍総監）の指導により、新設の陸軍参謀本部第8課（技術担当）で行なわれることとなった。思い起こすと、将来偉大な兵器となる突撃砲も、創生期においては継子のような全く冷淡な扱い方をされており、いささかドタバタ悲喜劇の感を免れない。戦争中において歩兵や戦車部隊が、突撃砲を砲兵から分離して自ら編成するという試みを何度も画策し、結局、失敗したという事実からその印象はより強くなる。

突撃砲は歩兵の支援兵器か？それとも〝戦車の墓堀人夫〟か？

最初、突撃砲は歩兵の支援兵器として、その兵器体系としても組織としても運用することは当然のことであった。当時の歩兵科は、一番最初にその先見性に満ちた兵器の価値を認識した部署であったが、大量に消費する弾薬・燃料補給や、技術的整備や修理などの問題をとても克服できそうもなく、結局、自ら開発してこれを運用する考えを放棄したのであった。

戦車部隊も完全にこれを拒否した。この理由は、開始されたばかりの戦車製造計画に悪影響を及ぼし、単純に生産量が落ちると考えたからであり、無理からぬことであった。事実、我ドイツ戦車部隊の創設者である後の上級大将であるグデーリアンは、事あるごとにすべての生産設備を戦車の製造に振り向けるよう、頑強に主張していたのである。そのうえ、堅い戦車部隊の団結を危うくするという意見や、各種口径の自動火器による敵の防御力の向上を考慮すると、歩兵支援用の戦車部隊は避けるべきであるなど、説得力に乏しい意見が幅を聞かせた。また、突撃砲の製造は戦車と比較して安上がりであり、コストを掛けずに装甲車両の全体数を多くすることが可能である、と言う指摘にも無関心であった。また、砲塔を撤去した分、強力な大口径砲が突撃砲に搭載可能である、

グデーリアン大将

という切り札も、結局のところ認知されなかった。ご承知のとおり、二次大戦の戦訓は、常に強化される敵戦車との戦闘においては、射程が長く貫通力に優れたカノン砲がいかに重要であるかを示唆しており、この当時の先見性のなさを厳しく指摘しなければならない。この結果、激しい議論が突撃砲の開発の過程で巻き起こり、〝戦車の墓堀人夫（戦車の無駄使いの意）〟という非難が浴びせられた。

砲兵科においても、当初は突撃砲についての期待はなく、機械化や近代技術によってもたらされる可能性の価値を完全に誤解していた。それどころか最初は大真面目に、第一次大戦と似たような馬匹牽引式の新しい歩兵随伴砲の方が優れているかどうか、もう一度、試験を行なうことを要求したほどであった。

結局、フォン・マンシュタインの個人的努力により、〝突撃砲〟と〝突撃砲兵〟の概念と計画された開発の意味と価値が砲兵科に認められることとなり、これによって突撃砲に対する無理解が氷解し、ようやく計画は実施されるに至った。

突撃砲の主要仕様

技術的開発が開始された当初は見解の相違が目立ったものの、比較的速やかに克服することができ、突撃砲においては三つの軍事的要件が不可欠であるという点で、計画に参与し

装甲化自走砲7.5cmカノン砲突撃砲B型（Sd.Kfz.142）（編注：1940年3月28日に制定された完全制式名称）

たメンバーの意見は一致した。すなわち、完全薬筒弾（弾頭と薬莢が一体となっている砲弾）の口径７・５㎝のカノン砲1門を装備し、充分な砲弾携行量と共に不整地走行が可能な装軌式車両の上部または内部に搭載され、少なくとも２㎝砲弾と榴弾の破片から乗員を防御するということであった。さらに、全車高は可能な限り低くするよう要求された。

最初は歩兵を援護するという目的から、前面および側面を装甲化し上部と後部がオープンとした自走砲が考えられた。これは、突撃砲を用いて攻撃の先鋒部隊を形成することが、いかに重要かつ決定的なものであるかが完全に認知されていなかったためである。また、技術的な問題、あまりにも小規模な生産設備量や遅延が結果して開発にブレーキを掛けていた。

多数の問題をクリアするために多面的な検討、計画と配慮がなされ、後の突撃砲開発用として流用するため、数両のⅢ号戦車のシャーシが戦車製造ラインから別にされた。砲塔が搭載された戦車上部構造の代わりに、カーゼマット式構造が用いられ、独立した作戦運用、前線への侵入やまだ敵が支配している戦区を深く突破するなど、全周射撃が不可欠である任務は否定されるに至った。兵装は全周装甲が施されたⅢ号戦車のシャーシに搭載され、方向射界約12度と高低射界約30度が可能とされた。

回転砲塔の撤去により突撃砲は本質的に低くなり、戦車よりも有利な姿勢となった。このほかに重量が減ったために前面装甲を強化することができ、これにより車両がトップヘビー（重心が車体前部により過ぎる）になることもなかった。もっとも、戦争の期間中は常に戦車砲の長砲身化が図られたため、後に開発される突撃砲の途中から大半の戦車と同じように、好ましからざるトップヘビーの傾向が顕著となった。

展示公開と試験―最初の作戦投入

すでに1937年の初め、非常に短時間のうちに開発は順調に進み、最初の試作型がクンマースドルフ射撃場において展示され、新しい兵器の価値を認めた少人数の、しかしながら重要なOKHのスタッフに公開された。この試作型は、24口径7・5cm戦車砲（7・5cm KwK L／24）を装備し、砲弾44発を貯蔵ホルダー内に携行して300PS（馬力）のオットー・ガソリンエンジン1基を搭載していた。Ⅲ号戦車のシャーシはそのまま流用され、前面装甲が強化された。兵装は計画どおり全周装甲が施され、必要な方向射界が確保された。乗員は砲長、照準手（＊1）、操縦手と装填手の4名からなり、戦闘室への出入りは密閉装甲された天蓋装甲板にあるハッチ2ヶ所から行なわれた。

砲長は砲隊鏡（パノラマ式カニ目型測距儀）により突撃砲の外部が偵察可能であった。照準手は照準器として砲兵用望遠鏡も有しており、取り付け金具を利用することにより、間接射撃の場合にも適用できたが、戦争中においては特に砲弾の関係により、直接射撃と間接射撃のどちらか一方の運用とされた。装填手は無線手と兼ねており、操縦手は自分の任務を果たすほかに、特に車両直近の状況を良く把握して砲長の良きアドバイザーとなった。

試作型の展示公開と試験は、この新型兵器の擁護者にとって大きなピーアールとなり、時を移さずIn．Ⅳ課（OKH砲兵監察課）の指導要綱により、ユターボクの砲兵教導連隊へ作戦の基本原理と用兵の可能性についての研究が下令された。

1937年秋、この目的のために砲兵教導連隊（自動車化）／第7中隊が実験中隊として編成され、1937～38年の冬季に実験演習が始められ、早くも1938～39年には、デーベリッツ演習場で歩兵教導連隊と部隊演習が実施された。すべての部隊演習については、わずかばかりの試作型か、鉄製バラストによって突撃砲と同じ車両重量とし、ダミー砲を装備したⅢ号戦車のシャーシが使用された。秘匿名称として、当時はただ単に〝3・7cm Pak（Sfl）〟（3・7cm対戦車砲（自走式））と呼称された。

ちなみに、この時作成された突撃砲兵の射撃教範は、戦車部隊に大きな影響をもたらした。こと射撃に関しては、突撃砲兵の乗員も所詮は砲兵の出身であることは否定できず、彼等は始めから夾叉《きょうさ》射撃（まず遠目に照準して撃ち、次は近めに撃ち、目標を遠弾と近弾で夾み、3発目に適切な射程を見出す射撃法）の技術を適用し、少なくても3発目には100%に近い命中率になるまで射撃精度を向上させることができた。このため、戦車部隊では始めのうちは、多量の弾薬と時間を浪費して〝ただ闇雲に目標へ射撃する〟だけであったが、後になってようやく、よりいっそう正確な夾叉射撃の技術を突撃砲兵から受け継いだのであった。

射撃技術試験は良好であり、拡大された部隊実験も完全に満足すべき結果となったにもかかわらず、計画された量産については、前述したとおり、本質的に全く不必要な遅延が発生し、1940年夏のフランス戦役の開始までに、6個突撃砲中隊のみが編成されただけであった。そのうえ運が悪いことに、まだ〝ハンドメイド〟の突撃砲には初期製造欠陥が発生しており、実質的にはわずかに4個中隊のみであり、そのうちの1個中隊は増強された【グロースドイッチュラント】連隊へ配属された。このわずかばかりの突撃砲の戦果は、実際、驚くべきものがあり、充分その効果を証明することとなったため、フランス戦役の終了後に時を移さず生産に拍車がかかり、最初の突撃砲大隊の編成が開始された。この大隊の編成は、最初はもっぱら砲兵教導連隊／第Ⅳ中隊と第2砲兵教導連隊（自動車化）／第Ⅲ中隊の一部の指導の下で、ユターボクの［アドルフ・ヒットラー演習場］と［ツィンナ村］で行なわれた。

必要な準備期間の後、最初の2個大隊が3ヶ月後に、それからさらに2ヶ月後に3個大隊が作戦可能状態となり、1941年からは補充大隊が、1943年にはさらなる大隊の編成のために突撃砲学校が設立された。

遅延のために失われた時間は、もちろん元には戻らないのが道理であった。しかしながら、1941年春のユーゴスラビアとギリシャに対するバルカン戦役では、少なくとも3個大隊が参加することができた。そして、対ソ戦開始までに、完全装備の作戦可能な8個大隊が編成され、北方軍集団に1個、中央軍集団に5個、南方軍集団に2個大隊が配備され、戦争開始後は矢継ぎ早に新たな大隊が東部戦線へ輸送された。

この新しい兵器システムは、すでにひとりでに重要な意味を持つようになっていた。突撃砲がすべての陸軍部隊、特に歩兵部隊で高い評価を得て親しまれるようになるまでに、文字どおり数ヵ月しか要しなかった。優秀な下士官と士官に率いられた勇敢な兵士達は、とかく論議が多かった突撃砲の創始者と設計者に対し、彼等の流儀でその恩義に報いた。もし

注（＊1）訳者注：原文は［Richtunteroffizier］（照準下士官）。戦争後半には砲長が将校、照準手が下士官という制度は崩れ、砲長が下士官、照準手は兵卒という場合も多くなった。このため、本書では単に「照準手」と訳す。

もそれが、馬匹牽引式突撃砲兵の思想を持った〝事情に通じている専門家スタッフ〟であったとしたらという冗談はここでは笑えるが、しかしそれは、一歩間違えば大いに実現性があったのである！

さらなる開発と最初の戦訓

１９４１年から１９４３年にかけて編成された大隊の突撃砲は、その時々の量産途中において、技術的に詳細部分や部品に相違が見られ改良が重ねられたが、本質的には１９３７年に展示された試作型とほとんど同じであった。主兵装については、24口径７・５㎝カノン砲の代わりに突撃砲の極一部に10・５㎝榴弾砲を装備したことに限っては、大きな変化と言える。突撃砲の生産の一部分へカノン砲の代わりに榴弾砲を装備することの有効性については、少なくとロシア戦役の初年度では論議が巻き起こった。この相違する見解は両者とも一理あり、結局、それは敵の様子、任務や地形によって決められるものであった。しかしながら、今日においてもなお、カノン砲を装備したことによって大きなメリットが得られた、と言うのが大多数の意見である。これは、戦争後期になるに従い、実際問題として戦場においては敵戦車を破壊するということが決定的要素となったためである。もっとも、榴弾砲搭載の突撃砲を装備することは戦争直前になって中止されているが、この処置が実際の戦闘能力を評価してなのか、敵の空襲により生産工場が破壊されたためなのかは謎のままである。

１９４０年～１９４１年までの最初の編成は、１個中隊が６両（各２両からなる３個小隊）であり、３個中隊で１個大隊を構成していた。

大隊長、中隊長と小隊長用には、いわゆる〝指揮車両〟、すなわち軽装甲が施された半装軌式３ｔ装甲兵員輸送車が配備されたが、将校が砲長の代わりに自ら突撃砲に搭乗したため、この車両はすべての中隊と大隊で最初から本来の目的と違った使われ方をされることとなった。すなわち、彼等は〝イワシの缶詰〟（指揮車両はこのように呼ばれていた）の中で頓死する気はさらさらなく、攻撃精神と士気にふさわしく〝前方から〟指揮を執りたがったのである。また、この半装軌式車両の不整地走行性能は低く、突撃砲の後ろからついて行くときには、しばしば再び連絡を取るために時間を費やした。

突撃砲の生産量は極わずかで、ＫＡＮ（戦力定数指標表）が改定されたのは１年後のことであり、ようやく大隊の突撃砲定数は多くなった。この遅れは言うまでもなく、突撃砲大隊を新編成する一方で、前線に投入されている車両を緊急に補充しなければならなかったためである。１９４２年には指揮車両の代わりに、３名の小隊長へ各１両の突撃砲が支給され、１９４２／４３年には中隊長が10番目の突撃砲を装備し、

1943年には大隊長が専用の突撃砲を装備することとなった。しかしながら、代替車両のストックがないため、自分の突撃砲が失われた場合、指揮官は別の突撃砲へ乗り換えなければならなかった。こうして突撃砲大隊の定数は31両となったが、ほとんどの大隊は突撃榴弾砲を有しており、各中隊内に1個突撃榴弾砲小隊、もしくは大隊内に1個突撃榴弾砲中隊を設けて大隊の突撃砲装備数の3分の1の範囲内で運用された。もちろん、限定された期間内でこの二つの編成から逸脱することはままあり、実際は敵状、命令や地形によって臨機応変に対応された。

突撃砲が投入された最初の年は、その作戦投入はそう簡単なことではなかった。大隊長、中隊長と小隊長は、無理解で経験に欠ける部隊司令官とその時々の上官に対して、常に自分達の意見を主張し、その考え方を理解させなくてはならなかった。突撃砲にとって、「こま切れではなく集中投入!」の原則は未だに有効であり、中隊を各歩兵師団にばらまいて運用することがないように、上官に対して勇を奮い起こし、巧みに説得することに労力が費やされた。

それどころか、大隊は多くの歩兵連隊毎に分割され、小隊はその連隊の各大隊へ配属され、個々の突撃砲は中隊毎に分割された。これにより、突撃砲の突破能力と火力は分散され、戦果は上がらなかった。大隊指揮官の苦労は最初のうちは実を結ばなかったが、後になって段々と突撃砲の本質が正しく理解され始め、少なくとも中隊または大隊単位で、まとめて運用することが一般的となった。高く評価された突撃砲は、すべての歩兵中隊にひっぱりだこで、それ自体は名誉あるものに違いなかったが、往々にして決定的戦果と言うものは、戦闘の焦点への集中投入と緊急時に他戦区の突破口を臨機応変に塞ぐことで得られることが多かった。

歩兵部隊との協同作戦は、ほとんどの場合、事細かな点に至るまで互いに打ち合わせて決定された。しばしば1個突撃砲中隊が、戦闘の重点に投入される1個歩兵大隊との協力に割り当てられた。突撃砲中隊長や大隊指揮官については、歩兵部隊との協同作戦の経験が深い場合が多かったが、逆にほとんどの歩兵は突撃砲によって支援を受けるという幸運はめったになく、戦闘指揮に対する突撃砲兵の提案は大抵が了承された。そのため、〝異兵種混合の戦闘〟と言うものを学んだ、年若い突撃砲中隊長や大隊指揮官、後には旅団指揮官の危機に際しての決断は、より大きな部隊の戦闘についても大きな影響を及ぼした。確かに、戦闘力それ自身はたかだか1個突撃砲中隊であったが、しばしば1個師団全体の運命を握ることもあったのである。

時間的、技術的に可能であれば、徹底的かつ詳細な戦場の地形偵察は何にも勝り重要であった。歩兵大隊指揮官と突撃砲兵の中隊長は、全戦闘期間を通じて可能な限り密に協力し合い、必要であれば歩兵指揮官が突撃砲に同乗した。歩兵中隊長も、突撃砲の密接な連絡を維持することに努めたが、無線装置は使わず事前に取決められた信号で充分であった。

無理からぬことではあるが、この密接な協同作戦の際、迂回ができない開けた地形や自然の遮蔽物がない戦闘の場合、歩兵は突撃砲を遮蔽物にして後方に〝鈴なり〟になる傾向があった。このような場合、敵にとってより危険でたった1発の直撃弾で戦闘不能となる突撃砲に敵火力は集中することから、巻き添えを食った歩兵が甚大な被害を受けることがあった。

通信技術、制服と補給

通信技術の面では、突撃砲は10ワットUKW（極短波）無線機1基を装備しており、指揮官、中隊長や小隊長のみが送信機と受信機を通じて使用した。その他のすべての車両は、受信機のみが装備された。さらに、大隊本部には100ワット無線機があり、前衛突撃砲中隊と師団との無線を中継し、戦場の様子を突撃砲の無線手を通じて迅速かつ直接的に伝達することがよくあった。

突撃砲兵の制服は色がグレーで戦車兵のデザインと同じであり、砲兵科に所属するため肩章や襟章の縁飾りが赤色（＊2）であった。採用された制服は戦車兵のものと色が相違していたが、これはもっともなことであり、歩兵と協同しての偵察の際、もし戦車兵と同じ黒であったとすると、敵の注意を引くかもしれないと言う理由によるものであった。対戦車兵部隊が増加し戦車部隊が縮小されるに従い、制服もそのようになっていったが、これは黒い制服は偵察時に目立ちやすく迷彩効果がなく適当ではないことも一因にあった。振り返って見ると、この見解は正しく適確であり、部隊は大きな損害を回避することができた。しかしながら、突撃砲兵の誕生と新たな兵科の編成初期においては、まだ黒い制服が用いられており、後においても個人によって時より着用された。これは、黒い方が〝シック〟であり、「兵士は意気に感じなければならない！」と言う点で好まれたからであろう。

1943年まで弾薬および燃料補給は、補給拠点まではトラック、そこから突撃砲まではオープントップで装甲化された1t半装軌車両が用いられた。これにより、戦況が許す限り燃料と弾薬補給は前線で行なうことができ、突撃砲による補給拠点の往復が不要であった。しかしながら、1943年以降は半装軌車両の不足によりこれが困難となった。このため、補給すべてをトラックや半装軌式牽引車両〝モールティーア（ラバ）〟に頼らざるを得なくなり、これらの車両が直接前線の突撃砲の近くまで到達することは不可能であった。

新たな兵装―大隊から旅団へ

１９４３年は本質的な転換の年であった。生産される突撃砲は、前年の末より48口径７・５㎝突撃カノン砲が搭載され、前線にまだ投入されている突撃砲は次第に改編されていった。約20口径の長砲身化は、大量に姿を現した〝T－34〟、〝JS〟および敵の突撃砲に対して有効な砲弾に対応したものであったが、携行砲弾数は制限されて42発となった。この新型砲弾貯蔵ホルダーは、旧型の24口径を搭載した突撃砲においても、搭乗員によって改修設置された。突撃砲の戦闘室全体を使って整然と砲弾を並べた場合、１両当たり１２０発まで収納可能であったが、実際には90から１００発の収納が限度であった。この少ない弾薬容量のため、乗員は砲弾の上に座ったり、砲弾と砲弾の間に身を置くというのが当たり前となってしまった。

新しいカノン砲の長砲身化は、突撃砲がトップヘビーとなる欠点を招き、敏捷性と機動性がいささか損なわれることとなったが、その他にも〝シュルツェン〟（増加装甲板）の追設や特に危険となる箇所への増加装甲により、PS／tレシオ（重量出力比）が悪化した。しかしながら、長砲身化のメリットはこれを遥かに勝っており、短所を補って余りあるものであった。

突撃砲指揮官のハッチはペリスコープ付きの司令塔（キューポラ）となり、ハッチを閉じたまま砲隊鏡やペリスコープにより、車外の周辺を偵察できるようになった。また、キューポラは３６０度回転可能であったが、シュヴァインフルトのボールベアリング工場が空襲で壊滅した後は固定式となった。突撃砲の車高は数センチ高くなったが、作戦行動中はハッチをほとんど閉じて走行しなければならず、すべての方向について視認性が改善されたため、全体的メリットは向上することとなった。

防諜の意味から〝突撃砲大隊〟は〝突撃砲旅団〟に名称変更となったが、これは現実的には突撃大隊の戦力や数を増強することが不可能であり、その替わりに実際の味方戦力を過剰に敵が誤認するように仕向けると言う、勝利が絶望的となった〝ジリ貧〟方策に過ぎなかった。これ以降、旅団は通常は軍単位毎に属することとなり、数少ない師団、【グロースドイッチュラント】軍団に属する師団や、【L．A．H（ライプシュタンダーテ・アドルフ・ヒットラー）】や【ダス・ライヒ】といった武装SS師団の一部、降下戦車師団【ヘアマン・ゲーリング】やその他のごくわずかな師団のみが、戦力編成表上あるいは少なくとも一時的に固有の突撃砲旅団を有することとなった。

１９４４年から１９４５年の初め、数個の突撃砲旅団へ根

注（＊2）訳者注：戦車兵科はピンク色である

第197突撃砲大隊の長砲身型突撃砲

望遠照準眼鏡、砲隊鏡とペリスコープを装備した突撃砲G型（Sd.Kfz.142/1）

本的に改善された新型カノン砲、70口径7・5㎝戦車砲（7・5㎝ KwK L／70）を搭載した突撃砲（＊3）が配備された。また、幾つかの突撃旅団は突撃砲兵旅団へ拡大された。後者には、突撃銃44型装備の1個工兵小隊を有した3個小隊編成の1個擲弾兵中隊が本部中隊と3個中隊に配属された。この他に突撃砲小隊は14両となり（各突撃砲4両を有する3個小隊、指揮官用突撃砲1両と乗換え用突撃砲1両）、旅団本部は突撃砲3両に増強され、この結果、突撃砲兵旅団は合計45両の突撃砲を有することとなった。戦争の最終年における装甲車両のその時々における作戦投入は、その任務に関してはもはや合理的に計画することは不可能であり、単に切羽詰まって出動命令が下されるだけであり、一般的に突撃砲と戦車の区別はなくなっていた。そのため、突撃砲の近接戦闘における大きな弱点、すなわち側面防御を補うため、歩兵の護衛が必要とされたのである。実際、この編成は特に有効であることが実証された。時々刻々と変化する協同作戦を命令された部隊は、兵士の意思疎通がそう簡単ではなく、直接的な無線連絡は不可能で技術的には困難であった。突撃砲兵旅団における突撃砲兵と〝隷属する〟歩兵は、変わらぬ関係で数多くの協同作戦を経て、互いに共同体としての類希な連帯感が育った。しかしながら残念なことに、前述の編成を有する特に戦功があった突撃砲兵旅団は非常にわずかであった。

突撃砲部隊の中核、すなわち砲兵教導連隊／第7中隊から派生し、砲兵教導連隊／第Ⅳ大隊を経て、後に突撃砲教導本部を有する第2砲兵教導連隊（自動車化）／第Ⅲ大隊は、1943年までユターボクにあった。この時にようやくマクデブルク近郊のブルクに、突撃砲学校にとって最初の施設が完成し、さらなる拡張工事が開始された。

突撃砲という若い兵科で最も目立った将校の一人、すなわち大隊を率いてギリシャのメタクサス防御線突破により戦功を挙げ、行動的かつ最も任官歴が長い突撃砲兵の将校で後に大将となるホフマン＝シェーンボルンの指揮の下で、ブルクの突撃砲学校は短期間のうちに建設され、その素晴らしい評判は本国から遥か彼方の国々にまで広がった。学校は司令部と通信大隊、戦術―および技術教導本部と1個教導大隊、それに編成本部からなっていた。突撃砲学校は、まず第一に補充軍における突撃砲兵全体を管理する組織であり、突撃砲兵科の士官および下士官候補生の教育・訓練から始まり、ハンガリー、フィンランド、ルーマニア、ブルガリアおよびスペインなどといった同盟国からの数多くの派遣団に対する指導まで幅広い任務を担っていた。さらにブルクでは、他の兵器学校と同じように戦訓報告書の評価、新技術の開発、伝統の継承、新兵の徴集や部隊に関する庶務全般も行なっていた。

注

（＊3）訳者注：Ⅳ号駆逐戦車長砲身型のことである。

1940年から1943年にかけて、シュヴァインフルト、ナイセ、ハーダースレーベン／デンマーク、ポーゼン／バルテナウ、ドイッチェ−アイラウ並びにトゥール／フランスの〝西部教育司令部〟で編成された突撃砲補充・教育大隊は、突撃砲学校の直轄とされた。

学校の設立から瞬く間に突撃砲兵は躍進を遂げ、毎日のように死んでいく兵士達にとって貴重な、すべての指導的な立場のシンボルとなった。顧みると戦争終結までの間に、最初の部隊であった砲兵教導連隊／第7中隊から派生して、約70以上の突撃砲および突撃砲兵大隊と5個の独立中隊、前述した補充・教育大隊と突撃砲学校が編成されたのである（突撃砲を装備した師団の戦車猟兵大隊および戦車部隊を除く）。

突撃砲の配備を望む強い願いは、前線のすべての場所において満ち溢れていたが、それを満足させるにはほど遠かった。これは初めに述べた理由により、この兵器の創設時に生じた遅延が原因の一つであったが、結局のところ、これが利用し得る人的および物的資源の限界であったと言えよう。

大隊や中隊は自分自身で選んだ固有のワッペンや部隊マークを使用し、すべての車両にそれが掲げられた。なかでも良く知られたものを挙げると、例えば、炎の剣、水牛、聖ヨハネ騎士団十字、聖ゲオルゲ騎士団の騎士、貂、虎、一角獣、水車、グリュプス（グライフ）（＊4）そしてライオンなどである。このマーキングはよくできたもので、戦争中のみならず戦後においても、突撃砲と協同して戦った経験を持つ多くの兵士にとって、部隊番号ではなく突撃砲のマーキングの方が忘れ難い記憶となって刻み付けられた。

戦争期間中の作戦と戦果−評価

突撃砲はあらゆる戦域において、すなわち広大なロシア、凍える寒さのフィンランド、灼熱の暑さのアフリカの砂漠において作戦投入された。また、西部戦線でもバルカン戦線においても歩兵を支援し続けた。至る所でこの優秀な兵器を投入することで、兵士達は与えられた任務を達成することができた。戦争中に得られた戦訓は、多くの様々な場合において戦車部隊と似通っており、時が進むにつれて両兵器は、以前にも述べたように〝単に切羽詰まっての出動命令〟で作戦投入されなければならず、兵種としての区別がつかなくなってしまった。戦争の最終年には、大規模な戦車攻撃の時代はとうに昔話となり（最近の現用戦車の研究評価もこれを肯定しているが）、数において劣勢な戦車は、突撃砲と同様に攻撃と防御の際には苦戦する歩兵の援護へ投入された。これに対して突撃砲は、実際問題としてしばしば、局地的には随伴歩兵なしで正攻法の戦車攻撃に用いられた。また、血気にはやる若い指揮官は、戦闘しながら進む歩兵の決められた進撃速度に合わせることに我慢できず、側面防御や近接防御を顧みることをせずに馬の暴走のように一騎駆けを行なって敵地へ深く突入し、時折信じられないような決定的な戦果を幾度も挙げた。現在と未来のために過去の戦訓は有効に活用されるべきであるが、いずれにせよ突撃砲の任務については、敵情、時刻や味方の戦力によって制限され、かつ最初に計画された使用目的を逸脱する命令を受けたことを考慮しなければならない。特にこの場合、経験と印象とを区別し、今後の計画と開発のためには事実に則して両者をはっきり分離することが必要である。

改めて顧みると、その当時の戦術的必要性と技術的可能性にマッチした24口径から48口径の戦車砲を搭載し、Ⅲ号戦車シャーシを流用した突撃砲は大成功を収め、実用化された装甲車両の中では最もバランスが採れたものの一つであったと言える。

その他のタイプ、すなわちスコダエンジンを搭載して基本シャーシはチェコ製〝38t〟戦車を流用した〝ヘッツァー〟や、40口径カノン砲を搭載したⅣ号戦車シャーシを流用した突撃砲などは遥かに少ない製造数であり、しかも戦争最終年においてようやく製造されたものであった。そのため、Ⅳ号駆逐戦車、〝ヤークトパンター〟や〝ヤークトティーガー〟などは、〝突撃砲兵〟という兵種の開発の歴史を考察するうえでは脇役に過ぎないことになる。戦術的、技術的面から考えると、これらのすべてが突撃砲の型式であることが注目すべき点と言える。

光あるところに影ありの例えのとおり、突撃砲においても必然的なウィークポイントを抱えなくてはならなかった。例えば、360度回転可能な砲搭をなくすることで車高は極端に低くなったが、その反面、どのような目標に対しても、車両全体の向きを変えて照準する必要があり、乾いた地面では砲搭の回転速度に勝るとも劣らなかったが、ぬかるみや湿った地面ではタイムロスが不可避であった。これ以上の突撃砲と戦車の比較と相違は、もちろん〝戦車の概念〟に密接に関係し、本稿の主旨から逸脱するのでこの程度としておきたい。すでに何度も強調したとおり、現実の技術的弱点や欠点を補って、その度ごとに対策を見出だしたのは、突撃砲兵の全ての階級に属する兵士達である。部隊は頻繁に孤立し、しばしば〝寄せ来る波濤にそびえ立つ巌〟として真価を発揮し、常にある師団から別の師団へと〝火消し役〟として移動し、ある戦域から別な戦域へと渡り歩いて傑出した働きを示した。

1943年の末までに、突撃砲だけで約1万3000両の敵戦車を撃破しており、1944年春には2万両の撃破が報告された。ルジェフ付近の戦闘において、たった1個突撃砲旅団が15ヶ月に1000両の戦車を撃破したが、これが唯一

注（＊4）訳者注：グリュプス（ドイツ語はグライフ）は、ギリシャ神話に出てくるライオンの胴で鷲の頭と翼を持つ想像上の怪獣である。

の戦例ではもちろんない。この旅団が平均して高々約20両の可動状態の突撃砲しか前線へ投入していないということを考慮すると、この輝かしい戦果に対する尊敬の念は、益々大きくなるに違いない！

敵はドイツの突撃砲をペストのように嫌っており、ソ連の戦車兵は突撃砲との1対1の戦闘は避けるよう命令されているほどであった。このような命令がむやみやたらに発令されるものではない。

突撃砲の活躍を認知するものとして、数多くの突撃砲兵が個人の勇気を称えられて二級鉄十字章や一級鉄十字章ならびにその他の勲章や名誉章を授与されている。３２５名の兵士についてドイツ黄金十字章が顕彰され、85名が陸軍武勲感状に名前を連ね、１３０名以上の突撃砲兵が騎士十字章を、そのうち14名が柏葉付き騎士十字章を授与された。この14名の柏葉付き騎士十字章拝領者の一人は、騎士十字章を授与された最初の下士官となった。

突撃砲兵の共同体（戦友会）

戦後、多くの元突撃砲兵の兵士達が、〝突撃砲兵の共同体（戦友会）〟に属して団結を深めた。毎年1回、この元兵士達はマイン河のカールシュタットに一同に会しており、互いに再会し、第二次大戦中にロシアやその他のすべての戦域で戦死した戦友を追悼するために、ドイツ連邦から、オーストリアから、そして遠く海外から集まって来る。

マイン河のほとりにあるカールシュタットの街の一画には、亡くなった突撃砲兵の兵士達を記念するために公園が設けられており、石碑に刻まれた突撃砲の下に〝死者の追憶と我々生者への戒めのために〟という言葉が掲げられている。

古い塔塁である共同体（戦友会）の伝統記念館の中には、あらゆる種類の記念品と写真が展示されており、ボランティアの手によって運営されている。

オーストリア人の戦友のための突撃砲兵記念廟はラートシュタットにあり、ここでも定期的に突撃砲兵の元兵士達が一同に会している。

戦後に催されたカールシュタットの突撃砲兵戦友会。帽子を被った人物がフォン・マンシュタイン元帥、その右側がホフマン＝シェーンボルン退役少将（写真：突撃砲兵伝統記念館）

オーストリア突撃砲兵のために建立されたオーストリアのラートシュタットにある突撃砲記念廟

フランス戦役

第640突撃砲中隊

1940年の前半、ユターボクの砲兵教導連隊に6個の突撃砲兵中隊が配属された。

1940年3月初めに第640中隊の編成が開始され、フライヘア・フォン・エグロッフシュタイン中尉が中隊長に就任した（＊）。この新兵器の奇襲的要素を維持するため、高度な機密保持が厳命された。

中隊の3個小隊の装備は各突撃砲2両であった。この最初の突撃砲の型式は、望遠眼鏡と照準器を装備した7・5㎝短砲身（KwK L/24）が、前方に搭載されているものであった。また、指揮官用として、砲隊鏡を装備した3t SPW（装甲兵員輸送車）（いわゆる指揮車両）が各1両配備された。

中隊はすぐ目前に迫ったフランス侵攻作戦へ投入されることとなり、突撃砲中隊へ西方への行軍が下令された時、中隊はまだ突撃砲を装備していなかった。また、予定された無線装置や機関短銃も欠如していた。

第640中隊が装輪式車両で西方へ移動している間に、出撃準備が整った突撃砲6両を受領するため、ヴィート中尉がマリエンボルンへ急行した。また、使用可能な無線装置と機関短銃を受け取るために、フランツ少尉がすでに何日か前に護送部隊のトラックと共に乗用車でブレスラウへ向かっていた。三日後に少尉がユターボクへ到着した時には中隊の姿は見えず、代わりに1枚の電報が置いてあり、それにより少尉は前線指揮所の位置を知ることができ、先発した中隊に追い着くことができた。

その間に中隊自体は第1山岳師団に配属され、アイフェルに位置していた。しかしながら基本的に第640中隊は、同中隊を得るのに熱心な努力を行なった【グロースドイッチュラント（以下GDと略す）】歩兵連隊に所属することとなり、数日間の綱引きの結果、中隊は第1山岳師団の元を離れ、1940年4月中旬には【GD】歩兵連隊が駐屯するモーゼル河沿いのツェルへ行軍した。

この間に突撃砲が到着して実弾射撃がバウムホルダー演習場で行なわれ、この小さな中隊がとてつもない打撃力を持つ部隊であり、連隊の戦闘力を大幅に強化することを連隊長に示した。

すでに1940年1月20日に、ユターボクにおいてフライヘア・フォン・ウント・ツー・フラウエンベアク中尉の下で第659突撃砲中隊が編成されており、フランス侵攻作戦が開始された1940年5月10日に出撃準備態勢となった。

さらに4月の初めには、3番目の独立中隊がユターボク付近のツィンナにおいて、第660突撃砲中隊と命名された。中隊長はオットハインリヒ・トルクミット中尉であり、すこし前に砲兵教導連隊/第7中隊へ転任して来た人物であった。この精力的な将校は、数週間内に突撃砲6両と装甲指揮車両4両を装備する全中隊を、出撃準備態勢にするために、多大な苦労を払うこととなった。中隊が装備する弾薬輸送車両（I号戦車であったことが注目される）は、1940年5月8日に到着し、5月10日に中隊は警戒態勢に入り、翌日にはユターボクを発進した。

【グロースドイッチュラント】歩兵連隊における西方への攻撃

【GD】歩兵連隊の最初の攻撃は、1940年5月10日の朝に第640突撃砲中隊と共に開始された。雄山羊の衝角として突進したフランツ少尉は、フランス軍の防御陣地を直接射撃で突破するべく、5月11日にはスクシまで進出した。小隊の2両の突撃砲は、機関銃座と砲兵陣地を粉砕し、フェルマー大尉指揮の【GD】連隊／第I大隊のために集落までの通路を確保した。下記はフェルマー大尉の戦況報告である。

『スクシは敵の強力な防御にもかかわらず、迅速に占領することができた。これはとりも直さず、フランツ少尉指揮下の理想的な作戦により、敵の重火器を排除した突撃砲中隊の支援の賜物である。』

クライスト戦車集団の部隊に混ざって第640突撃砲中隊は、ルクセンブルクを通過してバストーニュまで到達し、ベルギーの国境防衛陣地を打ち破った。さらに5月12日から14日にはマジノライン周辺で戦闘を行ない、最終的にはセダン付近でマジノラインを突破した。

前衛指揮官としてフランツ少尉は2両の突撃砲と指揮車両と共に、連隊の前衛部隊としてさらに前進を続けた。

ストンヌ付近の高地において初めて敵の防御が激しくなり、フォン・エグロッフシュタイン中尉は3人の小隊長を呼び寄せた。

ヴィート中尉は、右翼を攻撃してストンヌに展開する敵に砲撃を加える旨の命令を受けた。また、フランツ少尉は中央部を攻撃して高地を占領し、その後、ストンヌへ直進することとなり、その他に連隊の突撃中隊と工兵小隊が彼等を支援した。フォン・ヴェルホッフ少尉率いる第3中隊は、最初はエグロッフシュタイン中尉の下に予備として残された。

攻撃は正午とされたこの日、1940年5月14日の太陽は暑く天上に輝いていた。指揮車両の車内でペーター・フランツは自分の時計を一瞥した。あと数分だ。前もってストンヌの高地のそびえ立った場所には、連隊の砲火が降り注いでいる。時間だ！

「〝金床〟から〝金床〟1号と2号へ！　攻撃開始！（＊5）」

注

（＊）著者注：【突撃砲兵の人員配置表】参照（下巻に収録）

（＊5）訳者注：〝金床〟とはフランツ少尉の暗号名であり、〝金床1号、2号は小隊の2両の突撃砲を意味する

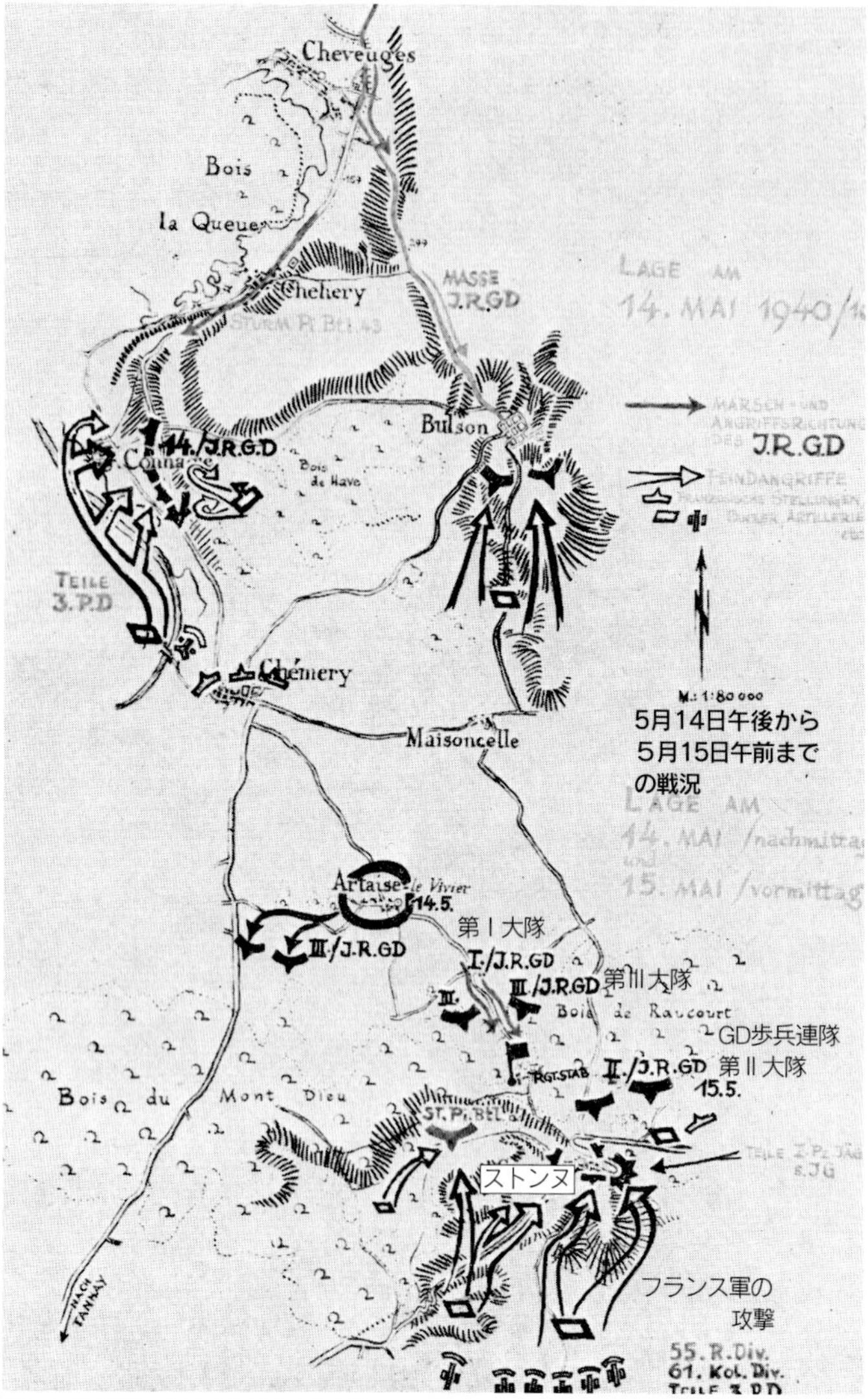

ストンヌ付近における歩兵師団【グロースドイッチュラント】の突撃砲中隊の戦闘概況図

7・5㎝〝シュツンメル〟（＊6）を搭載した2両の突撃砲が前進を開始し、指揮車両が後に続き、高地への4番目の通路を向かって進む。各突撃砲には【GD】連隊の歩兵6名が袴乗している。マジノラインを抜けて、セダン付近でマース河を渡河して突破してから以降、これが二度目の激しい戦闘となるに違いなかった。道を登って行くと、突然、上に陣取る2門の対戦車砲から砲撃を受けた。指揮官の頭の上に集中して砲弾が飛んでくる。

「ハッチを閉めろ！」

マイナー曹長が射撃のために停車。〝シュツンメル〟の砲口から砲弾が発射された。突撃砲は身震いして少し後退し、上の方では凄まじい音がして2門の対戦車砲のうち1門が戦闘不能となった。3両の装軌式車両が茂みを越えて、6番目の通路をゴーゴーと音を立てて移動する。グレッパー曹長の突撃砲からの砲撃で、またも1発が命中する。

フランツは〝カニ目型測距儀〟で2番目の突撃砲越しに偵察を行なっていたが、突然、強いショックを指揮車両の前面装甲に受けた。操縦手は操向装置を越えて前方へ倒れている。車両は横転して折れ曲がったあごのようになって止まった。焼け焦げた臭いの煙が辺りにドッと押し寄せて気化したガソリンと混ざり、エンジンからは空高く一筋の炎が立ち登っている。

「脱出！」と少尉が叫ぶ。彼は機関短銃を握り締めてハッチから降車して、脇にある茂みに転がり込んだ。乗員2名が重傷を受けた操縦手を待避壕まで運ぶ。

敵の機関銃火が彼等に向かって吠えた。1両の突撃砲が機関銃を制圧する。ペーター・フランツは、先頭の突撃砲までの長い距離を一走りした。

『前進！』と砲長へ彼は叫ぶ。「是が非でも高地を取るんだ！」彼は突撃砲へひらりと飛び乗った。

フランツが突撃砲の上部にいる間に、対戦車砲が洗礼の砲弾を浴びせかけて来た。突撃砲の操縦手は、ファリオレックス型主変速機のギアチェンジが新しいギア段に切り替わるまで、アクセルを踏めるだけ踏んだ。次の対戦車砲弾は、突撃砲前部の上方を音を立てて飛び去り、袴乗した歩兵達は思わず首をすくめた。ようやく突撃砲が対戦車砲まで辿り着き、右側の履帯が陣地の横木を乗り越えた。歩兵が掃射し、さらに先に進む。

前方にストンヌの家並みを確認。そこから激しい機関銃と迫撃砲がフランツの回りにいる兵士達に浴びせられた。

「歩兵は降車して攻撃！」とフランツが命令する。

二番目の突撃砲が後続し、2両とも敵の射撃拠点から砲撃を受けた。

注（＊6）訳者注：シュツンメルは切り株のことで、24口径短砲身を意味する。

その直後に連隊の突撃大隊が到着し、フランツは突撃砲から突撃砲へ命令のために渡り歩いた。そして、激しい防御砲火によって二番目の突撃砲の照準手が戦死した時、彼はよじ登ってその車内に転がり込んだ。この時、中隊の二つの小隊が左右から砲撃を開始した。

砲弾がストンヌの家並みと集落の回りの生け垣に唸りを立てて命中する。再び前進して来た突撃砲の後ろから【GD】連隊の歩兵が突進し、突撃砲の援護の下で、歩兵はストンヌの外縁へ取りつくことができた。すると右翼から突然、敵戦車が姿を現わし、突進している突撃砲の斜め後ろの味方対戦車砲を砲撃した。

こうして高地を巡る戦いは3時間続き、その後、中隊は占領した地域の掃討と出発した前進陣地へ引き返すよう命令を受けた。

5月15日の早朝、【GD】連隊は突撃砲と共に、砲火を開いて攻撃を開始した。高地への道で戦ったフランツ少尉率いる突撃砲2両が、再び出動する。無線機の故障でフランツは、敵の砲撃の中を突撃砲との連絡を立て直すために徒歩で走り回らねばならなくなった。

彼等は高地に二度辿り着いたが、二度とも追い落とされてしまった。突撃砲の1両は行動不能の損害を被り、2両目が援護射撃を引き継いだが、これも履帯の修理が必要であった。

攻撃を行なう度にフランス軍砲兵が介入し、強力な砲火を精密に照準された高地へ集中してこれを防いでいた。

1940年5月16日の早朝、【GD】連隊はストンヌへの三回目の攻撃を開始した。フランツ少尉も突撃砲に乗車して随伴したが、これは指揮車両は安全ではなく大抵は最初に命中弾を被ることが明らかとなったためであった。

2両の突撃砲が全速力でジグザグ走行をしながら、高地を経てストンヌへと突進した。同時に他の突撃砲も前進する。今やフォン・エグロッフシュタイン中尉は、全ての突撃砲を前線へ投入したのだ。確認された敵陣地を制圧するため、何度も何度も小隊のうち1両が射撃のために停車した。敵が退却する。

ここで再び、フランス軍の砲撃。1両の突撃砲が直撃弾を被り、行動不能となる。他の車両はかまわず前進し、集落の入り口付近に辿り着いた。歩兵が密集してその後につき従う。こうして、敵は打ち負かされストンヌは陥落した。

【GD】連隊はストンヌの高地の上で、ダンケルク方面へ方向転換した【クライスト】戦車集団を、速やかに追及する旨の命令を受け、1日の休養日の後、第640突撃砲中隊の突撃砲は、北西方向へ前進を開始した。カンブレーとベテュヌを経由し、アズブルークへの行軍である。5月23日、ダンケルクの戦いが開始された。誰もがイギリス軍が立てこもるストランド方面へ進軍すると考えていたが、攻撃命令はいつまでたっても下令されず、部隊は停止したままだった。こうして敵は、遠征軍の大部分をイギリス本土へ連れ戻すことを可能としたのであった。

　その後しばらくして、中隊はソンムの南方になるアミン付近のウェイガン・ライン（＊７）を突破して、敗走するフランス軍を追撃する命令を受けた。

　第６４０突撃砲中隊の部隊史に、〝幽鬼の軍勢〟（＊８）として記される快進撃が開始された。前衛偵察部隊として、フランツ少尉率いる小隊は、リヨンへ前進した。彼等はいつも、敗走する敵のすぐ後ろに位置しており、突撃砲の10段変速機（後に６段変速機が搭載された）は、乗用車並の時速50㎞かそれ以上の速度を得ることができた。

　敵が立てこもった場所は、必ず彼等は攻撃を加えた。ここに至って初めて「突撃砲、前へ！」という伝説の叫び声が、人伝えにドイツ軍の中で知れ渡っていった。ファビッシュ中尉指揮の【ＧＤ】連隊突撃中隊との協同で、多くの村々を突破した。レ・シェレ付近では強力な対戦車砲と砲兵火力によって攻撃を阻まれ、袴乗した【ＧＤ】連隊／第３中隊が大損害を被った。彼等は突撃砲から降車して、徒歩で集落を占領し、部隊はリヨンに達した。こうして第６４０突撃砲中隊のフランス戦役は終わりを告げた。

第６５９突撃砲中隊
マース河を越えてブルゴーニュの谷へ

　アーヘン付近でフランス侵攻作戦の開始を心待ちにしていた第６５９突撃砲中隊もまた、初日から作戦投入された。フュメ付近でマース河を渡河する際、突撃砲は目標とされたトーチカや機関銃座を撃破してラン地域まで進撃を継続し、オアース～エーヌ運河における近接戦闘で中隊の活躍は際立ち、歩兵の新しい戦友として完全に認知された。

　北部フランス全体がドイツ軍の手に陥ちた後、南部への攻撃準備が重要となった。第13軍団は、シャトー・ポーシェンとレテル付近でエーヌ河とエーヌ運河を渡河して橋頭堡を確保することとなり、これによって第39戦車軍団（シュミット戦車兵大将指揮）と第41戦車軍団（ラインハルト大将指揮）をもって新編成されたグデーリアン戦車集団が、南方へ迅速に突進することを可能ならしめるものとされた。シャトー・ポーシェンでは、第23および第17歩兵師団がこの任務にあたることとなり、両師団に第６５９突撃砲中隊が配属された。

　１９４０年６月１日の夜明け、フォン・ウント・ツー・フ

注（＊７）訳者注：フランス軍総司令官ウェイガン元帥が、急遽設けた抵抗線の俗称である。

（＊８）訳者注：伝説上の夜空を疾駆する亡霊騎士団の軍勢のこと。

ラウエンベアク中尉の指揮下の全突撃砲と共に、中隊はシャトー・ポーシェンの敵陣地へ攻撃を開始した。作戦目的は、歩兵部隊によるエーヌ運河の渡河を援護することであった。この攻撃は大成功に終わり、中隊はジェネヴィルを奪取して有終の美を飾った。ここで初めて突撃砲兵は、歩兵の救援要請を受けた。「突撃砲、前へ！」すぐさま彼等は前線へ出動し、敵の機関銃座を撃破し、これによって市街への道が第17歩兵師団の歩兵達のために啓開されたのであった。

同じようにシャロンでは突撃砲が介入して敵機関銃座を撃破し、ここでも苦しい戦況を打開することができた。街へ突進する間は袴乗した歩兵が突撃砲を援護し、市街地を掃討した後は突撃砲がさらに前進し、フランス軍のムールメロン演習場に到達した。

再び緊急要請を受け取る。今度はサン・ディジェにある第23歩兵師団からのものだ。ここでも敵の抵抗を粉砕し、さらなる前進を援護する。

6月15日に突撃砲は、ラングル高原を奪取した。翌日、激しい戦闘の末に部隊はブザンソンへ進撃し、6月18日には中隊の突撃砲はベルフォールへ突進した。ここで歩兵は激しい市街戦を展開し、敵抵抗拠点の突破の際には突撃砲がこれを援護した。

ベルフォールは陥落し、ブルゴーニュの谷を突進して第659突撃砲中隊はついにスイス国境にまで達した。

このフランス侵攻作戦最後の進撃の際、4輪駆動車両に乗車していたフォン・ウント・ツー・フラウエンベアク中尉が地雷によって戦死し、パースの教会で彼の部隊葬儀が行なわれた。

これによって、この突撃砲中隊のフランス戦役もまた終了した。部隊は1941年2月26日までフランスに駐留し、それからユターボクへ帰還して休養となり、シャウペンシュタイナー（〝ジャウペンパウレ〟）中尉が指揮を継いだ。

第660突撃砲中隊
第3歩兵師団と共にマース河渡河

1940年5月11日に第660突撃砲中隊はユターボクにて貨車に積載され、ルクセンブルクへ行軍を開始した。4日後、セダン北方のヌゾンヴィルでトルクミット中尉は、配属された第3歩兵師団の師団長に到着の報告を行ない、そこでただちに真に突撃砲兵に相応しい任務を受け取った。

「貴官は歩兵のマース河渡河を援護せよ」と師団長は中尉に言った。「マース河の対岸には、砲兵用トーチカと機関銃座がずらりと並んでおり、我々が適宜排除しえない場合、味方部隊は苦戦必至である」

トルクミット中尉は、彼の6名の砲長へ厳密に目標を振り分けた。攻撃開始の2時間前に彼等は出撃陣地まで進出して最初の砲撃を行ない、目標照準指示を行なった。攻撃開始と共に彼等は前進し、高速走行によってマース河川岸のぎりぎりまで近付き、指定された目標を正確に照準して奇襲砲撃を開始した。

６門の短砲身《シュトゥンメル》は撃ちに撃ちまくり、応射する敵の陣地を次々と沈黙させていった。

すでに工兵はゴム製の突撃ボートで突進しており、その上には渡河する突撃大隊の歩兵が鈴なっている。敵の機関銃１挺と小銃数挺が火を吹く。

「煙幕弾発射！」トルクミット中尉が命令する。

段々と濃くなっていく煙幕に紛れて、歩兵が突撃大隊に続いて渡河することができた。突撃大隊の指揮官は、後続する師団全体のために橋頭堡を築くべく苦闘し、この功により騎士十字章を授与された。後に彼はこう語っている。

『私は、突撃砲の切れ味鋭い援護なくして、この敵前渡河と敵防衛陣地の掃討を行なうことは不可能であったと考える。』

すでにここでも最初の作戦投入の際から、運用要項のとおりに指揮車両から指揮することはもはや行なわれていなかった。指揮官は自ら突撃砲砲長として乗車して前線から指揮を執っており、重要な目標を素早く攻撃することができた。

５月16日に第６６０突撃砲中隊は、第８戦車師団へ配属となった。ここで中隊は、前衛偵察部隊も歩兵の護衛部隊もないまま、最初の夜戦に赴いた。

イルソンとボーハン付近の戦闘の後、突撃砲は槍の穂先として第８戦車師団の先鋒部隊へ投入され、戦車と一緒に協力して運河まで突進せよとの命令を受けた。

突撃砲と一騎打ちを演じたフランス軍戦車は撃破され、その時まで突撃砲の損害は１両もなかった。

サンカンタンを過ぎてカンブレーの近くを通り抜け、突進梯団はラ・バッセ運河まで前進した。ここである武装ＳＳの師団（＊９）に配属された中隊は、敵の反撃に対して防衛戦闘を行なった。５月28日、中隊はアズブルークに達したが、そこはまだ激戦が展開されていた。

ビル群に立てこもったイギリス軍が頑強に防衛しているため、歩兵は突撃砲を呼び寄せ、突撃砲は前進して短い戦闘で敵の抵抗を粉砕することができた。

ここでの数日の休養で、故障した突撃砲や車両の整備が可能となり、その時まで使用していたI号戦車を流用した弾薬輸送戦車は、役に立たないのでお払い箱となった。当時は、トルクミット中尉自身が補給について心配しなければならなかったのである。こうして中隊は数日後にレテルにへ回送され、そこでエーヌへの攻撃のため第６戦車師団（グデーリアン戦車集団所属）に配属となった。

注（＊９）訳者注：１９３９年10月31日に編成されたＳＳ師団【髑髏】（後のＳＳ第３戦車師団）のことである。

この攻撃は6月9日に開始され、6月11日の夜にはエーヌを越えてアルデンヌ運河を奪取した。しかしこの時、フランス軍の2・5cm対戦車砲の砲弾が突撃砲の側面装甲板を貫通し、中隊で初めての損害を出した。また、カイザー少尉が自分の突撃砲で正確に砲撃するため、徒歩で敵対戦車砲の場所を確認しようとして戦死した。

南方への突進は、委細かまわず進められた。

6月15日から19日まで、中隊は昼夜を問わず作戦に投入され、2両の突撃砲が対戦車砲弾が命中して失われた。

サン・ディジェでライン～マルヌ運河とマルヌ橋梁を渡った突撃砲は、エピナルまで突進して6月19日にはここを奪取した。その後、中隊は第6戦車師団の命令でそこに止まり、これ以降は作戦投入されずに、6月23日の夜、フランスでの停戦協定締結を迎えた。

中隊はパリでの戦勝パレードに参加するために、ヴェルサイユへ移動した。ヒットラーはイギリスとの停戦協定と和平条約締結を計画していたが、目論見は外れて戦争終結とはいかなかった。

中隊はリジュー～ドーヴィル方面へ移動となり、亡きカイザー少尉と負傷したベーチャー少尉に替わり、セレ少尉、バークライ、コッホ並びにベートケ士官候補生が中隊に配属となった。

第665突撃砲中隊のトーチカ攻撃

この中隊は4番目の突撃砲独立部隊として、1940年4月に〝古き演習場〟であるユターボクにて編成され、フランス戦役の際にはまだ訓練中であった。シュパイエラー中尉が物凄い速さで訓練を押し進め、小隊長のフェアスト少尉、エーデルシュミット少尉とブロイヒレ少尉ならびに補給担当将校のシュテファニ少尉が、訓練の促進するために全力を挙げた。

その甲斐があって1940年6月10日には、中隊はザールブリュッケンへ行軍を命じられた。そこからヴォージュ山地まで前進し、まず最初に敵歩兵部隊に対する突進に投入された。道もろくにないこの地域では、フランス軍は戦車なしで戦っていたのである。

トーチカ戦において、この地域では唯一の重火器を装備する中隊は、その打撃力を証明することとなった。ここの地形をうまく利用したフランス軍のトーチカ群は一つずつ撃破され、素早い攻撃で突破された。

ライン～マルヌ運河では、出撃前に中隊に赴任して来た最後の将校であるシェーンボルン少尉が戦死した。彼も突撃砲の外へ出ていたのである。

6月17日に中隊はこの戦区を離れ、フランス戦役の第二次攻撃でさらに敵に砲撃を浴びせ、突撃砲の真価を自らベルギーの戦場において証明した。
停戦協定後、中隊はザベルンへと移動し、さらに1940年7月には南ベルギーのモンスへ駐屯となった。

フランス戦役の教訓と知見

適宜編成された6個の突撃砲中隊のうち、4個のみがフランス戦役への作戦投入に間に合い、第666および第667突撃砲中隊は、技術的な理由により間に合わなかった。この両中隊は、侵攻が開始された時には確かに突撃砲を装備していた。しかしながら、この突撃砲には研究目的のために車体前部に増加装甲板が装着されており、その固定用ボルトが砲弾が命中すると突撃砲内部へ砕け散るという問題が生じたのである。

すぐさま対応策を検討した結果、当初計画したような円錐形のボルト孔ではなく、円筒形とすることとなった。これが、この両中隊がなぜフランス戦役に投入されなかったのかと言う理由である。

新たな知見として、指揮車両は戦術要求に不適用であるため、突撃砲と同様な装備の新たな指揮車両を設計する必要があることが指摘されたが、これは新しい作戦指揮の原則に帰するものであった。

また、無線機器の性能向上も要求された。なによりもまず、指揮官同士が互いにコミュニケーションを無線で取り合う必要があったのである。

さらにこの戦役では、砲兵式の射撃理論―夾叉射撃―が、正確で素早い射撃技術であることが明らかになった。

フランス戦役での4個中隊の活躍は、突撃砲に対する疑念を吹き飛ばし、フランス戦役後の生産はフル操業となり、最初の突撃砲大隊が編成された。

［あしか］作戦は発動されず

すべての4個突撃砲中隊は、［あしか］作戦、すなわちイギリス本土上陸作戦のためにフランス国内に留め置かれた。

第640突撃砲中隊は、その間に組織的には【GD】連隊に配属され、そこで第Ⅳ大隊（重装備大隊）の第16中隊を構成した。彼等は、後に編成される機甲擲弾兵師団【グロースドイッチュラント】の突撃砲旅団の母体となった。フォン・エグロッフシュタイン大尉は中隊を離れ、ユターボクの教育課程の教官となった（1944年に東部戦線にて戦死）。

第660突撃砲中隊はその他の中隊と共に、1940年夏に編成された最初の大隊である第184突撃砲大隊に配属され、［あしか］作戦の際には上陸第一波となって歩兵の突破口を啓開することとされた。彼等の上陸演習はハーグやロッテルダムの港で行なわれたが、ボートの上に突撃砲を積載す

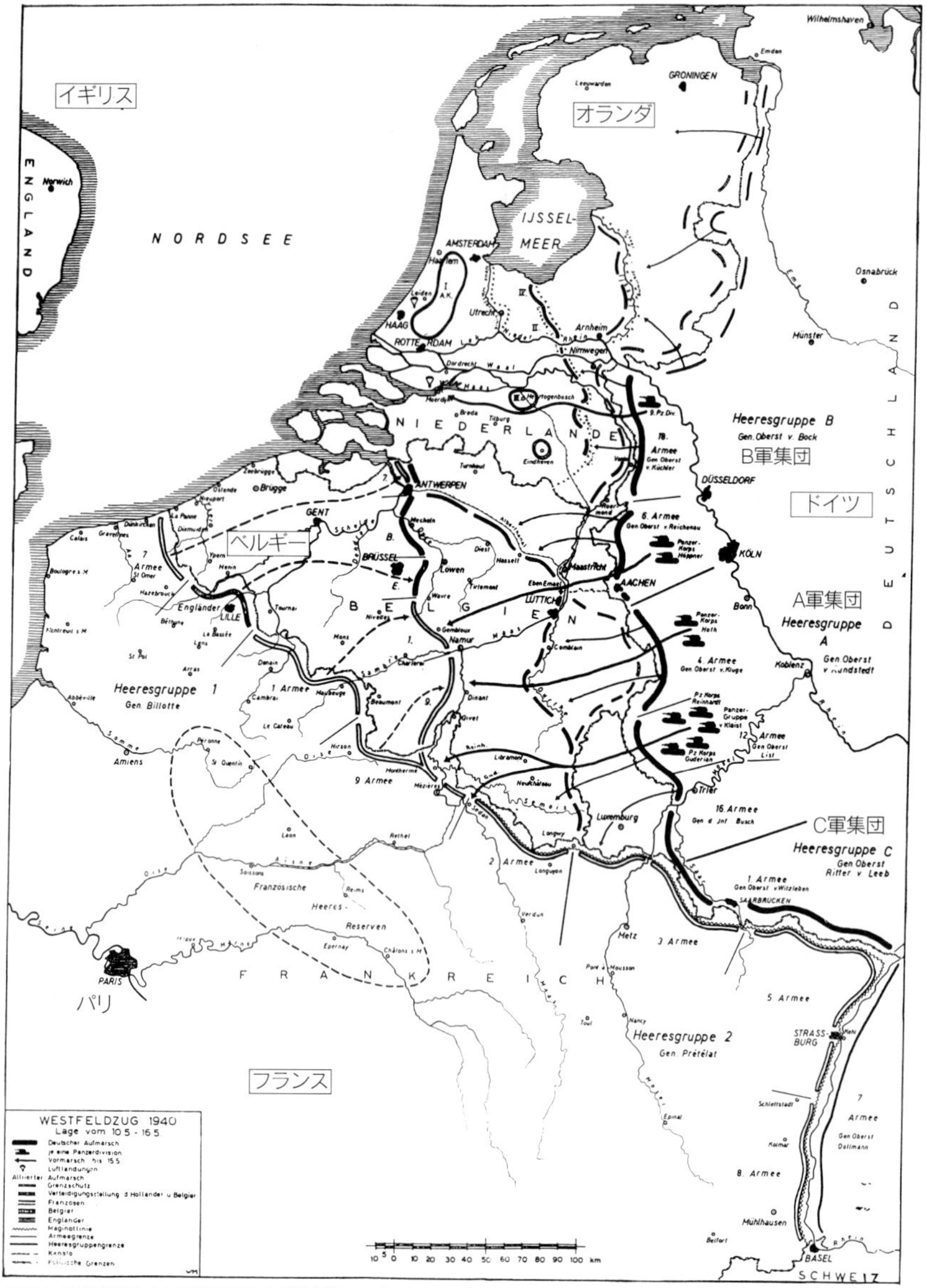

フランス戦役時には4個突撃砲中隊が参加した。
(出典：ハッソー・フォン・マントイフェル『第7戦車師団』)

1940年に撮影された第666突撃砲中隊

第666中隊のフィッシャー軍曹

ることは無謀であることがはっきりした。

興味深いのは、５番目の独立中隊としてツィンナで編成された第６６６突撃砲中隊のその後の足取りである。

編成時に中隊は砲兵教導連隊／第Ⅳ大隊に属しており、シュタインコップフ少佐が大隊の指揮を執っていた。中隊長はアルフレート・ミュラー中尉であった。突撃砲は7月３日に受領したが、その日の夕方には一旦引き上げられ、２日後に新しい突撃砲が届いた。最初の走行訓練が行なわれた後、７月12日にミュラー中尉は、砲兵教導連隊／第Ⅳ大隊の指揮官であるシュタインコップフ少佐から、第666突撃砲中隊の出撃準備を完了せよとの命令を受けた。

7月27日には出撃命令が出され、中隊は2日後に目的地点を告げられぬまま出撃した。ベントハイムを経由してロッテルダム、そこからヴァレンシエンスとブリュッセルを経由してゲントへ、そして今度はフランダース（フランデルン）地方を横切り、オーステンデからブレスケンスまで行軍した。その間、走行演習が昼夜分かたず行なわれた。

そして第17歩兵師団（ロッホ中将）に配属となり、中隊は第17砲兵連隊／第II大隊（ドレッサー少佐）の指揮下となった。オーステンデとダンケルク（デュンキルヒェン）で上陸演習が行なわれるようになると、ようやく中隊が［あしか］作戦のために演習していることが誰の目にも明らかとなった。

冬季演習の開始によりドゥエーへ移動し、そこで中隊は第659、第660と第665突撃砲中隊と一堂に会した。こうして4個中隊は、第660特別編成大隊本部（クレキジウス少佐、後にフォン・ベーロウ少佐）の下に集結したのである。

第667突撃砲中隊は、最後の6番目の独立中隊として1940年夏に編成され、数週間後にリュッツォー中尉の指揮の下でフランス大西洋沿岸に移動した。そこで上陸演習と攻撃演習が行なわれ、1940年末に最初にドイツ本国へ帰還した。

中隊はデーベリッツ演習場でさらなる演習が行なわれたが、もはや誰の目にも〝あしかは水へ落ちて溺れてしまった（［あしか］作戦は発動されない）〟ことが明らかになっていた。第660特別編成大隊本部は、指揮下の4個中隊の運営に1941年1月末までかかりっきりになっており、第666突撃砲中隊（＊10）は、1941年2月27日に、アラスで鉄道に積載され、レーアモント、リューベックとシュテッティンを経由し、オストプロイセンのヴォアムディットへ移動した。そして最終的にはモールンゲンに到着し、1941年4月14日に第206歩兵師団へ配属となった。

こうしてフランスでの期間は終わりを告げた。しかし、最初に編成された突撃砲大隊はどんな様子であっただろうか？

戦役と戦役の合間
4個突撃砲大隊の創設

最初の独立した突撃砲兵の大隊として、1940年夏に第184突撃砲大隊が編成された。大隊の各3個中隊は、7・5㎝戦車砲短砲身型の突撃砲6両を装備していた。なお、シュタインコップフ少佐は編成開始から4週間後に、大隊が出撃準備を完了したことを報告している。

突撃砲大隊の初代軍医であるフォン・デアア・ハイデ博士は、当時の創設期における大隊の様子をこう語っている。『突撃砲中隊と同様にまず本部と本部中隊が、砲兵教導連隊から引き抜いた少数の中核となる兵士と志願兵から編成された。第184突撃砲大隊の編成と共に新たな任務配分が決められ、厳しい訓練が開始された……。

イギリスへの上陸作戦が延期されるという心配は、大多数の兵士にとって無関心ではいられなかった。唯一の救いは、シュタインコップフ少佐を通じての出撃準備完了が受領され、作戦地域への移動命令が熱狂的に歓迎されたことぐらいであった。いずれにせよ、少数の事情に通じている将校は、9月の上旬にユターボクで鉄道に積載されて、どこに行くのかを良く知っていた。』

ル・タンケット付近で宿営し、［あしか］作戦用の演習が開始されると突撃砲兵達は、これ以上ないくらいの喜びを表した。

フォン・デアア・ハイデ博士の戦闘日誌にはこう書かれてある。

『曳航される平底式の渡し船が、ドイツや占領地区の河川から多数掻き集められ、様々な上陸演習が行なわれたが、これら雑船の信頼性をすぐに向上させることはできなかった。そして兵士達は、次第に計画された［あしか］作戦に対して、複雑な感情を持つようになった。

制空権はドイツ側にあったものの、しばしばイギリス軍の爆撃機や戦闘機が飛来するため、シュタインコップフ少佐は、海岸に密集して配置してある突撃砲を移動せざるを得なくなり、突撃砲大隊本部もル・タンケットからルーアン近くのロシェローユへ移動となった。この移動は誠に適切なものであり、数日後にル・タンケットにある本部の宿営地区が空襲のより被害を受けたのであった……。

その後、大隊は直接ルーアンに移動となり、ここですべての中隊を率いてさらなる演習へ参加した。この演習の中で、大隊指揮官のSPW（装甲車両）が河川用渡し船の甲板にある積み降ろし用機械から落下し、この装甲車両は廃棄処分とされたが、指揮官の怒りが罪人扱いの大隊兵士へ向けられるようなことはなかった。』

実に率直な記述ではある。

［あしか］作戦が中止になってから、1941年初めに大隊はパリ北方のシャンティイーへ移動となった。本部および本部中隊はシャンティイーへとどまり、第1中隊はコンピエーニュ、第2中隊はアーメノンヴィル、第3中隊はサンリスにそれぞれ宿営地を構えた。

異国の地で興奮した狩猟マニアの一人である第3中隊長のフォン・ヴァリザーニ大尉は、サンリスにおいて食堂のため

注
（＊10）訳者注：第667突撃砲中隊の誤記である

ブローニュにおいて［あしか］作戦のために積載訓練を行なう第184突撃砲大隊*（*訳者注：原書は旅団とある。キャプション全体は大隊と旅団の区別があいまいでほとんどが旅団と記してあるが、本書では可能な限り当時の編成名に修正した。大隊から旅団への名称変更は1944年2月25日付けOKH命令による）

水上走行訓練

ブローニュ沿岸での演習

に多数の鳥獣を射止めることができた。

コンピエーニュの城では、閉鎖されていないエレベーターシャフトから第1中隊の兵士3名が墜落し、そのうちの2名が死亡するという事故が起こった。

2月終わりのヴァルテガウへの移動命令が出され、シュナイデミュール近くのコルマールで鉄道から降ろされた。4月初めには再び積載されたが、今度はバルカンが目的地とされてとりあえずウィーン南方まで移動した。


第185突撃砲大隊は、1940年9月初めに編成命令を受けた。リックフェルト少佐の下で大隊は2ヶ月目には出撃準備態勢が完了し、1940年11月初めにオストプロイセンへ行軍し、ブラウンスベアクとハイリゲンバイルで宿営することとなった。シュタブラック演習場における演習を通じて、大隊の戦闘力に磨きがかけられ、1941年5月にソ連国境方面へ移動し、ハイデクルーク近くで出撃準備態勢に入った。


第601重砲兵大隊（自動車化）の大隊長であるハウプトト少佐は、1940年10月1日に第190突撃砲大隊の編成についてのOKW（国防軍総司令部）命令を受領した。11月15日に大隊の行軍準備態勢を完了したことが報告され、11月26日、目的地不明のまま輸送が開始された。11月28日に本部中隊、第2および第3中隊は西部フランスのモンベリ、第1中隊はルールに到着した。翌日、大隊は第72歩兵師団へ配属され、宿営地にて新しい兵器の教育訓練が継続された。演習は実戦さながらの厳しい条件で行なわれ、演習中に大隊の砲手2名が重傷を負う事故も発生している。

すでに1941年1月7日、大隊はベルフォルトから鉄道輸送によりミュンヒェンとウィーンを経由してルーマニアのバラチへ移動した。ここで、ハウプト中佐が予備部品の調達のために、ドイツへ一旦帰還するというハプニングが起こっている。ロショリーデベーデの第30軍団（オットー中将）の野戦司令部における作戦会議で、ハウプト中佐は、大隊の使用と作戦投入が可能であることを報告した。彼は行軍部隊Hの指揮官に任命されたが、1941年2月22日に大隊はこの行軍部隊から引き抜かれ、2月28日にはジュルジュ付近でブカレストへの街道上で、ドナウ方面への行軍のため待機状態となった。Aデイ、すなわち1941年3月2日、第1戦車集団（フォン・クライスト上級大将）はドナウ河を渡河し、この日、第190突撃砲大隊もまた行軍命令を受け、ミュール大佐の行軍部隊に編入された。

3月4日の未明に大隊はドナウ河を渡河し、3月5日早朝にはノヴォセーロに達した。そして3月5日には、堅固に守備されたシープカ峠を越えてハーコヴォまで到達した。

これはユーゴスラヴィアの政治情勢により必要とされる、

あらかじめ準備された攻撃の始まりであった。

次の日、ハウプト中佐と第164歩兵師団のフォン・シュタイン中佐は、道路状況と行軍の可能性について偵察を行なった。また、シュヴァインフルトの第200突撃砲補充大隊が、補充部隊として第190突撃砲大隊へ配属された。

そして、4月5日に軍事機密命令書によりハウプト中佐は、『ギリシャに対する作戦が翌日開始される。〝X時間〟(攻撃時間)は5時20分』との命令を受領した。

〝大隊はチョルバドシスコのガイゾ大佐の前衛部隊に配属される。その攻撃任務:山岳部の出口確保とコモティニーへの突進〟

ところが、シモヴィッチ大将が指揮する軍事クーデターによりユーゴスラビア政権が崩壊し、敵側に組みすることとなったため、ヒットラーが計画していたロシア侵攻の出撃基地となるバルカンでのドイツの地位は脅かされることとなった。4月6日の朝、この新ユーゴスラビア政権は全権特使をモスクワに派遣し、ソ連—ユーゴスラビア友好条約を4月5日に遡って締結した。

この事態は、緊急にギリシャ攻撃のためにすでにバルカンにあるドイツ部隊のみならず、北方からの増強部隊もユーゴスラビアとギリシャに対して行軍することが必要不可欠となった。

ギリシャの攻撃計画は、すでに1940年11月12日付けのOKW(国防軍総司令部)命令No.18、12月13日付けのNo.20、1941年1月4日付けのNo.22および3月30日付けのNo.25により、国防軍部隊には告知されていた。この攻撃は、様々な理由によるものであった。

第一は、西欧諸国の旧同盟国であったギリシャは、すでにイギリス軍によって確保されており、イギリス空軍はギリシャに基地を設けた。また、クレタ島は1940年11月からイギリスの海軍基地が設置されていた。これらはすべて、ギリシャの同意を明確に得たものであった。1941年3月までに、ギリシャのイギリス軍は航空機180機と兵士1万人以上に膨れ上がり、数週間後には主力部隊約5万6000名がギリシャに上陸した。

ヒットラーは、1940年12月にはロシア侵攻を決めており、〝東方への進撃の前にこの［膿］を排除〟しなければならなかった。ギリシャへの駐留によりバルカン戦線を構築し、ロシア侵攻の南側面に脅威を与えると言うイギリスの目的は成功した。

この他に、ギリシャの島々からルーマニアの油田が爆撃される可能性があり、これを防がねばならなかった。さらに、イタリアのアルバニアにおける軍事的危機も回避する必要もあった。

こうしてドイツ第12軍(リスト元帥)の師団群は、1941年3月初めにブルガリア政府の同意を得てブルガリア領へ進軍し、ブルガリア~ギリシャ国境で出撃準備態勢に入り、第8航空団（フォン・リヒトホーフェン大将）がさらに加わった。

第191突撃砲大隊が南東戦線へ進出

さらに別な突撃砲大隊、すなわちギュンター・ホフマン＝シェーンボルン少佐が指揮する第191突撃砲大隊が、南東戦線への戦列に加わった。この大隊は、フランス戦役後にユターボクの砲兵教導連隊にて編成された4個の部隊から構成されており、ギュンター・ホフマン＝シェーンボルン少佐は、すでにフランス戦役で二級および一級鉄十字章を授与されていた。第191突撃砲大隊が、1941年元旦に南東戦線へ行軍を開始した時、この精力的な将校は、大隊を強力な攻撃力を持つ部隊にまとめ上げていた。プロイェシティで列車から降ろされ、さらに部隊訓練が続けられた。

3月初めに第191突撃砲大隊は、ジュルジュでドナウ河橋梁を渡ってブルガリアへ行軍し、スターラザゴーラを経由してソフィアに到着した。その後、さらに前進して4月1日にはブルガリア~ギリシャ国境まで達した。

大隊の兵士は砲隊鏡により、伝説的なメタクサス・ライン（＊11）のトーチカ群を確認することができた。この未開の岩だらけの山岳地帯で、突撃砲で突破するという企てはまったく見込みのないように思われた。ホフマン＝シェーンボルン少佐は、突撃砲が投入可能なあらゆる場所を、一つずつ個人的に偵察した。

4月5日に大隊は、次の日に作戦投入する旨の命令を受け、4月5日から6日にかけての夜間に、出撃準備陣地へと前進した。こうして、南東戦線には3個突撃砲大隊が集結し、攻撃準備態勢が整った。

注

（＊11）訳者注：長さ350km、トーチカ拠点約1200箇所を有するブルガリア国境に構築されたギリシャ軍防衛線。バルカンのマジノ・ラインの異名を持つ。

バルカン戦役

第190突撃砲大隊
ノーヴォセーロからアテネまで

1941年4月6日の早朝、第190突撃砲大隊は全ての可動突撃砲をもって進撃を開始した。510高地においてギリシャ領土侵入後、ベンダー中尉率いる第3中隊第1小隊の先頭突撃砲は4・5㎞離れた防衛陣地まで突進した。中尉がこれを報告するとハウプト中佐は、軽高射砲および重高射砲の射撃でも効果がなかった5段に互い違いに配置されたトーチカに対して、精密射撃を加えるよう命令した。

ベンダー中尉は前進し、砲火を浴びせた。最初の命中が報告されたが、歩兵の進撃路を啓開するには充分ではなく、これらの堅固なトーチカからの激しい敵の応射の中で砲撃は続けられた。

午後遅くなってから、ネーター中尉指揮の第3中隊すべてが前進して来た。彼等がちょうど到着した時、峠道の方向から激しい凄まじい爆発音が聞こえてきた。敵が峠の隘路3ヶ所を爆破し、交通不能としたのだ。ネーター中尉はトーチカに数発命中させてから、引き返した。次の朝には、第190突撃砲大隊全体が参加して、この占領された高地から砲撃が加えられた。トーチカは次々と撃破され、第5山岳師団の第85工兵大隊の工兵がトーチカに突入した。

次の日の午後、前衛部隊がコモティニー〜クサンシを経由して戦闘に加わったが、ネストス河に面するタクソテ付近において敵の激しい抵抗にぶつかった。河のすべての橋梁は爆破され、西岸に敵が防衛陣地を構えているのだ。岩山に設けた機関銃座や強力な野戦陣地の一部から、攻撃部隊は激しい敵の砲撃を浴びた。ハウプト中佐は、大隊がネストス河を渡河して敵の背後から急襲することができる浅瀬を捜し出すべく、偵察部隊を前進させた。

河幅全体の深さを確認し、大隊の戦闘部隊全体が渡河可能かどうかを偵察するために、レーファー少尉が夜中に河を泳いで対岸に渡った。彼が戻ろうとした時にはすでに対岸の敵の知るところとなり、狙い撃ちされたが辛くも逃げ帰ることができた。

次の朝の4月9日、大隊はピムニまで前進し、敵陣地に砲撃を加えた。しかしながら、2ヶ所の敵重機関銃座が残ってしまい、これらは翌朝に歩兵と山岳工兵とによって破壊されたが、最初の突破の試みは両機関銃座の銃撃で失敗し、シュヴァルプ少尉は太腿部盲管銃創の重傷を負った。

大隊が属する第50歩兵師団のホリト少将は、新たな攻撃の発起を決定した。この攻撃では突撃砲は主力として前進し、精密射撃によって確認された敵陣地を粉砕することとなった。さらに戦友たる歩兵の損害を少なくするため、大隊は準備砲撃も実施することとされた。

4月10日の真夜中の1時半、彼等は高速で敵トーチカ手前

１０００ｍの地点まで前進して電撃的な砲撃を開始した。トーチカから応射して来たが、次々に沈黙させられた。かくして30分後、突撃砲は攻撃に必要な条件を見事に創り出し、歩兵と工兵がネストス河を渡河して即座に橋頭堡を築くことができた。

４月12日以降、大隊は第２戦車師団に配属となり、翌日には大隊本部はサロニキに達した。大隊の他の部隊は４月14日までにランガダスへ行軍し、そこからカバルキとネア・シャルキドンを経由して４月15日にはイダへ達した。

第58軍団の特別命令により、大隊は第２戦車師団と第６山岳師団を通り過ぎて、４月16日には、オリンピア山の麓で第２戦車師団の野戦司令部があるカテリーニに到着した。ところが、カテリーニの南西20㎞のディミトロスで、激しい抵抗に出会った。ここでニュージーランド部隊が前進路を砲兵管制下におき、イギリス軍の退却を援護していたのである。

突撃砲は戦闘団Ｉ（ケルツ大佐）に配属され、４月17日にディミトロス手前１㎞の地点に移動した。４月18日、戦闘団は敵が監視していた尾根を制圧した後、その日の14時にエラソンを奪取した。18時30分頃、突撃砲は第２戦車師団の戦車と共に、第２狙撃兵連隊（第２戦車師団）／第Ｉ大隊の兵士を跨乗させ、メネクセス高地方面へ突進を開始した。

激しい砲火が攻撃部隊に降り注いだ。第２中隊のある突撃砲は３発の命中弾を受けたが、そのまま突進を続けた。セルペンティネンからメネクセス高地へ通じる街道上で、敵の４・７㎝対戦車砲が突撃砲を阻んだが、近距離からの命中弾を受けて排除された。絶え間ない砲撃音がこだまする。やがて突撃砲は、爆破された隘路にぶつかり、後続する工兵に道路を啓開してもらうため引き返さなければならなかった。

ここでの難しい方向転換の際、第２中隊のプリカート少尉の突撃砲は斜面に近寄り過ぎて転落し、１名が死亡し４名が負傷した。

敵はこの戦闘で士気沮喪し、次の夜にはこの防衛に理想的な山岳地帯を放棄して撤退してしまい、ラリッサ付近に次の防衛線を構えた。

第１９０突撃砲大隊は数日の休養を得ることができたが、４月24日にはラミナの南方にあるテルモピレーに立てこもる敵を攻撃するため、再び前進を開始した。しかしながら、同日の９時20分、ＯＫＷの特別通知により第５戦車師団の先鋒がアテネに入城したことが分かり、この任務は取り消された。

大隊はテーベ付近に集合し、第２戦車師団の命令により大隊を代表してネーター中尉が率いる第３中隊がアテネへ派遣され、リスト元帥は１９４１年５月３日に祝勝パレードを催した。

フォン・シュタイン中尉とヴェアジーク中尉、ならびにミデルフース特務曹長に一級鉄十字章を授与され、大隊のメンバー43名に二級鉄十字章が授与された。第一次大戦に砲兵と

グリューネアト中尉（右）。後にクリミア半島で撮影されたもの

クリミア半島への進撃中の様子

して〝アイスグラウアー〟を拝領しているシュタインヴァクス曹長は、一級鉄十字章の略綬が授与された。

１９４１年5月15日に、第１９０突撃砲大隊はアテネから帰国の途に着き、七つの峠を越えてサロニキへ向かい、６月14日には予てから計画されていたマラクサ工場における突撃砲のオーバーホールのため、ブカレストへ到着した。しかしながら、ロシア侵攻が目前に迫っていたため、このオーバーホールは実施されることはなかった。

では第１９１突撃砲大隊の様子は、どうだったのであろうか？

第１９１突撃砲大隊
ルペル峠を越えてラミアへ

１９４１年4月6日の早朝、第18軍団（ベーメ歩兵大将）の軍団砲兵が砲撃を開始した時、この軍団すべての部隊（第72歩兵師団、増強された第１２５歩兵連隊、第5および第6山岳師団と第１９１突撃砲大隊）は出撃準備陣地にあり、突進命令を待っていた。

5時30分ちょうどに出撃地点から突撃砲が前進を開始した。突撃砲中隊群のすぐ後ろには弾薬運搬車と指揮車両が続き、水位が増したビストリツァ河の渡渉地点に達した。歩兵はすでに徒歩で急造の木造架橋を渡り終えていた。ところが大隊の突撃砲1両が、渡渉地点でスリップして穴に落ちてしまった。ホフマン＝シェーンボルン少佐はすぐに牽引車両をそこへ向かわせ、突撃砲を引き上げたが、兵士達は自分のヘルメットを使って、突撃砲から水を汲み出すはめになってしまった。

ホフマン＝シェーンボルン少佐は、第１２５歩兵連隊の突撃大隊を援護し、３５０高地の敵陣地とトーチカを排除せよ、との命令を受けた。先頭の突撃砲２両が前進し、よく偽装されて射撃発光だけしか確認できないトーチカに砲撃を開始し、トーチカは戦闘力を失った。これらの岩をくりぬいた堡塁群は、精密射撃によって狙い撃ちしなければならなかったが、ここでも突撃砲の高い命中精度が再び示されたのであった。

突撃砲の後方からは突撃大隊が前進し、３５０高地に対して攻撃を行なったが、ギリシャ軍の防備は堅く、第１２５歩兵連隊から救援要請が発せられた。大隊長自らの指揮で突撃砲は前進し、第1中隊により第１２５歩兵連隊の突撃を支援した。戦闘状況が確認されると、その方向へ突撃砲の砲身が向けられ、朝からずっと砲声がこだまし、抵抗拠点は粉砕された。

すぐに更なる攻撃が押し進められたが、ルペル峠付近で立ち往生となった。ここは切り立った絶壁となっており、深い断崖が前方に進む突撃砲を阻んだ。

前進している歩兵部隊の連絡を保ち、これをさらに援護するため、ヴォルフガング・カップ中尉は、中隊を率いて通行可能な地点を探しに出動した。ここにルペル峠での苦戦についての彼の戦闘報告を掲げる。

『崖を越える方法は一つもない。さらに進むと道なき険しい岩山。ひょっとしたら、山地の別な方角で崖を越えることができるのではないか？　突然、切り裂くような鋭い音がして、我々の努力は徒労に終わった。対戦車砲弾が私の指揮戦車へ命中したのだ。たちまち車両は火に包まれ、やっとのことで私と無線手、瀕死の操縦手だけが救い出された。

その間に我が方の突撃砲は、崖の向こう側にあるトーチカを射撃したが、岩山のはざまから対戦車砲が依然として応射して来る。ざっと見て6、7ヶ所のトーチカが確認できたが、良く照準された砲撃でそれらを沈黙させることができた。しかし、別なトーチカの砲火が再び盛んになり、突撃砲は休む暇もなく撃ち続けた。この高地一帯が敵の戦闘拠点で満ち満ちているということを、我々は如実に思い知らされた。

しばらく指揮を小隊長に任せ、急斜面を下へ降りて、別な方向から崖を再びよじ登った。いばらの茂みに引っ掛かり、私の制服はボロ雑巾のようになっている。それに加えて太陽が赤銅色の空からジリジリと照り付けて来る。汗みどろになって息も絶え絶えになって、私は我が歩兵大隊が集結している細道に到達した。新たな部隊が、崖の谷底のほうから登って来ている。この上方、ルペル要塞の中核となる鞍部のすぐ真下で、歩兵は立ち往生していた。鞍部の前面でこれ以上の前進は不可能であり、そこから見えるものは誰であれ、掃射により蜂の巣になってしまうだろう。

ブルガリア側から見て、数も少なくみすぼらしく思えた敵の戦闘拠点が、我々に対してかくも激しくエネルギッシュに抵抗するとは、誰が想像できたであろうか？

やくたいもない！　私が自分の突撃砲で歩兵に救いを与えるためには、突撃砲をこの細道に連れて来なければならないのだ。敵の重火器を沈黙させ、トーチカを撃破するために、この殺人的砲火の中を鞍部がある高地まで行く危険を冒すことができるのは、突撃砲だけだ。徒歩で通行可能な地点を探しに出掛ける。ようやく数時間してから、私の突撃砲4両を細道に上げることができたが、その道幅は前進するには充分なものであった。

17時30分に新たな攻撃が決定された。シュトゥーカ（Ju87急降下爆撃機）が敵陣地に爆弾を投下し、集結した砲兵部隊の砲火が、向こう側で凄まじい音をたてて炸裂した。

我々は安堵した。このような砲火に対して敵が無傷でいるはずがない。最後のシュトゥーカの爆弾が投下され、最後の砲弾が着弾するやいなや、高地の縁を越えて前進を開始した。4両の突撃砲すべてが、押し合いへし合いながらわずかな平坦地へ出たところで、速射砲撃により砲弾を敵のトーチカへ撃ち込んだ。すかさず高地の縁の後方で待機していた歩兵が攻撃に移った。

突然、口笛に似たヒューヒューという音があたりに充満し、オルガンや雷の様なゴォーという音が耳をつんざくばかりに響き渡った。地面が揺れる。金属が擦れてキーキー鳴り、小石と泥、切り株と岩石がぐるぐる旋回しながら我々の後方へバラバラと落ちてきた。ギリシャ軍は岩山の鞍部にあるすべての兵器を動員して我々を狙い、あらゆる口径の砲弾が我々の周囲に炸裂した。歩兵は援護されて攻撃開始地点まで退却した。

数分の間、すべての突撃砲が泥とゆらゆら揺れる塵埃に包まれた。耳を聾する音と共に砲弾が装甲板に命中する。もう自分の部下とは、生きて再会することはあるまいと覚悟する。操縦手は後ろが見えず戻ることは不可能だ。小道から少しでも滑ると、たちまち下へ墜落してしまう。しかし、彼等はそれをやり遂げたのだ！　小道に再び突撃砲が見えた時、私は思わず前に駆け出した。先頭の突撃砲の装塡手が戦死したほかは全員無事だった。

しかし突撃砲を良く見ると、すべての装甲板、フェンダーや上部車体に穴が空き、ズタズタになり、所々が引き裂かれていた。装甲板はぼろぼろだったが、なんとか持ち堪えたようだ。』

赤裸々な報告書はここで終えよう。

翌日、早朝から雨が降り、次第に強くなってきた。ギリシャ軍の野砲と迫撃砲がドイツ軍陣地に砲撃を加える。

ホフマン＝シェーンボルン少佐は、4月6日の夜に志願兵による突撃部隊を率いて敵の前線へ出撃した、第125歩兵連隊／第Ⅱ大隊の指揮官であるエンス少佐からの報告を待っていた。彼等はストルマ渓谷の南に突撃路を確保し、そこにある重要な橋梁を奇襲により無傷で奪取し、本隊の到着まで確保することになっていたのである。

4月7日に突撃砲は修理されて具合は良くなった。再び、各個に突撃砲とトーチカの一騎打ちが演じられ、ギリシャ戦役の2日目が終わった。

4月8日、ホフマン＝シェーンボルン少佐は、トーチカ群の高地への突撃部隊の作戦指揮を命じられた。先頭の突撃砲が鞍部をよじ登って砲撃を開始した。敵はこれに対して応射せず、突撃部隊はすかさず攻撃に移った。もしかしたら、敵は弱っているのだろうか？

砲火が開かれてから30秒足らずして、この重武装の山岳要塞の兵器すべてが再び突撃砲へ叩き込まれた。この砲火を見ていたカップ中尉は突撃砲を呼び戻したが、彼等は岩山の陰まで無傷で辿り着くことができた。中隊長は砲長のバウアー上級曹長に手を振った。

「さて、バウアー」と彼は言った。「まず最初にもう一度、我々の砲兵と話し合ってくれ。彼等が確認された敵の砲兵中隊を沈黙させるだろう。そして30分後にもう一度、やり直しだ」

「了解、中尉殿」とバウアー上級曹長は簡潔に答えた。しかし、この2回目の試みも失敗した。

4月9日に突撃砲は再び攻撃を行った。ホフマン＝シェーンボルン少佐は、すべての突撃砲を投入し、組織的にトーチカを一つずつ順番に撃破していった。段々とこの山岳要塞は沈黙して行き、翌日には頑強に戦ったルペル峠のギリシャ軍は降伏した。

かくして、ギリシャ戦役最大の障害が取り除かれた。当時、突撃砲4両からなる前衛部隊に所属していたクラウス・ザブラトニク曹長は、最初の日について次のように述べている。

『エンジンが始動され、6時30分に攻撃開始！　突撃砲の騒音の中で、砲兵による最初の一斉射撃が聞こえて来る。我々はノヴォ～トポルニカを通ってルペル峠まで突進し、ギリシャ国境を越えるのだ。

砲火は猛り狂っている。軽砲兵砲から21cm臼砲までが、砲煙で充満する高地とギリシャ軍のトーチカ群に対して砲撃を加える。敵からは何の応射もない。

突撃砲はクッセル河を離れて、最初の障害である丘へ前進を開始する。突撃工兵がそれにぴったりと寄り添い、爆薬を準備する。

この時、一発の砲撃と共に敵が目覚めた！　すべてのトーチカと堡塁から我々に対して、防御砲火が集中した。我々はこの抵抗を当然予期しており、狼狽することはなかった。我々はトーチカの装甲蓋の隙間を狙って撃ちまくった。幾つかのトーチカは沈黙させることができたが、敵の砲火は衰えを見せない。

爆破部隊は大きな損害を被って撤退しなければならなかった。今度はシュトゥーカの出番である！　一度旋回してから急降下に移り、爆弾のヒューッという音で投下される。そしてその後、凄まじい爆発音が耳を叩く。もうもうと立ち込める爆煙と塵埃が数分の間、我々から視界を奪う。敵の防御砲火は一旦弱くなったが、再び息を吹き返した。工兵は戦車障害物を取り除くことができないでいる。

突撃砲2両が敵陣地に向かって狭い登り道を前進し、他の小隊の1両が援護射撃を引き受ける。たちまち突撃砲は、敵の対戦車砲とラッチェブム（＊12）の速射を受けた。無線アンテナはちぎれ飛び、器材はぼろぼろになり、フェンダーは空中を舞った。しかし、我々の突撃砲は任務を完遂した。トーチカは一つずつ近距離から制圧されていったが、給弾が必要となる。

我が方の軽装甲弾薬運搬車両が前進し、小さなハッチから砲弾を受け取る。この光景を見た敵は、さっそく窪地へ砲火を浴びせ、我々は最初の戦死者と負傷者を出す。弾薬運搬車の操縦手は、肺に銃撃を受けた。

指揮官が突破を要求し、我々は新たな攻撃を試みる。４両の突撃砲と指揮車両が丘を登ったが、先頭の突撃砲が側面のトーチカからの直撃弾を受け、行動不能に陥った。乗員４名のうち1名が負傷したが、確認されたトーチカは排除することができた。後続の車両が道を啓開する。

停止している暇はない。我々は急勾配の坂を敵陣地に向かって進んで行く。しかし歩兵は雨のように降り注ぐ砲弾の中をついて行けない。敵が３両の突撃砲と指揮車両に兵器を集中していることは状況から明らかだ。そして貧弱な装甲しか持たない指揮車両は、真っ先に悲運がやって来た。

対戦車砲のエンジンへの命中弾により、全員退避を余儀なくされたのだ。

真っ先に煙が充満した車両から私が飛び出した。その後に起こったことは、よく説明できないが、私は着弾が林立する真っ直中に放り出されて身を伏せ、再び起き上がって次の遮蔽物を探し求めた。地獄に仏！　一両の突撃砲が近くを通りかかる。飛び乗ろうとしたが、摑んだ煙幕発射装置がもぎとれ這って戻る。もう疲れ果てて動けない。しかし前方から砲撃で舞い上がった土や石が雨あられと降って来る。もう一度、やらなければ！　すべては夢のようであったが、しばらくして私は、突然、自分が指揮官と操縦手、それから倒木の後ろに居る無線手の中間にいることに気が付いた。もう一人ではない！　指揮官が沈黙を破った。「おいで、若いの」と彼は言った。「もう心配はない。もっと近くに来ないと、後ろから撃たれてしまうぞ！」

そして鞄から銃剣を取り出すと、地面を掘り始めた。我々はすぐ理解し､自分たちの命を守る小さな壕を掘って掘って、掘りまくった。一人が悲鳴を上げた。肩を撃たれたのだ！　私は芝を一摑みちぎり取り、前方へ差し出すと、ヒューッと言う音と共に砲弾が着弾した！　我々の上には土が降り注ぎ、破片がそばを通りすぎ、爆煙が我々を包み込んだ。

さらにもう1発が炸裂！　私は指揮官の脚にしがみついていた。なにしろ、何かに掴まっていなければならないのだ！

着弾に次ぐ着弾！

ギリシャ軍のトーチカからは１５０ｍ足らずしか離れていない。新しい砲弾が飛来する。着弾点は近い、遠い、近いを繰り返しており、時間は無限に感じられた。

最後のシュトゥーカの攻撃！　岩山に再びヒューッと言う音と凄まじい爆発音がこだまし、地面が震える。そして静けさが訪れた。太陽は傾き、薄暗くなっている。もうすぐ夜だ！　まだ個々の小銃射撃の音が静けさを破っているが、それも段々まばらになっていく。

探照灯が高く掲げられ、我々にまばゆいばかりの明るさが

注（＊12）訳者注：発砲音（ラッチェ）と着弾音（ブム）がほぼ同時に聞こえるような、高速初速弾を放つ野砲の総称。後に独ソ戦ではソ連製76．2㎜野砲のことを指すようになった。

降り注いでは消える。ストルマ渓谷の森とルペル峠の高地の上は火に包まれている。明日はどうなるのだろうか？　我々は明日突破することができるだろうか？』

さらなる前進によりオリンピアを通り過ぎてラリッサを経由した大隊は、ラミア高地にてサロニキまで帰還せよとの命令を受けた。そしてサロニキからエルミュッツへ移動して、そこで新たに再編成されるとのことであった。再編成後、大隊はルブリン方面へ移動となり、そこで大隊兵士に影を投げかけていたソ連侵攻の事態に備えて待機となった。

1941年5月14日、ホフマン＝シェーンボルン少佐は、彼の大隊が戦闘における決定的役割を果たしたことによる戦功により、騎士十字章を授与されることとなった。

では、バルカン戦役での3番目の大隊はどうだったのであろうか？　すなわち第184突撃砲大隊の身に、何が起こったのであろうか？

第184突撃砲大隊ニワトリ1万羽と平和

1941年4月上旬ヴァルテガウからオーストリアへ急送された第184突撃砲大隊は、ウィーン北方のエンツァードルフで下車となり、ここからユーゴスラビアへ北方から進駐することとなった。天候に恵まれ、大隊はまずウィーンを通過し、ムール河沿いのゼマーリング街道を越えてムレクまで前進した。こことラートケアスブルク付近でユーゴスラビア国境を越えた。

ペッタウ付近で大隊は、小さなカノン砲からの最初の砲火を浴びた。ユーゴスラビア軍はここでドラウ河の橋梁を爆破し、対岸の要塞陣地から射撃して来た。重量がある突撃砲にとって、これで南方への新たな突進が遅れてしまった。

退却するユーゴスラビア軍はペッタウの発電所をも破壊したため、町の冷蔵所が停電となってしまった。この件について、フォン・デア・ハイデ博士が以下のように報告している。『これにより、そこで冷凍してあった約1万羽のニワトリが台無しになる危機に直面し、心配した冷蔵所長は辺りを走り回り、すべての兵士達に彼のチキンを提供した。もちろん、受取りには形式的な署名さえあればよかった。

どの車両でも屠殺したニワトリが携行され、折りに触れてそれは焼かれたり料理されたりして提供された。

このペッタウ産のニワトリの請求書は、ずっと後になって、すでにソ連領深く侵攻した我々に、非友好的な計算書と共に手渡され、我々の当時のコッホ上級主計長が「この給養上の贅沢を会計上取り繕うのは難しい」と、頭を抱えていた。』

ドラウ河の橋梁補修後、第184突撃砲大隊はすでに移動していた快速部隊の後方から南下を開始したが、追い着くことは不可能でこれ以上の作戦投入も行なわれなかった。ユーゴスラビアは数日後に降伏した。

この後、予想外の早さでクロアチアからシュタイアーマルクへの撤収が行なわれ、ユターボクにて短い休養期間を取り、この間に兵器と車両の整備が行なわれた。

クニッテルフェルトにて新たに積載された大隊は、数日の輸送を経て東プロイセンのアライスで下車した。この時点から、国境近くの陣地や宿営地の偵察が行なわれた。ちょうどこの時に指揮官が交替し、シュタインコップフ少佐が離任してフィッシャー少佐へ第184突撃砲大隊の指揮権が委譲された。彼は第一次大戦に一兵士として参加しており、その後、そのラインっ子独特のユーモアで幾多の困難を切り抜けることになる。

6月の第2週に大隊はズヴァルキツィプフェルへ移動し、国境であるヴォルクジャンカ河を偵察した。

ソ連に対する攻撃は、目前に迫っていた。

ソ連侵攻
レニングラード〜モスクワ〜クリミア

［バルバロッサ］作戦

１９４０年12月18日に、総統大本営から総統命令第21号［バルバロッサの件］が発令された。この命令の中では、ドイツ国防軍は対イギリス戦の終結前に、〝電撃的な侵攻によるソ連の撃破〟を準備しなければならない旨が、無味乾燥な言葉ではっきりと述べられていた。さらにそれは次のように命じられていた。

・全般的計画：

ソ連西部に展開する大半のソ連軍を、パンツァーカイル（戦車の楔）の広範囲な突進による大胆な作戦で殲滅し、敵戦闘部隊がロシア領土深くへ退却することを妨げる。

その後の迅速な追撃により、ソ連空軍によるドイツ帝国領土への攻撃が不可能な地点まで達することとする。作戦の最終目的は、ヴォルガ～アルハンゲリスク・ラインの外部にあるロシア・アジア地域を遮蔽することにある。必要であれば、ウラル地域にあるソ連最後の工業地帯を空軍によって排除する。

総統命令の第Ⅲ章には、この作戦の概要が定められていた。ここにそれを掲示する。

・Ⅲ．作戦の指導要領

プリピャチ湿地で南北に区分された作戦地域において、北部戦域に作戦重点を形成すること。ここに2個軍集団を準備することとする。

この両軍集団の南側、すなわち全戦線の中央部では、特別に強化された戦車および自動車化部隊がワルシャワの周囲およびその北方地域から退却する敵主力を、白ロシアにて壊滅させる任務を担う。

これにより、オストプロイセンからレニングラード方面へ作戦中の北方軍集団と協力して、バルト地方にて敵の戦闘主力部隊を殲滅するための必要条件、すなわち強力な快速部隊の一部による北方への旋回が可能となる。レニングラードとクロンシュタットの占領という優先的な任務を確保した後に、重要な交通および軍需の中心地であるモスクワの攻撃作戦を継続実施することとする。

ソ連軍の防衛部隊に対する奇襲による迅速な突破のみが、両方の目標を同時に手に入れることが可能となる。

プリピャチ湿地の南方に投入される軍集団は、強力な戦車部隊をもって迅速にソ連軍部隊の側面および背面深くに突進し、敵を混乱させてドニェプル河まで進撃するため、ルブリンからキエフ方面の地域において作戦重点を形成することとする。

プリピャチ湿地の南方および北方で行なわれる戦闘に圧勝した以降は、限定された範囲内で追撃戦に努める。

南方方面：軍需産業上重要なドニェツ盆地の早期占領。
北方方面：速かなるモスクワへの到達。この街の占領は、政治的にも経済的にも決定的な勝利、さらには重要な鉄道分岐点の陥落を意味するものである。

署名　アドルフ・ヒットラー

北方軍集団（リッター・フォン・レープ元帥）は第4戦車集団（ヘップナー）、第18軍（フォン・キュヒラー）と第16軍（ブッシュ）で構成され、3個保安師団を含む29個師団以上を有していた。

フェドーア・フォン・ボック元帥麾下の中央軍集団は、第9軍（シュトラウス）、第3戦車集団（ホト）、第2戦車集団（グデーリアン）および第4軍（フォン・クルーゲ）から構成されていた。47個師団のうち8個は戦車師団であり、6個は自動車化歩兵師団であった。この軍集団の後方には予備として、第2軍（フォン・ヴァイクス）が6個歩兵師団をもって出撃準備態勢となっていた。

南方軍集団最高司令官フォン・ルントシュテット元帥は、第6軍（フォン・ライヒェナウ）、第1戦車集団（フォン・クライスト）、第17軍（フォン・シュトゥルプナーゲル）と第11軍（フォン・ショーベアト）で構成され、42個師団を有していた。南方軍集団の後方には、ＯＫＨ（陸軍総司令部）予備として第34軍と第51軍が控えていた。

全東部戦線においては、ドイツ軍139個師団が44個軍団にまとめられて配備されていた。その他の予備として、ＯＫＨはバルカン戦役から帰還してドイツ本国で再編成された師団も使用可能であり、11個歩兵師団がさらに加わったが、その戦闘能力はかなり限定されていた。

デンマーク、ノルウェーと北極圏、ギリシャとアフリカ戦線に、さらなるドイツ戦闘部隊が警戒および作戦中であった。

ドイツ空軍は1941年6月22日から、航空部隊61個をもってすでに北極海から黒海までの地域でソ連領内の飛行を開始していた。なお、定数1830機に対して1280機のみが出撃可能状態にあった。

かくして「バルバロッサ」作戦は開始可能となった。

第185突撃砲大隊
パイプス湖への突進

1940年9月にユターボク近くのツィンナで編成された大隊は、リックフェルト大尉の指揮下ですでに1940年11月初めに東プロイセンへ移動し、ブラウンスベアクとハイリゲンバイルの宿営地へ入った。シュタブラック部隊演習場での野戦演習により部隊の攻撃能力は向上し、大隊は1941年5月中にソ連国境方向へ行軍を行なった。

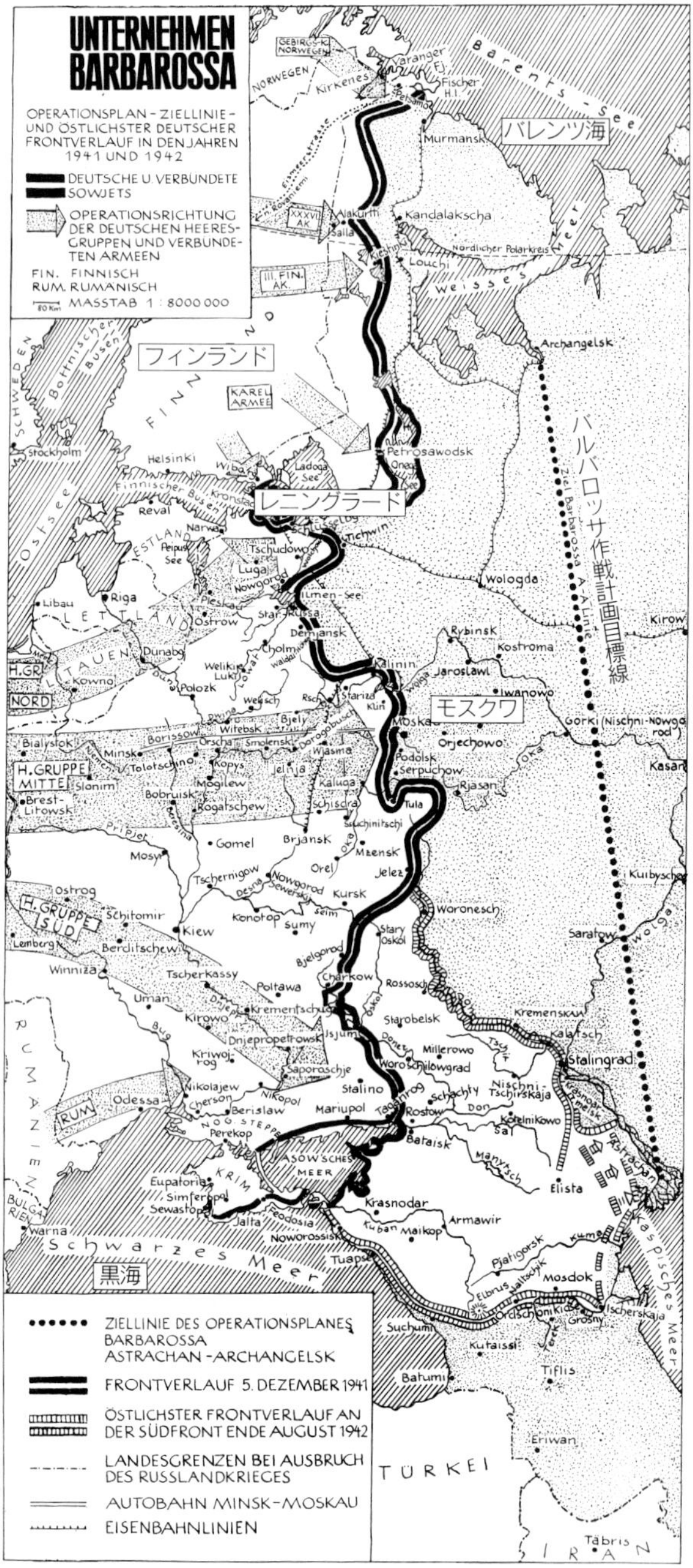

［バルバロッサ］作戦と1941年12月に達した地点（出典：『バルバロッサ作戦』）

ツィンナからメールザックへの行軍。実戦投入直前に写されたもの

長大な前線に、全陸軍部隊におけるすべての投入可能な突撃砲部隊および独立部隊が続々と姿を現した。これらは、フランス戦役ですでに投入可能であった第659、第660、第665、第666および第667中隊と、その後新たに編成された第184、第185、第189、第190、第192、第197、第201、第203、第210、第226、第243大隊ならびに突撃砲中隊【グロースドイッチュラント】であった。

第177、第202および第224大隊は編成中であり、その他の部隊はこの時点ではまだ計画中であった。

1941年6月22日の早朝、第185突撃砲大隊は東部戦線の北部戦区において、スキルツェネとセノヤーシを越えてシャウレン方向へ進軍を開始した。そこから大隊はさらにバウスカを経由してリガ方面へ進んだ。早朝、大隊はラッシュ大佐の戦闘団の一部としてイオニシュキス地域の第18軍の前線にあり、退却中のソ連第8軍の背後を突き、さらに迅速な突進を重ねて重要なデュナ河橋梁を占領せよとの命令を受領した。

この日の午後に強力な敵がラッシュ戦闘団の側面に対して攻撃を加えた時、突撃砲はすかさず前進して敵1個中隊を撃滅し、この攻撃を止めることができた。

ラッシュ大佐はさらにリガ方面へ突進した。彼の前衛部隊では、ガイスラー中尉指揮の第185突撃砲大隊／第3中隊がひた走っていた。10時20分にこの中隊はリガの西外縁へ達した。歩兵もぴったりと追従していた。ガイスラー中尉はすでに街を通過し、中隊と共にデュナ河方向へさらに前進を続けた。砲撃により突撃砲が道を啓開し、突撃砲4両が河に架かるポントゥーン式仮設橋（＊13）に達した。残りの橋は砲撃で粉砕されるか横倒しになっており、無事なものでもデュナ河東岸から撃ってくるソ連軍高射砲と対戦車砲との砲撃戦の真っ直中にあった。

「河を渡るんだ！」とガイスラー中尉は命令した。「全員、後ろからついて来い！」

4両の突撃砲は橋の上を進んだ。鞭打ち刑のような絶え間ない打撃と激しく炸裂する着弾が、彼等の行く手に立ち塞がった。いくつかの火焔放射部隊が後に続く。すぐ近くに架かる鉄道橋からも、敵は撃って来た。突撃砲は応射するために停止することは、もはや許されない。橋の上ではただの標的であり、一刻も早く東岸に着かなければならない。

そして、この試みは成功した。まず最初に中隊長の突撃砲が東岸に到着し、2両目、3両目そして4両目の突撃砲が後から続き、敵に砲火を浴びせ始めた。最初の激しい決闘の数分の間に、戦闘の騒音をつんざいて物凄い爆発音が2回轟いた。ガイスラー中尉が振り返ると、今までポントゥーン式仮設橋があった場所から雲のような大量の爆煙が立ち昇っている。橋全部が空中へ吹っ飛んだのだ。鉄道橋からも、天まで届くような火の手が立ち昇っている。

「やつらは両方の橋を爆破しました、中尉殿！」と無線を通じて指揮官の一人で叫ぶ。

「我々は包囲されました、中尉殿！」

「ああ、そのようだな」とガイスラー中尉。「しかし、我々は戦い続けるのだ！」

中隊は4両の突撃砲と共にデュナ河東岸に孤立し、だれも彼等を助けることはできなかった。もしソ連軍が攻撃して来たら～それは疑いもないことであったが～彼等は一人で戦わなければならなかったのである。

デュナ河の対岸では、大隊長のリックフェルト少佐が、気が狂わんばかりの怒りに震えながら拳を握り締めていた。

「撃て！」少佐は命じた。「見えるものはなんでも撃て！」

大隊の突撃砲は、デュナ河南岸の両側に沿って各個に前進して砲撃を開始した。大隊は、このような形で対岸の戦友を火力援護しようと試みたのである。

「偵察部隊前へ！　橋を偵察せよ！」ソ連軍の機関銃砲火の中を、なんとか橋まで近付き、橋が突撃砲にとって通行不能だということを確かめなければならない。

注（＊13）訳者注：舟艇を横置きに対岸まで並べ、その上に仮設材を使用して構築する工兵による野戦仮設橋

1941年7月24日、第185突撃砲大隊の戦死した兵士の死体を回収する戦友達。この戦闘でコールハウス曹長が負傷した

パイプス湖の攻撃地点ムストヴェエに整列する“大隊兵士”、ポイザー軍曹、シュトレムミッツァー軍曹、ヘーフェレ上等兵（1941年7月24日戦死）

一方、東岸ではガイスラー中尉は、4両の突撃砲に対して全周防御を命令していた。これにより、ソ連軍の近接戦闘部隊が現れても、背面は確保することができた。

「敵爆破部隊！」そのすぐ後、指揮官用突撃砲の照準手が、突撃してくる敵を確認して報告した。

中隊はすべての砲で応戦した。機関銃がセットされて射撃を開始。突撃砲に随伴していた火焔放射部隊が死に物狂いで防戦に努め、彼等の火焔放射で爆破部隊との距離を維持する。ソ連軍の機関銃がダッダッダと火を吹き、小銃弾がヒューヒューと音を立てて飛来し、バリバリッと機関短銃が唸りを上げた。最初の火焔放射部隊がやられ、2番目も全滅。ついに最初の突撃砲に爆破部隊が達する。3回の爆破により突撃砲はスクラップ同然となり、乗員4名が戦死した。そして2番目の突撃砲がやられ、3番目の突撃砲も犠牲となった。生き残った乗員は脱出し、指揮官用突撃砲まで撤退して来た。

すべての敵カノン砲は、まだ砲撃を続けるこの唯一の突撃砲へ砲撃を集中しており、このままでは死あるのみと判断したガイスラー中尉は、「突撃砲を放棄！」を命令した。

すでに乗員は負傷しており、ガイスラー中尉は2名の負傷者を引き受けた。彼等はかばいあいながら車内から這い出ると、瓦礫の後ろに隠れた。弾丸が彼等のそばに着弾する。1名が戦死。3番目の突撃砲の戦友2名が、そこまで脱出しようとして、ソ連軍の機関銃に倒れた。一方、対岸からはすべての突撃砲が、ソ連軍陣地に砲火を浴びせていた。

中尉の突撃砲放棄の決断がいかに正しかったかは、すぐ後で証明された。と言うのは、1発の対戦車砲の直撃弾により、最後の突撃砲は雷のような誘爆音を立てて空中に四散したのである。

「歩いて戻るのだ、諸君！」とガイスラー中尉は命令した。

彼等は茂みを盾にして鉄道橋まで脱出し、橋の瓦礫の上を体操選手のように体をくねらせながら南岸まで戻った。彼等に従った火焔放射部隊の兵士3名が、この渡河の際に機関銃弾により戦死し河へ沈んだ。ガイスラー中尉も三度負傷したがやり遂げた。すなわち、彼と3人の部下が夕闇迫るデュナ河西岸に辿り着いたのである。残りすべての突撃砲と火焔放射部隊の兵士は、河の東岸に残されていた。

フリートリヒシュタット付近で工兵により構築されたポントゥーン式仮設橋を通って大隊はデュナ河を渡り、第18軍の戦域でいつも新しい師団と先遣部隊と共にコクネス、マドーナとイルボースカ付近に投入され、ヴェリーカヤ河のポントゥーン式仮設橋を渡河してトデリカヴァへ突進した。8月21日にはゴットフリート・ガイスラー中尉は騎士十字章を授与された。

旧ソ連国境は突破され、国境のトーチカは突撃砲によって撃破された。デルプトに到達すると、街からソ連軍を叩き出すため、再び突撃砲が前面に立った。

デルプト占領後、第1中隊は前衛部隊としてパイプス湖沿いのムストヴェエ方面へ前進した。ムストヴェエの手前20kmで、中隊はソ連重高射砲1個中隊に行く手を阻まれた。突撃砲1両を失ったが、敵高射砲中隊を殲滅。ラッケ、タープスそしてヴェーゼンブルクを経由して、大隊はヨーフヴィに到着した。

9月29日には、クラフト中尉が騎士十字章を授与された。ヨーフヴィでは第3中隊がレヴァール攻略のために抽出された。同じ時期、残った両中隊はナルヴァ方面へ突進し、へアマンスブルク付近でナルヴァ河を渡河した。キンギセップおよびコトルィ付近では、ソ連軍が最後の力を振り絞って死に物狂いで防戦したが、ここでも突撃砲が勝利を得た。有為転変が激しい戦闘の中で、常に敵に接しながらクラースノエ・セローに到達。第185突撃砲大隊の突撃砲は、ペテルゴーフ、トースノ～ラースコヴォおよびシューム～モローゾヴォで作戦投入された。そして突然、その時まで威勢が良かったレニングラードへの突進は終わりを告げた。大隊はバービノとクラスノグヴァルデイスクを経由してヴォールゴヴォ地域へ撤退した。すでに12月末になっており、酷寒により突撃砲と乗員共に任務が困難となりつつあったのだ。

第185突撃砲大隊のゴットフリート・ガイスラー中尉は騎士十字章を授与された

東部戦線の北部戦区に投入されたこの突撃砲大隊の他に、多くの突撃砲部隊と独立部隊が北方軍集団の下で運用された。すなわち、それは第659、第660、第665、第666および第667中隊並びに第184突撃砲大隊であり、これらの部隊は目まぐるしく変化する戦闘の中でその打撃力を十二分に立証したのであった。

第667突撃砲中隊 デュナ河渡河とスタラヤ・ルッサへの突進

第667突撃砲中隊は、第30歩兵師団の攻撃先鋒部隊として、1941年6月22日の早朝にメーメルヴァルデ付近でドイツ国境を越えた。中隊はネヴァージャを経由してケダイニャイ方面へ退却する敵を追撃したが、本当の敵は渇きと埃と疲労を伴う長く辛い行軍にあった。この東部リトアニアとラトビアにおける追撃戦は、1941年7月7日まで継続した。

ベレジナ河に架かる橋梁を警戒中のSS第2戦車師団【ダス・ライヒ】の突撃砲［ザイトリッツ］。この6日後に同師団は第667突撃砲中隊と共にセーベジへ突進した。

リーヴェンホフ付近でデュナ河を渡河し、7月8日に初めて激しい戦闘に直面した。

中隊はSS第2師団を援護してセーベシへ突進した。この街は〝スターリンの親衛隊〟が防衛していた。巧みな作戦により中隊は敵陣地へ前進し、機関銃座を有する抵抗拠点を粉砕した。この最初の戦果を勝ち取ったことにより、若い突撃砲兵にとって自分たちの兵器に対する信頼が深まった。

再び第30歩兵師団に属した中隊は、オポーチカ付近でスターリン・ラインを突破し、すぐにノヴォルジェーフに達した。しかし、その直後にソ連第2軍団の大規模な反撃が行なわれ、中隊は必死の防衛戦を展開した。

指揮官から最後の砲手まで一人一人の兵士が全力を出し、辛い行軍の日々の後、中隊はスタラヤ・ルッサの前衛防衛線があるボローク南方を攻撃した。この頃から、わずか一歩の土地でも、激しい戦闘の末に敵から奪わねばならなくなっていた。

ルーヴィ周辺の戦闘では、イザール少尉が中隊最初の戦死者となり、イェヴァーノヴァとムラーエヴァ付近の戦闘ではさらなる犠牲者が出た。グレーパー中尉は一級鉄十字章を授与されてから3日後に、ムラーエヴァ付近で戦死を遂げている。

しかしながら、中隊の戦闘意欲はいささかも減ずることはなく、ローヴァチ攻略後は戦闘を継続しながらレニングラー

ド へ突進した。ルガの渡河点は全力を挙げた激しい攻撃により奪取された。また、同じ日には多数の敵トーチカと陣地を制圧しなくてはならなかったが、戦車と突撃砲により敵の堡塁群は撃破された。８月19日から27日まで継続したルガ北方にあるセーネンゲ河の渡河点の戦闘においては、キルヒナー上級曹長が傑出した働きを見せた。すなわち、ソ連軍歩兵部隊が８波に渡って次々に攻撃して来た時、彼は自分の突撃砲をもって寄せ来る波を砕いてそびえる巌となり、敵の攻撃を食い止めたのであった。

土砂降りの雨の中を、泥で埋まった道路をさらに進む。15kmにもおよぶ丸太道の上の走行は、特別困難なものであった。

第667突撃砲大隊のクアト・キルヒナー上級曹長（1944年に戦死）

しかしそれでも中隊は今度もやり遂げた。ソ連侵攻の前半部分を定めた「バルバロッサ」作戦命令の第一目標たるレニングラードの要塞地帯は、目前に迫っていた。

９月12日から15日までの間にイジョーラ要塞の突破に成功し、スルーツクの街は中隊の手に陥ちた。ここではリュッツォー中尉が、大胆な奇襲により敵の陣地を抜いた。彼の突撃砲に抵抗した敵戦車は撃破され、敵の陣地は制圧された。中尉は突撃砲小隊の先頭に立ち、隣接師団のために進路を確保してソ連軍敗北に大きな役割を演じた。戦闘の帰趨を決定したこの勇敢な攻撃により、リュッツォー中尉は１９４１年11月４日に騎士十字章が授与された。

この後の数日、中隊は予備として大レニングラード地区にあった。市街までは１日で突進できる距離にあった。突撃砲の兵士達は初めて長い無駄な１週間を送った後、再び頭上のハッチを閉めた。しかし実際には、すでに９月26日から情け容赦がない全力を挙げた新たな作戦が始まっていた。

レニングラード前面におけるこの激しい戦闘は、12月８日まで続いた。市街を取り巻く包囲陣をこじあけるため、出撃して来る敵を何度も繰り返し防がねばならなかった。

ここで中隊は、主にソ連戦車のＫＶ-1型およびＴ-34に対する戦闘に従事した。キルヒナー上級曹長は最高の〝戦車殺し〟であることを立証した。すなわち、彼は30両以上の敵重戦車を撃破し、１９４２年３月９日に騎士十字章を授与され

たのである（＊14）。（記述した騎士十字章授与の日付は、大抵の場合は授与が公示された日付である）（＊15）

１９４１年11月末、リュッツォー中尉はユターボクへ転任となり、彼の後任として今まで中隊の小隊長であったブルーノ・ランゲ中尉が指揮を引き継いだ。

12月９日、第６６７突撃砲大隊はヴォールホフ北方へ移動した。ヴォールホフでは、情け容赦のない無慈悲な冬の恐るべき寒さの中で、何度も繰り返し圧倒的に優勢に攻撃を仕掛けて来るソ連軍に対して、中隊は防衛戦を戦い続けた。

優勢な敵と、寒さに対する絶望的な二重の戦闘を体験した〝一角獣中隊〟の兵員は、この苦闘を決して忘れないであろう。彼等の記憶の中では、ムガ、リスカ、サンクト・ポゴースチエやシャラーなどの名前が永遠に刻み付けられている。それは文字どおり、存在と非存在（生と死の意）にかかわることなのだ。

ついには中隊の補給部隊が歩兵として投入された。１９４２年１月１日、水銀温度計が零下52度まで下がった時、中隊は不十分な冬服装備により凍傷に苦しんだ。それにもかかわらず、中隊は我慢の限界で持ち堪えた。

中隊は第28軍団に配属された。その近くには一時的にクラフト大尉率いる第１８５突撃砲大隊も投入されていたおり、突撃砲兵の両部隊はロッシュ大佐（後にブレスラウの防衛を担当）の指揮下となった。

１９４２年３月末に、この流血の作戦投入は終わりを告げた。第６６７中隊は多くの人員を失ったが、全滅には至らず戦闘から離脱した。20名の兵士が戦死し、50名が負傷した。２名の騎士十字章拝領者のほかに、11名が一級鉄十字章、62名が二級鉄十字章を拝領した。第６６７中隊はツィンナに帰還し、そこで新編成の第６６７突撃砲大隊の第１中隊となった。

第６５９突撃砲中隊
ノヴゴロドとローヴァチ河における火消し役

シャウペンシュタイナー中尉率いる突撃砲中隊は、フランス戦役後にユターボクにて再編成が行なわれ、ソ連侵攻のためオストプロイセンへ進発した。

１９４１年６月22日の黎明、中隊はリトアニア国境を越え、ネーマンでの迅速な前衛戦闘により、最初のドイツ部隊の一つとしてネーマン河の対岸に達し、４日後にはコーヴノを陥落させた。そしてデュナ河を渡河して東部リトアニアとレットラント（ラトビア）を通過して前進を開始した。

７月８日から８月９日の期間、突撃砲は前進し続け、数々の戦闘の後にイルメニ湖南の旧ロシア帝国国境に到達した。

夜間行軍により中隊は８月10日にノヴゴロド周辺の戦闘へ投入され、勝手知ったるいつものやり方で戦った。しかし８

月25日には再び戦線から引き抜かれ、今度はローヴァチ河とポラー河周辺へ投入され、苦戦する歩兵の火消し役として歩兵の支援を行なった。「突撃砲、前へ！」突撃砲の常としてこの声で彼等は前進を開始し、危機にある歩兵部隊を救うことができた。

この戦区で中隊は次の月も、引きも切らずに波状攻撃を仕掛けてくる敵と交戦し、大きな被害を受けたが休養を命じられることはなかった。さらに１９４１〜４２年の厳しい冬が追い討ちを掛け、中隊は結局スタラヤ・ルッサ付近のイルメニ湖南方でクリスマスと新年を迎えた。

第６６０突撃砲中隊 ルガからルジェフへ

第６６０突撃砲中隊はフランス戦役での獅子奮迅の活躍の後、１９４１年のある水曜日に東方へ移動となり、オストプロイセンのモールンゲンで降車した。

１９４１年６月22日の朝、中隊は師団の他部隊と共にエーベンローデ付近でランセレ河を渡河し、最初の小規模な作戦の後、コーヴノ、デュナブルク、プレスコウを経由してルガへと向かった。ルガの部隊演習場はソ連軍によって強固に防衛されていたが、敵は大損害を受けてここを放棄した。第６６０突撃砲中隊の突撃砲がこの戦果の一部を担ったのは言うまでもない。

ソ連軍がスタラヤ・ルッサ付近のイルメニ湖南方で、レニングラードへの救援攻撃を発起させて戦線が突破された時、第６６０突撃砲中隊も防御戦闘へ投入され、すぐさま反撃が試みられた。そして、ここでも長い激しい戦闘の後に突破口は除去された。

次いで中隊は北方軍集団の南戦区であるルジェフ地域へ行軍した。ルジェフを越えて北方へ前進していた突撃砲がカリーニンへ達した時、その他の部隊車両は渋滞する高速道路ではるか後方に遅れてしまい、カリーニンを防衛するために突撃砲は単独で投入された。これは作戦の基本に反するもので緊急のやむをえない措置であったが、これにより突破してきたソ連軍戦車を食い止めることができた。この戦闘でタウシンスキー少尉の突撃砲は、高速道路上で全速力でT-34に衝突し、少尉は脱出命令を発した。

敵戦車を撃破した後、その閉ざされたハッチをこじあけると、そこには乗員が車内にうずくまって身を寄せ合って死を

注（＊14）訳者注：公式発効日は１９４２年２月20日である。
（＊15）訳者注：一般に勲功の授与日は、公式発効日、ＯＫＨ公示日、本人の受領日など解釈により相違する。著者は概ねＯＫＨの公示日を記しているらしいが、本書では一般的に用いられる公式発効日を訳者注として記することとする。なお、注釈がないものは著者が記載する日付が公式発効日と一致するものである。

覚悟していた。彼等は救い出され、殺されないことが分かると思いもよらない喜びに包まれていた。

　12月に中隊長のトルクミット中尉は交替となり、バークライ少尉が中隊の指揮を引き継ぎ、あとに続く厳冬の苦難の撤退戦闘において大損害を被った。中隊の戦闘はそこで終了し、1942年春には第665および第666中隊とともに第600突撃砲大隊として統合されることとなった。

第666突撃砲中隊
ヴィスティティスからスタラヤ・ルッサまで

　1941年6月18日に第666突撃砲中隊は、ソ連国境手前6kmにあるビアケンミューレの集落に達していた。そして6月21日の夜20時30分、ここで中隊は中隊長のミュラー中尉の代読により総統命令が告知された。6月22日の真夜中から1時間後、中隊は出撃準備陣地から前進を開始し、3時20分にはヴィスティティスのすぐ北方でドイツ～リトアニア国境を越えた。中隊は第32歩兵師団の第94歩兵連隊の指揮下にあり、師団自体は第2軍団の所属であった。最初の敵の激しい抵抗は、歩兵部隊のみによって制圧することができた。

　石造りの道をゴロゴロと音を立てて突撃砲は前進したが、先頭の車両は擱座してしまい、18t重牽引車両によって引っ張り揚げられるはめとなった。10時頃、歩兵部隊が塹壕の一つと農家から射撃を受けた時、第Ⅰおよび第Ⅲ小隊が前進し、この陣地に立てこもる敵の抵抗を粉砕した。夜遅くなってから中隊は、ヴィルカヴィシュキス～ミリアンポリ幹線道路に到達した。真夜中の零時直前、第Ⅱ小隊は第12歩兵師団の攻撃地点に敵砲兵中隊を発見し、自ら決断して歩兵を伴わずに前進し、激しい抵抗の後にこの10・5cm砲中隊を殲滅することができた。

　翌6月23日の昼にサスペ河を渡河し、攻撃第2日目は夕方までにブブリスカイまで前進したが、歩兵部隊は突撃砲部隊の速度には付いて行けず、中隊は第32歩兵師団の命令により26kmも呼び戻された。

　6月24日に第Ⅰ小隊は、師団の右後方側面への敵の攻撃を跳ね返し、昼ごろにはメーメルへ到達した。ここで中隊は、20t架橋が完成するまで待機となった。しかしながら第32歩兵師団の戦区には、ルシンスク付近に積載重量が16tしかない敵工兵によって爆破された橋しかなく、中隊は6月27日にコーヴノ付近で20t架橋を通って渡河した。これは合計80kmの迂回を意味していた。

　24時間後、先遣部隊のために第Ⅱ小隊は再び引き抜かれ、迅速な攻撃により敵中深く3km突破し、この突進の過程で敵軍用車両40両、砲4門と偵察装甲車1両を撃破した。これにより苦境に陥っていた先遣部隊は、危機を脱することができた。

1941年6月22日、ミリアンポリで最初の休止をとる第666突撃砲中隊

倒壊して転落した中隊の突撃砲

波乱に富んだこの日の昼頃、ホルツマン少尉率いる第Ⅰ小隊はヴィースラまで突進した。敵の守りは強固であったが、ホルツマン少尉の指揮は巧みでゾースレを占領することに成功し、第Ⅱおよび第Ⅲ小隊がすぐ後に続いた。

同じ日、ソ連軍が強力な兵力で逆襲してきた際、中隊は1個重野砲中隊を制圧することに成功し、迅速に行なわれた反撃において第666突撃砲中隊は突進し、またもや敵を駆逐することができた。これにより敵軍用車両80両が鹵獲され、野砲4門を含む敵1個砲兵中隊が殲滅された。ソ連軍の後方砲兵からの砲火にさらされている一画に敵の残兵を榴弾射撃で追い詰めると、多くの敵兵士は味方の砲撃により命を失った。

カシスカイまでのさらなる前進が7月2日までに実施され、損害が大きいためここで中隊は2個小隊編成に改編せざるを得なくなる一方、中隊長用指揮車両が不要となった。ミンドゥナイ、ヴィディエとザモスツェを経由し、7月6日に中隊はカラスカーヴァに到達した。ここで突撃砲は1艘の渡し船で渡河し、7月9日早朝にはサレンカ西方の森で待機となった。そこから中隊は、砲兵先遣部隊の後からサレンカを経由して前進し、スターリン・ラインの一部を攻撃したが、強力な敵陣地の手前にある河から東方200から300mの地点に味方歩兵部隊が釘付けとなっていた。

パンハンス軍曹は浅瀬の水位を90㎝と測定し、激しい敵砲火の中を物ともせず、地形もわからぬ浅瀬を見事に渡河した。歩兵の攻撃と並行して突撃砲も攻撃を加え、確認された防御拠点は残らず撃破された。その後、味方歩兵が突撃により敵陣地を奪取し、橋頭堡を確保することができた。

ザルボーヴィエを経由して中隊がラーチコヴォにさしかかった時、突然、強力な敵2個中隊の攻撃が森林地帯から発起されたが、第Ⅰ小隊は敵に大損害を与えてこの攻撃を頓挫させた。

7月11日、第666突撃砲中隊は速やかに第121歩兵師団の指揮下に入るべしとの軍団命令に接した。中隊が配属された師団の先遣部隊は、7月16日にサホーチィ近くのゼーネンゲ河に架かる二つの橋梁を無傷で奪取することに成功した。ゼーネンゲ河対岸で確認された敵に対して、歩兵の支援なしで中隊単独による攻撃が行なわれ、これにより敵の対戦車砲2門と野砲1門が撃破された。

次の日、敵は砲兵の援護下で二つの橋梁の再奪取を図り、激しい死闘が展開された。ソ連軍はヴィドゥーソヴァ集落の建物と木立に立てこもっており、突撃砲1両が7・62㎝野砲の直撃を受けたが、幸いなことに砲弾は装甲にめり込んだだけだった。結局、敵はヴィドゥーソヴォから駆逐された。

7月19日、中隊はクラースノエ制圧のために今度は第407歩兵連隊に配属となり、攻撃は14時に開始された。シュルテ＝シュトラートハウス少尉とゲンジッケ中尉の指揮により、第Ⅰおよび第Ⅱ小隊は強固に補強された陣地に立てこもる敵に対して攻撃を加え、多数の野砲と対戦車砲を撃破することができた。

悪条件の森林地帯をさらに前進した中隊は、砲兵と対戦車砲の砲火に出くわした。敵はとてつもなく堅固な陣地で防御しており、夜になって反撃に移ったが撃退されてしまった。この戦闘で中隊の最初の先任曹長であり、砲長のローゼンバウム士官候補生が最前線で戦死を遂げ、7月20日には敵の攻撃により、クラインハウス上等兵が戦死し、ファン・フレーデン伍長が重傷を負った。

この日の戦闘経過において、特に森にある207高地の東方に厄介なソ連軍の樹上狙撃兵の存在が認められた。追及してきた歩兵部隊によって敵の最後の抵抗は粉砕され、敵陣地は制圧された。

7月24日に第666突撃砲中隊は軍団先遣部隊（ホルム）に配属され、ロークニャへ行軍することとなった。7月26日、中隊はヨーホヴァ周辺の戦闘へ投入され、その後、軍団命令により第12歩兵師団の第89歩兵連隊の指揮下となった。中隊はこの連隊の先遣部隊に組み入れられ、7月27日に部隊と共にまだ確保してあった橋梁によりローヴァチ河を渡河し、高速走行により同じ日にはチェルネーツカヤに到達した。

突進は7月28日にも続き、ソ連軍1個大隊を追撃してこれを撃破している。7月31日には、ホルムから東方へのソ連軍撤退路を封鎖せよとの命令に接し、ソリツィ集落の手前で中隊は再び強力なソ連軍陣地を攻撃した。中隊の攻撃により敵は集落から駆逐された。ソ連軍歩兵はモロトフのカクテルや手榴弾で突撃砲を攻撃して来たが、随伴歩兵により撃滅された。休む暇なく中隊は歩兵を袴乗させてホルムのすぐ北方にあるボボーヴナまで突進した。

8月1日の夜明け、敵はソリツィを攻撃して集落は一時期完全に包囲されたが、突撃砲はほとんど暗闇の中にあり、防御戦闘に介入することは不可能であった。ダルビュッディング軍曹は直撃弾により戦死した。中隊は明るくなってから防御戦闘に加わった。

敵は距離を保ちながら、8月2日と3日に繰り返し激しい砲撃を加えて来た。突撃砲兵達は、この霰のような砲撃の際には自分の突撃砲の下や歩兵の塹壕に避難しなければならなかった。

軍命令により第666突撃砲中隊は、8月5日にイルメニ湖西方の戦区へ配置転換となった。これは380kmの行軍距離を意味するものであり、そこでの脱落は多数に上り、8月8日時点での中隊全体の可動突撃砲はわずか3両しかなかった。このため、戦闘力を回復すべく第659突撃砲中隊のビーレフェルト少尉率いる1個小隊が編成に加えられた。

1941年8月10日、中隊はムシャガー河まで前進して河岸のそばに待機となり、同日のムシャガー河の東岸にあるソ連軍の拠点に対する第8航空団の凄まじい爆撃を目の当たりにした。

その当時の第16軍司令官（ブッシュ上級大将）により、中隊は同日の12時には20t架橋へ速やかに移動してムシャガー河を渡河し、今度は最前線の歩兵陣地の中で待機となった。

次の日、中隊はコロストゥィムへ前進を開始したが敵の接触は軽微なものであった。ソ連軍戦闘機隊が中隊を攻撃したが、ヴェーバー伍長が機関銃で戦闘機1機を撃墜し、一級鉄十字章が授与された。

ムシャガー河周辺の戦区では、敵は8月1日からホルム～イルメニ湖の戦線に対して東から猛攻を加えており、第16軍はここで激しい戦闘を展開中で、第666突撃砲中隊はシームスク方面へ投入され、第45歩兵連隊に配属された。シェローニ河の岸に沿って中隊は連隊と共に前進し、ノヴゴロドへの幹線道路の途中に出た。しかしながら、積載重量が充分な橋はなく、中隊がノヴゴロドへの攻撃を直接援護することは不可能であった。なお、ここでビーレフェルト少尉の小隊は、近くで作戦中であった第659突撃砲中隊へ再び帰還することとなった。

チュードヴォへの攻撃が発起され、8月19日から始まった死闘は翌20日の夕方まで続き、その間、多数の敵陣地と防衛拠点を撃破しなければならなかった。この作戦においてヘルムヒェン軍曹が戦死した。さらに8月21日にも激戦となり、夜間に突破して来た敵は再び撃退された。こうしてソ連軍の抵抗はようやく衰え、中隊は新たな作戦投入のため再編成が行なわれた。

第Iおよび第II小隊は、レニングラードへの街道を両側面から攻撃するため、第18歩兵師団（自動車化）に配属され、第III小隊はヴォールホフ方面への攻撃発起のために第21歩兵師団戦区へ移動した。

次の日、有為転変の戦闘の中で中隊はかなりの戦果を上げ、ポメラーニェ西方では敵戦車1両を撃破し、対戦車砲多数を殲滅した。8月28日にはさらに中隊は軍命令により第2軍団のためにホルムへ行軍することとなった。しかしながら、悲惨な道路状況のためホルムに到着したのは9月9日のことであり、翌日、中隊は第12歩兵師団の指揮下に入った。なお9月6日には、ハーロッフ伍長が機関銃により襲撃機1機を撃墜している。

1941年の9月中、この戦区の戦況は穏やかであった。10月9日に第12歩兵師団はゼリガー湖とシュタック湖の間で、南東方向への突破を意図とする攻撃を発起した。第I小隊は第27歩兵連隊の先鋒部隊を構成して、シュタック湖西岸のココーフキノの橋頭堡から出撃する一方、第I小隊を除く中隊は左側面へ向けた第48歩兵連隊の攻撃を支援した。

攻撃開始日の昼頃、シュヴァプシチャ南方の森林戦に第II小隊が介入し、その後にミュラー中尉の指揮戦車が加わった。

多数のトーチカが撃破され沈黙した。さらなる前進の際に指揮戦車は地雷を踏み、走行装置の損傷のためそこに放置された。その直後、2番目の突撃砲が逆茂木近くに仕掛けられた爆薬の上を走行し、全損する被害を受けた。小隊はシュヴァプシチャへ呼び戻されたが、翌日には3番目の突撃砲がやはり地雷を踏んだ。

日替わりの戦果を挙げながら、中隊はさらに戦い続けた。10月17日の朝、クルーチキへの攻撃が開始された。中隊の任務は第27歩兵師団/第Ⅲ大隊の攻撃を援護し、クルーチキ周辺のトーチカ群を歩兵の突撃前に砲撃し、確認された機関銃座を撃破することにあった。

第Ⅰ小隊および指揮戦車が攻撃を行なったが、第Ⅰ小隊の指揮車両が地雷を踏んで閣座し、第Ⅱ小隊の弾薬輸送牽引車は装甲地雷を踏んで全損となり、攻撃は頓座した。突撃砲は、もはや敵陣地の砲撃のみに限定して使用しなくてはならなくなった。これに対して敵砲兵部隊は確認された突撃砲に応射を加え、小隊指揮官は彼の突撃砲を後方のクルーチキ集落まで撤退することを余儀なくされた。

指揮戦車と指揮車両はもはや修復は不可能であり、無人の野に放置された。歩兵部隊もまた敗退するしかなく、両方の車両は敵の手に陥ちた。

10月18日に再び突撃砲1両が対戦車地雷を踏んで重大な被害を受けた時、ミュラー中尉は師団長へ突撃砲を地雷埋設地域から撤退することを上申し、中隊はドマーシへ撤収した。この時点で中隊は、なお突撃砲3両を保有していた。

中隊を模範的に指揮したミュラー中尉は、11月11日に第2砲兵教導連隊(自動車化)に転属となってユターボクへ赴任し、後任にはゲンジッケ中尉が就任した。

1941年12月、第666突撃砲中隊はスタラヤ・ルッサから約80km西方のドゥノーに移動し、1月~2月には零下50度の寒さの中で作戦投入された。突撃砲のエンジンが始動しなくなり、砲尾栓は凍結し、すべてがロシアの冬の中で凍り付いた。

第184突撃砲大隊
ヴォルコジャンカを経由してトロペッツへ

ヴィリ=オイゲン・フィッシャー少佐指揮の第184突撃砲大隊は、1941年6月22日にズヴァルキツィプフェルからソ連侵攻を開始した。大隊は北方軍集団の右翼に投入され、橋梁によりヴォルコジャンカ河を渡河した。その途端に激しい砲火を受け、胸部と上腕銃創によりプファイファー中尉が重傷を負った。

攻撃2日目には第49歩兵連隊と共同で、ソポーツキン付近のソ連国境にあるトーチカを攻撃してこれを奪取した。

第3中隊は第28歩兵師団の第7歩兵連隊に属しており、ドルグンへの攻撃に際して連隊の援護を行ない、集落は何両かの突撃砲と引き替えに奪取することができた。中隊の第7号車が国境を越える際に閣座し、ドルグンの外縁保塁では激しい抵抗を制圧しなくてはならず、その際、第4号車が丸太の対戦車障害物に対して投入された。

最初の攻撃日の朝、第3中隊の第Ⅲ小隊はドルグンの外縁保塁への攻撃において連隊のフォン・アウロック大隊を援護し、6月22日の午後にはロイキの集落出口に到達した。ユーライト上等兵が20名のソ連兵士を捕虜にした際、地図ケースを携行した政治将校を、その中身を廃棄する前に捕らえることができた。中隊の第5号車は対戦車砲2門、第6号車は戦車1両と対戦車砲1門を撃破した。

第184突撃砲大隊/第3中隊所属のフォン・ジークフリート・ユーライトの個人戦闘日誌は、第3中隊の翌日の出来事が書かれている。6月24日の早朝、渡河地点に現れた敵戦車に対して第Ⅱ小隊が投入される一方、第Ⅰ小隊はネーマン河を渡河した。13時頃、第Ⅲ中隊が渡河後に敵後衛部隊と交戦し、兵士3名が負傷した。

6月25日、第Ⅰ小隊は第7歩兵連隊に属したままであり、第Ⅲ小隊が前衛部隊の砲撃援護を行なう一方、第Ⅱ小隊は、道路状況偵察のためにノドラーニからクラーツキを経てヴェジリシキへ前進し、そこからさらにヴァヴェールカにまで達した。6月26日と27日には、クラスノーフツェ、ザシェヴィーチェとグロードノを経てラーザまでのさらなる進撃が行なわれた。

ネーマン橋には突撃砲1両が防御のために配置された。6月27日の10時頃、第3中隊はモストゥイおよびポゾールンカ方面へ街道を後退中の敵部隊を捕捉して撃滅せよとの命令を受け、この戦闘は18時まで続いた。その際、歩兵部隊の作戦支援でヴァーグナー少尉が戦死した。なお、味方歩兵部隊がモストゥイを奪取する際には、突撃砲1両がこれを援護している。

大隊の残った部隊は、6月28日までにプラヴァー~モストゥイに達し、そこでこの日はその他の部隊と同じように第28歩兵師団の指揮下に入った。師団前衛部隊に配属された大隊は、6月30日にはオルラーに到達し、大隊は本部と共にヴォヴォグロデークの宿営地に移った。7月6日まで第28歩兵師団への配属は続き、その後暫くして第184突撃砲大隊は第18歩兵師団に配属され、7月12日にポントゥーン式仮設橋によりデュナ河を渡河した。

シュスター中尉率いる第3中隊のその後は、フォン・ジークフリート・ユーライトがこう記している。

『7月7日に中隊は14時45分にユロヴィシチェからリーダへ密集して行軍し、50から60㎞の行軍速度で19時45分に到着し、リーダ後方4㎞のヴィルナへの街道付近で野営した。

第184突撃砲大隊のホルスト・ナウマン軍曹

履帯を損傷した突撃砲

翌朝、ヴィルナへのさらなる行軍が始まった。連なる悪路はゴム製クッションを酷使し、4両の車両が行軍休止の間に交換を行なった。

ヴィルナにおいて補給がなされた後に前進が再開され、150kmにおよぶ行軍距離を走破して7月8日の22時頃、ミハーリシチに到達し、ヴィーリャ河沿いの森で野営を行なった。

そして、7月9日の4時20分には行軍が開始され、この日だけで183km前進した。夜間は整備兵が車両をオーバーホールして、再び可動状態に整備しなければならず、何両かの車両は途中で置き去りにされた。走行装置の磨耗は、想像を絶する大きさとなった。中隊はドクジュイエリ～ベレジナに達し、そこで野営となった。

全大隊部隊と共に中隊は7月10日の朝に前進を開始し、ベレジナとプィシニェを経由してレーペリへと向かい、レーペリのソ連陸軍学校の兵舎で宿泊となった。

7月11日、大隊は一つにまとまってウーラへと進んだが、ウーラ河橋梁において敵砲兵の奇襲砲撃を受けた。第3中隊は北方および西方の警戒任務を引き受け、大隊長より17時に威力偵察の命令を受けた。シュスター中尉が第1号車に乗車して部隊の指揮を執り、第2号車はラウシュ少尉が率いて乗用車1両も随伴した。第53連隊（自動車化）からは第9および第12中隊がこの突進に加わった。敵の接触は短時間に終わり、敵は突撃砲を見ると撤退して偵察部隊は20時30分に帰隊した。

7月12日、第3中隊がウーラ河の北方森林付近を掃討し、デュナ河までの道路橋を確保している間に、大隊の一部がデュナ河を渡河した。

夕方頃、3個小隊が前日の宿営地に引き返した。第Ⅲ小隊は広範囲なオーバーホールを実施する必要があり、特に第5、第6号車はトーションバーが交換され、緩衝器（ショックアブソーバー）と主変速機が分解点検された。』

以上がユーライトの報告である。

翌日は一日中雨で行軍距離はそんなに伸びず、再三に渡って敵との接触があり、小規模な戦闘が続いた。ゴロドク付近の第51歩兵師団の陣地が敵に突破されたが、大隊の突撃砲によって又もや一掃された。7月15日、アントローポヴォ付近で第1中隊のホイスラー曹長が戦死した。

7月20日にはヴェーリシに到着し、第3中隊は再び大隊の先頭に立ってさらに前進し、ラウシュ少尉指揮の第Ⅰ小隊が前衛となった。9時20分、早くも第Ⅰ小隊の突撃砲3両は随伴戦車6両と共に、敵戦車部隊に対する反撃のためプリレーニの東方3kmの村を攻撃した。戦闘は17時まで続き、18時にようやく突撃砲は帰還した。第Ⅰ小隊は大きな戦果を挙げ、ラウシュ少尉はこの功績により一級鉄十字章を授与された。彼自身は戦車4両、15cmと7・5cm口径の野砲各1門とその他にトラック3両を撃破し、ヘッケルベアク曹長の車両は機

第184大隊に撃破された KV-2型戦車

木造橋梁を踏み外した突撃砲

関銃座多数に加え、戦車1両、対戦車砲1門とトラック2両を撃破した。第3号車の砲長であるシャッヒャー軍曹は、戦車2両、7・5cm野砲2門、対戦車砲1門とトラック1両を撃破した。

この作戦により3両の突撃砲は敵の防御拠点を完全に撃滅し、敵の砲兵陣地まで突進することができた。突撃砲と戦車により全部で敵野砲12門が撃破された。第1および第2中隊も再三に渡って優れた戦果を挙げ、第184突撃砲大隊／第2中隊の中隊長のシュタイナウ中尉は7月30日付けで一級鉄十字章を授与された。

7月23日に大隊に緊急出動命令が出され、北方からメージャ河を渡河しようとする強力な敵騎兵部隊に投入された。そこへ向かう途中で早くも戦闘の火蓋が切られ、対戦車砲2門、機関銃数挺を撃破し、騎兵20名を捕虜とした。

夕方になって大隊は、カーメンノエを目標として行軍を開始した。モノストゥィリ修道院から強力な敵防衛拠点が報告されたが、これに対する攻撃は実施されず、第19戦車師団の前衛部隊が近寄って戦車10両と2個歩兵中隊で攻撃し、攻撃目標であるミハリオーヴォを占領した。

7月25日のさらなる行軍において、ヘルミッヒ少尉の小隊が爆撃され、朝早く補給を前線に輸送したシュスター中尉とメーダー特務曹長が、フロローヴォへの帰還中に航空機による銃撃を受けた。

大隊の行軍目標はホルムであり、そこまでの間に再三に渡り激しい戦闘が展開された。7月27日にも敵が夜襲により戦線を突破し、この時はパーペ軍曹が自身の突撃砲で敵を阻止し、劇的な戦闘を通して再び戦線の穴から敵を押し戻すことができた。この戦闘で、パーペ軍曹は骨盤を銃撃されて重傷を負った。7月31日には第2中隊が第3中隊と交替し、第3中隊はフロローヴォへ行軍して休養となった。

有為転変の激しい戦闘の中で行軍が続き、8月6日には最初の突撃砲がホルムに到着し、そこで大隊の全部隊が8月9日までに集結して第5軍団の指揮下となった。ここで本部中隊を指揮していたネーベル中尉が大隊を去り、ドイツ本国で新たに編成中の突撃砲中隊の指揮を執ることとなった。

〝炎の剣〟大隊の兵士達はホルムに長居はしなかった。休養に入っていた第184突撃砲大隊／第3中隊が早くも8月9日には新たな行軍を開始し、翌日の早朝にはホルムからデミードフまで前進し、ヴェーリシ河を渡河してウームニへ向かった。この日は90kmの行軍距離であった。8月12日に第3中隊は第40軍団より敵掃討の命令を受けたが、敵はすでに撤退した後だった。

この間、残りの大隊部隊も追及しており、第40軍団に直属となっていた。シュトゥンメ戦車大将は、砲撃援護任務に最適な兵器として大隊を運用することを心得ていたのである。8月15日には大隊の多くの兵士へ突撃章が授与された。

撃破された敵戦車

撃破されたソ連軍の偵察装甲車

８月18日に中隊長全員が新しい作戦地域の偵察のため、フィッシャー少佐の指揮の下でヴェーリシ、ウームニ～バラーノヴァの道路分岐点に集合し、その後、各中隊は割り振られた新たな戦区へ移動し、新たな攻勢のために第１０２歩兵師団へ配属となった。この攻撃は、８月22日４時30分にグラマーズドゥイの出撃準備陣地から、北方のマモーノヴァ方向へ向けて開始された。最初の敵陣地に到達してこれを突破し、多数の防衛陣地を次々と制圧しながら10時頃には攻撃目標であるコートヴァへ達した。

第１０２歩兵師団の前衛部隊と共に突撃砲はさらに前進してピンキーに到達し、そこで一旦防御態勢に入った。８月23日の夕方までに、ソ連軍の航空攻撃にも屈せず、攻撃先鋒部隊はブブノーヴァ高地にあるウェリキエ・ルーキ～トロペツ間の鉄道に達し、工兵部隊が２ヶ所を爆破した。トゥルーベシにおいて第２中隊長のシュタイナウ中尉が、乗用車で前進中に敵狙撃兵により頭部貫通銃創により戦死した。

８月25日に敵はウェリキエ・ルーキの包囲陣を突破しようと試みたが、大隊の全中隊は敵突撃部隊を迎撃してこれを食い止め危機を脱した。この戦闘で敵のトラック39両が撃破された。

ソ連軍襲撃機は突撃砲を排除するために何度も攻撃を試みており、８月26日にはマーチン爆撃機が攻撃し、ブブーノヴォへ帰還中である突撃砲部隊へ爆弾を投下した。この爆撃でホフマン軍曹の突撃砲が直撃弾を受け、軍曹は戦死した。

第１０２歩兵師団の前衛として第１８４突撃砲大隊はトロペツ方面へ前進した。翌日になってもソ連軍の航空攻撃は続き、特に８月27日と28日は激しかった。この時、第３中隊の兵士達はメッサーシュミットＢｆ１０９とソ連軍戦闘機の空中戦を眺め、敵戦闘機８機が撃墜されるところを目撃している。

８月29日の９時頃、オプシャ河の鉄道橋に立て篭もる敵に対し、ヘルミッヒ少尉とトルナウ少尉が突撃砲４両をもって前進してこの抵抗拠点を撃破した。

部隊はトロペツに到達したが、トロペツ北方からカイジノの北東方向にある橋にかけて、敵はまだ強力な抵抗拠点を敷いていた。第３中隊はトロペツ駅のすぐ西の第２３２歩兵連隊の前進道路付近で野営した。もうすでに燃料が尽きており、８月30日の夕方に燃料が後送されて来た。

第１８４突撃砲大隊／第３中隊の可動戦車５両のうち、第３号車がシーコヴァ東方１㎞の地点で地雷により擱座した。工兵部隊が駆けつけた時、ヘルミッヒ少尉の突撃砲は敵が２列に付設した幅１・５㎞の地雷源のわずか３ｍ手前で停止していた。工兵部隊によりこの地雷が処理された後、再び前進が開始された。８時30分にフィッシャー少尉の突撃砲が湿地にはまり込んで動けなくなった。

悪路と雨混じりの天候にもかかわらず行軍は順調に進み、コールジノからボロヴィチーを経由してデニートコヴォまで前進した。突撃砲はこの間、絶え間ない敵の陣地に対する戦闘と後方支援により、歩兵部隊に道を切り開いた。

この日の夕方、第184突撃砲大隊／第3中隊は重傷を負ったヴィアト少尉が死亡したとの報告を受けた。

2日間の休養の後、9月2日の午後に行軍を再開した。そこらじゅうに敵は地雷を付設しており、再三に渡って地雷の爆発により車両と突撃砲が損傷を受けた。9月3日の朝に第3中隊は再び燃料切れとなり、第232歩兵連隊から燃料の支給を受けたが、この日は17km しか前進できなかった。

9月4日の午後に第3中隊へデミードフカへの行軍命令が出され、前進途中で中隊長車が地雷2個を踏み、突撃砲は大破したが幸なことに戦死者はいなかった。

しかしながら、地雷で損傷した突撃砲を回収しようとした牽引車両も地雷を踏んでしまい、ヴェシュテラ空軍伍長が重傷、クリューガー軍曹が軽傷をそれぞれ負った。

9月6日の夕方に、大ドイツラジオ放送（グロースドイッチェン・ルントフンク）で某突撃砲大隊の作戦状況が紹介された。これは第184突撃砲大隊のことであり、大隊は戦車100両を撃破し、先鋒部隊として作戦投入期間は65日間以上におよび、二番目は第210突撃砲大隊による37日間の作戦投入期間であった。

翌日、いくつかの小規模な戦闘によりさらなる人的損害を被った。しかしながら、戦果もまた同時に報告され、トルナウ少尉の突撃砲は9月11日の作戦中に敵戦車を撃破炎上させている。

9月17日に第3中隊の突撃砲は第232歩兵連隊戦区で作戦を行ない、その戦闘でフィヒトナー曹長が榴弾破片により負傷した。クルツ軍曹は優秀な敵狙撃兵により砲隊鏡を貫通され、顔と腕に弾片を受けたが敵兵は捕らえられた。その後、中隊は第232歩兵連隊の歩兵と随伴して来た対戦車砲数門で橋頭堡を構築した。

9月18日にはトロペツまで補給部隊が到着し、補給部隊の車両は念入りにカモフラージュされて公園に置かれた。第3中隊は攻撃のため、毛布や食料品を置き去りにして来た前日の出撃準備陣地へと前進した。中隊は敵の縦深防御陣地へ突進して撃退され、第5号車は最後には砲弾が尽き、装填装置が故障してしまった。第4および第5号車は第3号車から、湿地に嵌まって動けなくなったとの連絡を受けた。トルナウ少尉は5号車と共に擱座した戦友の救出に出掛けた。結局、再び旧出撃準備陣地は奪取することができ、少尉自ら敵将校1名と兵士20名を塹蔽壕から引き摺り出した。その後、少尉の案内で新しい歩兵中隊がここへ投入された。

午後のソ連軍の攻撃で、この橋頭堡は縮小を余儀無くされ、17時にはさらに小さくなり歩兵は撤退してしまった。

第5号車は燃料切れにより遺棄されるかに見えたが、シュティラー上等兵が3リットルの燃料を見つけ出し、これにより突撃砲は両岸から敵の激しい砲撃を浴びながらも、かろうじてデュナ河を走行して対岸へ渡河することができた。デュナ河の対岸では第3号車が第5号車をデミーロヴォまで牽引し、ここで高射砲部隊が潤滑油とガソリン20リットルとの物々交換に応じてくれた。

第3中隊の突撃砲は1両を除いてトロペツに集合し、そこで技術者により車両と突撃砲の検査が行なわれた。19時にフィッシャー少尉が最後の突撃砲と共に現れた。こうして激しく器材を消耗した大隊はドイツ本国へ帰還し、そこで再編成が行なわれることとなった。大隊のすべての中隊は再び集合し、10月7日に第2中隊は駅に向かって発進し、そこで積載されて10月10日にドイツ目指して出発した。1日後に第3中隊が移動して10月12日に輸送列車が出発し、22日にはユターボクへ到着した。ここで病気の大隊長に代わり、パイツ大尉が一時的に大隊の指揮を執った。新しい編成命令は数日後であった。補充部隊が到着して大隊の各部隊へ組み込まれ、病気から回復した大隊長フィッシャー少佐が、新年にあたり次のように訓示した。

『新年にあたり、小官はすべての我が大隊の諸君に対し心から祝福する次第である。大隊は1941年を誇り高く回顧してかまわない。諸君は自分達が成し得る範囲で与えられたあらゆる任務を遂行し、その作戦区域においてしばしばかつ決定的な影響を戦局に与えることができた。

来るべき1942年は総統のお言葉のとおり、我が軍は第二次世界大戦のクライマックスを迎えることとなるであろう。大隊は新たな年においても戦局の重点に用いられ、小官が諸君を常に信頼して戦闘に投入することができることは疑いのないところである。

友愛精神と勝利に対する強固な意志の下、ドイツの自由のための戦いで突撃砲は常に前進する！

署名　フィッシャー』

ブック中尉指揮の第1中隊を除いて大隊の全中隊は祖国へ帰還し、中尉は選ばれた最良の突撃砲と車両と共に第102歩兵師団の前線に残り、過酷な冬季戦において歩兵を援護した。

第184突撃砲大隊の衛生部隊

第二次大戦におけるドイツ軍部隊の戦闘に関する大概の報告や記述では、ほとんどと言ってよいほど戦友を側面から支える人々については言及されていない。すなわち、もしもの場合に備えて、迅速な介護と戦友の救助のため、危険な戦場に待機している衛生部隊についてである。

第184突撃砲大隊の大隊付き軍医であるフォン・ハイデ博士の筆により、我々はこのような衛生部隊について、その活躍を垣間見ることができる。

『私は1940年7月に、ユターボクのツィンナ村で新編成の第184突撃砲大隊と合流した。同部隊はこの種の兵科では最初の大隊で、従来は中隊規模で運用されていた。母体となる砲兵教導連隊からの若干名の他は、この新しい大隊はあらゆる兵科の志願兵から構成されており、勝利のうちに集結したフランス戦役の後と言うこともあって陽気で楽観的雰囲気に包まれていた。大きな疑問は、この大隊が再び作戦投入されるのは、いつ、どこであるかと言うことである……。

この当時の最新兵器を有する部隊の衛生部隊にとっては、過去に得られた経験からではほとんど答えられないか、全く解決することができない緒課題が幾つもあった。

まず初めに兵士全員を徹底的に検診し、必要な医療措置を施した。この時に部隊軍医と兵士の間で、後に友好な信頼関係を築く基礎となる最初の接触（ファーストコンタクト）が行なわれた。

次の問題は、医療装備を突撃砲兵の特別な戦闘状況に合致させることであり、計画された付属の医療装備は、通常の野戦包帯所に対応したものであった。最初の戦闘演習に参加した私には、次のようなことが明らかとなった。すなわち、主に中隊または小隊単位で戦闘重点に投入される突撃砲においては、大隊軍医は一つの野戦包帯所だけではほとんど対応できないということである。この知見は後に正しいことが証明される。

作戦投入時だけでなく、1941年は一年中頻繁に前衛部隊として大隊は分割運用されたが、通常と同じ感覚で各部隊に各1個の野戦包帯所を手配することができた。

傷病者はむしろ車両から出して処置や手当てをしなければならず、しばしば後送の必要もあった。野戦病院を開設する機会は、定位置に止まっているか、整備中隊が付属する大隊本部においてのみ生じ、概して分散投入されている中隊の兵士達、他部隊の兵士や地元住民などが治療のためにやって来た。

その当時はKfz.15であった野戦乗用車には、すべての必要な器材を格納した専用の医療用木箱が備え付けられていた。木箱の蓋を後方に開けると、必要に応じて引き出しを引き出すことができ、必要なものが素早く入手できた。補給部隊用の車両や救急車両には、予備用の別な木箱が備わっていた。

突撃砲は独立してしばしば離れて戦闘を行なうため、どうしても乗員と中隊に対して救急処置の充分な訓練を割り当てねばならなかった。そのため、すでにツィンナにおいて救急担架係は何回も訓練を受けていた。

突撃砲大隊の数は比較的少なく、その作戦投入は必然的に戦闘重点になることが予想された。後の戦訓で証明されたように、個々の中隊が単独で戦わなければならないことも想像された。他の中隊、特に分散配置された歩兵が部隊軍医を頼りにしなくはいけない場合であっても、大隊付き軍医は一つの中隊における一つの戦闘重点にのみしか医療措置を施すことができなかった。その当時の衛生運搬器材を含む歩兵の装備は、特に戦闘重点での戦闘行動による大きな損害とそれを運搬する余裕がないことを考慮すると、まったく不十分と言って良かった。このため、私は大隊付き軍医の意見として、各突撃砲大隊には第二の部隊軍医、すなわち補助軍医を計画的に配置することを具申した。その当時のＯＫＨ（陸軍総司令部）は、この兵科の特性をまだ認識していなかったため、最初この具申は認められなかった。

しかしながらこの作戦条件の詳細な記述により、陸軍衛生兵総監はこの必要性を認めないわけにはいかなかった。大西洋沿岸へ部隊が発進する直前、大隊付き軍医の補助軍医としてオストマルク出身の上級軍医（中尉）エンゲル博士が姿を見せ、彼の医学見識とあけっぴろげな性格はたちまち大隊の兵士すべてに好かれるようになった。

大隊が大西洋沿岸からフランス内陸部へ移動になった後、残念ながら彼は転勤となり、替わりにシュレージェンの民間衛生官である見習軍医（少尉）シュミット博士が就任した。４ヶ月にわたる過酷なソ連での作戦後、１９４１年９月に大隊が撤収した時、シュミット博士はベルリン出身の見習軍医（少尉）ケッペル博士と交替した。ケッペル博士も大隊に随伴して数多くの戦闘を経験した。博士の救急態勢のおかげで、どんな困難な状況でも素早く信頼に足る処置を行なうことができたが、残念ながら腕に重傷を負って大隊を離任することとなった。

大隊の衛生兵達の業績と救急態勢について、特に言及しなければならないのは当然のことと言えよう。カミンスキー衛生曹長、後に衛生上級曹長は、すでにスペインのコンドル軍団から実戦経験を積んでおり、極めて活動的で勤勉な男で、その経験と組織能力は部隊軍医にとって得難い助力となった。

私が大隊を去ってからのデミャンスク包囲戦において、住居に爆弾が命中して強い脳震盪を起こし、カミンスキー衛生曹長はもはや大隊には戻らなかった。さらにこの爆撃で、忠実なフランクフルト出身の救急車両運転手シュレーゲルが戦死している。

中隊における衛生兵は頻繁に入れ代わった。最初は新米の医学生であったが、１９４１年のユーゴスラビア戦役の後に学業のために本国に帰還してしまい、その後には最初の実戦経験を積ませるため、非常に若い衛生上等兵が二人配属となった。次に第３中隊へ配属されたのが有能で人好きするレオンハルト衛生軍曹であった。その後彼は第１中隊へ移り、１

941年9月に他の大隊部隊が再編成のためにトロイエンブリーツェンへ移動する一方で、なお可動状態にある突撃砲と車両と共に前線に止まった。

各中隊は各衛生兵の階級に1台ずつサイドカー付きオートバイを装備していた。衛生軍曹はいかなる天候であろうとも、薬とその他の衛生器材をサイドカーへ詰め込んで発進する必要があった。弾片等から守られた車内で負傷者の面倒が見ることができるため、後に戦場ではしばしば装甲弾薬輸送車に衛生軍曹が乗車した。

中隊の作戦中に戦闘重点が変更されると、私が大隊付き軍医として移動中であることが必然的に発生した。特に北ポーランドでの進撃の場合、大隊は何度も繰り返し前衛部隊となり、その1個中隊のみに大隊付き軍医が配属されていた。スモレンスク包囲戦の際には、混沌とした戦線のために一時的に損害が急増した。軍医にとって見れば、直接その場所に駆けつけて治療したいと思うのは当然のことであった。負傷兵の大きな心配は、しばしば各自の負傷ではなく、我が古き伝統ある第184突撃砲大隊との連絡が途絶えることにあった。私自身も、ウェリキエ・ルーキの野戦病院に3週間入院の後で再びトロペツの大隊へ帰隊することができた時は嬉しかった。

第184突撃砲大隊において部隊軍医としての2年間は、私の人生にとって永遠に忘れ難い思い出である。私にとってこのような大いなる献身と戦友愛は、二度と再び得ることがない経験となった。自分が苦境に陥った時でも、他の戦友を信頼することができ、〝興奮する〟ということを知らない。たとえ自分が重傷を負い、死が目前にあろうとも、その最後は雄々しくそして静かに耐える。そして、このことを考える時、私はいつも第1中隊のベン少尉を思い出すのである。』

以上がフォン・デア・ハイデ博士の報告であり、後半の部分は省略した。

レニングラードは占領されず

バルバロッサ作戦初期の総統命令において、ソ連侵攻の第一目標とされたレニングラードを最初の突進で占領し、それによって北部ロシアをしっかりと手中に収めるという企てでは成功しなかった。バルト三国を抜ける最初の攻撃の後、1941年7月10日に第4戦車集団を有する北方軍集団は全戦線に渡って攻撃を開始した。この突進に恐れをなしたソ連軍は間を置かずに撤退を開始した。これは第4戦車集団をルガ付近の湿地帯へ誘導しようという巧みな戦略的撤退であった。ルガは奪取され、レニングラードまではもうわずか115㎞であった。

しかしながら、ヒットラーとOKWが〝戦闘重点は右〟(中央軍集団戦区)としたため、OKWは二つのルガ橋頭堡に待機している第4戦車集団の戦車を、3週間も引き止めた。そして総統命令によりレニングラードは、直接攻略せずに南東から包囲することとされ、この広範囲な機動作戦により〝北方の包囲内に押し込められたすべてのソ連軍師団の撃滅〟が計画された。このため、ヴォールホフが右側面の要とされた。

新たに戦闘重点が左翼、すなわちルガの北東および北方、第41戦車軍団（ラインハルト）の西方に形成されたが、これはレニングラードを陥落させるには不十分であることが明らかになった。たしかにその右翼に展開している第56戦車軍団（フォン・マンシュタイン）をそこへ投入することは容易に可能であったが、それは行われなかった。1941年7月30日、すでに14日間を停止したままである第41戦車軍団のラインハルト大将は、戦闘日誌に次のように記している。

『新たな遅延。ひどいものだ！　我々は与えられたチャンスを逃したのだ。そしてそのつけはいつも高くつくのだ。』

第56戦車軍団がイルメニ湖の南西で危機的な状況から脱した後、8月8日になってからようやく第41戦車軍団は再び前進を開始した。嵐のような風雨の中を、師団群は2ヶ所のルガ橋頭堡から発進した。敵はここで手当たり次第に増援部隊を掻き集め、激しい抵抗を示した。

第56戦車軍団もまた同様に苦戦した。戦線を突破するのに6日間が費やされ、レニングラードは今一度攻撃側の前に無防備な姿をさらけ出した。すべてがレニングラード目指して前進した。第56戦車軍団は南方、スタラヤ・ルッサ方面に危機が発生したため、8月15日の夕方までにイルメニ湖の方向へ進路を変更した。

ソ連軍のヴォロシーロフ元帥は、新しく戦場に送られてきた第34軍による攻撃を、デミャンスクを目標としてイルメニ湖とゼリガー湖の中間点に発起した。その地点は、正しく北方軍集団と中央軍集団の繋ぎ目にあたるウィークポイントであった。

元帥はドイツ第10軍団を駆逐してイルメニ湖とパイプス湖の中間を突破し、レニングラード方面で作戦中のドイツ部隊の後方補給を断ち切ることを意図していた。この危機に対して、エーリッヒ・フォン・マンシュタインが麾下の第56戦車軍団で対処することとなったのである。

ノヴゴロドにおいて激戦が展開されて市街は8月16日に陥落し、第126歩兵師団の第424歩兵連隊／第I大隊の突撃部隊がノヴゴロド宮殿（クレムリン）に帝国旗を掲げた。

しかしながらヘップナー上級大将は、またもや第4戦車集団による進行中のレニングラードへの進撃にブレーキを掛けねばならなかった。第18軍は最初にその主力部隊を持ってエストニアから出撃し、ルガ戦線に進撃することとされた。しかしながら第18軍司令官キュヒラー上級大将は、相違する二つの作戦命令を受けていた。すなわち、フィンランド湾の南側にある沿岸防衛地帯を制圧するだけでなく、エストニアのオストゼー沿岸にあるソ連第８軍を撃滅することとされた。この両方の命令は時間を消耗し、ソ連側はこの時間を防御強化に利用した。『ナルヴァからオポーリエまで第18軍はたっぷり11日間必要であった。これが各人がレニングラード手前で費やした時間であり、この間の進撃距離はわずか40㎞だった。』（Chales de Beaulieu、第４戦車集団参謀長）

　もし仮にヘップナー上級大将が、第18軍と第４戦車集団の兵力を適宜進撃させたとすれば、おそらくレニングラードは８月の第２週には占領することができたかもしれない。

　こうして９月になって最終的なレニングラードへの攻撃が開始することができ、９月８日と９日に発起された。

　岸辺の白亜の都であるレニングラードでは、ザハーロフ大将が最高司令官に任命された。彼は中心市街防衛用として各１万人の５個旅団を保有していたが、これとは別に20個民兵師団が彼によって地面から沸き出てきた。これはレニングラードの工場労働者30万人を掻き集めたものであった。

　昼夜の区別なく軍隊、民間、婦人と子供の手により、レニングラードの周辺に縦深防御陣地が構築された。防御の主要拠点は、外環および内環のレニングラード防衛線であった。

　ドイツ部隊は突進した。９月20日にストレーリナ河付近で第１歩兵師団は沿岸に達した。第58歩兵師団はクラースノエ・セローの塹壕線を突破し、レニングラードの郊外であるウリーツクに到達した。９月８日には第１２６歩兵師団のホッペ戦闘団がシュリッセルブルクを手中に収め、これによってレニングラードは東から封鎖された。

　この戦果報告が舞い込んでいる最中、突如として第４戦車集団は「レニングラードは占領せず、包囲せよ」との命令を受領した。〝レニングラード占領〟と言う第一目標を達成せずとも良いとは、一体なにが起こったのであろうか？

　ヒットラーはスモレンスクの勝利後に自分の目標を変更し、ロシア戦線中央部を迅速に突破後、最初に〝ソ連の中心であり心臓である〟モスクワを占領することとしたのである。６週間にわたってヒットラーは、ＯＫＨだけではなくＯＫＷ（国防軍総司令部）と前線の将軍から質問攻めにあった。

　ヒットラーはレニングラード占領という彼の計画を放棄したが、唯一無二の新しい目標をモスクワにすることも決定せず、まず最初にウクライナの穀物とコーカサスの石油を帝国のために確保しよう命令した。グデーリアン戦車集団は４５０㎞も南下してロシアの中心都市キエフに達した。すでにそこではフォン・ルントシュテット元帥の部隊が戦っていた。

　バルバロッサ作戦の明確な指令からは外れて命令は混乱し、戦力は低下して兵力は分散してしまい、北方での勝利は台無しになってしまった。レニングラードは１９４１年冬前の大攻勢でも占領されなかった。後に明らかになるように、レニングラードはついに占領されることはなかったのである。

それでは中央軍集団の戦区はどうだったのであろうか？
確かに敵は崩壊寸前にあったはずなのに、そこでは一体何が起こったのであろうか？

中央軍集団—モスクワの城門前面まで

〝すべての水牛は前進せよ！〟第191突撃砲大隊　ブーク河、ドニエプルを渡河してキエフへ

本国での再編成の後、ギリシャ侵攻に投入された第191突撃砲大隊は、ルブリンに移動した。ここから1941年6月22日に第6軍（フォン・ライヒェナウ大将）の一部として東へ向けて進撃を開始した。攻撃の指揮は〝緯駄天〟大隊長のホフマン＝シェーンボルン少佐が執り、ウシルグ付近でブーク河を渡河し、作戦を継続して戦闘を行ないながらさらに前進した。ウラジーミルを占領し、ドゥーブノとクレメーネツにおいて戦果を挙げて歩兵へ道を切り開いた。ラドミシェルでは大隊は、その時々に配属された師団群の先鋒部隊として個別の攻撃を実施した。さらに大隊はドニェプル河西方のマーリン付近での激しい戦闘に参加し、第98歩兵師団に配属されて可能な限りこれを援護した。

7月20日にホフマン＝シェーンボルン少佐は、ドイツ軍戦線の遥か前方にある敵の占領地域へ大隊と共に前進せよとの命令を受領し、第98歩兵師団の前衛部隊と共に突撃砲はコロステンへ突進した。最初の一撃でコロステンは占領された。7月末まで大隊は第51および第17軍団に属し、ドニェプル河への道を啓開すべく奮戦した。

絶えず指揮官は突撃砲に乗車して前方に位置し、自ら率先して無条件に自分自身が戦闘へ参加することで、突撃砲兵や歩兵までもが感激して熱狂した。7月の末には、敵野砲49門を鹵獲することができた。

8月になっても戦闘は継続したが、月末までは小競り合いに終始した。第191突撃砲大隊は再び前衛部隊の一つに組み込まれ、確認された敵陣地の裂け目を突破して100㎞離れたドニェプル河まで突進せよとの命令を受けた。袴乗する歩兵や工兵並びに高射砲と対戦車砲が、この楔形の突撃梯団（シュトースカイル）に随伴した。

この鋼鉄のような突進により敵の前衛防御線は粉砕され、逃げ惑うソ連軍後方部隊を右に左に避けながら、突撃砲は高速で砂塵が舞うステップを疾走し、もはや何者にもこの部隊を止めることはできなかった。

砂塵はもうもうと天まで昇った。ゴルノスターイポリのホップ畑からは、突進している突撃砲兵の意識を失わせるような匂いが風に乗ってやって来たが、同時にこの畑からは敵の砲火も降り注いだ。ソ連軍の対戦車砲、砲兵、重機関銃と迫撃砲など文字どおりの集中砲火が、突撃砲と袴乗している歩兵へ加えられた。ホフマン＝シェーンボルン少佐は、第2中隊をこの畑を迂回させて右翼へ投入した。敵は駆逐され、最後には大慌てで敗走し、先頭を走るビングラー少尉は小隊の突撃砲3両と共に追撃した。突進方向はドニェプル河が横たわる東方向であり、そのどこかに架けられているドニェプル

河橋梁が攻撃目標であった。

　ビングラー少尉にとっては後ろで遅れていようがおかまいなしで、このため大隊の大部分はへとへとになってしまった。

　ビングラー少尉の突撃砲はある村の入り口の分岐点にさしかかった。ガクンと言う衝撃と共にハインツ・プファイファー軍曹が突撃砲を停止した。少尉は周囲を見回し、彼の小隊の突撃砲2両が200m後方にあることを確認した。村は死んだようであった。少尉と同じく照準手のザブラトニクも旋回式ペリスコープで村を偵察した。突然、彼は建物の後方に隠れているトラックを発見した。

『距離250m!』ビングラー少尉が命令し、ザブラトニクが敵に照準を合わせる。『撃て!』砲撃の轟音。砲弾は遠く外れたが、トラックは止まったままである。ソ連兵の一隊が蜘蛛の子を散らすようにトラックから飛び降り、塹壕へ飛び込んだ。トラックが再び動き出した。第2射撃は命中し、車両は文字通り木端微塵となった。

　突撃砲の後部機関室に袴乗した工兵が捕虜を1人捕らえ、ビングラー少尉がこの捕虜を尋問した。彼は右側に伸びる道を示した。

「ドニェプルは?」と少尉は質問した。もう一度繰り返す。

『ドニェプルは?』

「は、はい、ドニェプル、あと3km」とソ連兵は何度もうなずいて請け負った。

「よし前進!」ビングラー少尉が命令し、エンジンが咆哮する。少尉は高速で村を通過してさらに前進を開始した。村の出口にさしかかると、その後方の小さな橋があった。左側から来たソ連軍の一団が橋の上をドヤドヤと走っている。

「爆破班だ!」袴乗している工兵の一人が報告する。旋回式ペリスコープでザブラトニク軍曹が、爆破コードを握り締めて橋の上を狂ったように走る一人のソ連兵を確認した。

「少尉殿、橋を爆破する気です!」

　突撃砲の上で一発の銃声が響き、ソ連兵が倒れた。すかさず工兵の一人が突撃砲から飛び降り、走り寄って爆薬ケーブルを切断した。ビングラー少尉の突撃砲がゴロゴロと厚板を敷いた橋の上を前進し、この木造橋を渡り切った。その向こうは砂地の道が途切れてじゃり道になり、履帯は今までの2倍の騒音でガタガタと進んだ。その他の突撃砲2両を後に残し、ビングラー少尉の突撃砲は時速約50kmの速度でさらに進んだ。

　大きなカーブを曲がると、光輝く河の流れが彼等の前に姿を現した。その前にレンガ製のバリケードがあり、突撃砲はそれを突破した。前面に橋が一つある。

「あれが我々の橋ですか?」とプファイファーが叫んだ。

「こいつはテテレフ河だ」とビングラー少尉が答えた。

　この河はドニェプル河の支流であり、ゴルノスターイポリ付近でドニェプル河に注ぎ込んでいた。ゴロゴロと突撃砲は木造橋の厚板の上を猛り狂って前進した。この橋も渡り終えると突然、左側から砲火がピカっと閃いた。

「対戦車砲か高射砲です、少尉殿！」とプファイファーが報告した。

「どんどん行け、通り抜けろ！　ラブシュが後でやっつけてくれるさ！」

　再び道路はカーブを描いた。突然、突撃砲の前に巨大な鋼鉄の建造物が姿を現した。ドニェプル大鉄橋だ！　突撃砲の前方を車両が橋めがけて走って行く。最初の1台目は荷馬車だ。これは追い越せたが、2台目の乗用車は早すぎて追い着けない。突撃砲はすでに橋の車寄せに達していた。ビングラー少尉は橋の右から左へとソ連部隊と砂袋を一瞥したが、一発の銃弾も飛んでこない。後方でラブシュ軍曹の2号車が派手な音で砲撃しているのが聞こえるだけである。

「ラブシュが高射砲を制圧したぞ！」とビングラー少尉は乗員に伝えた。

　今や突撃砲は橋の木造走行路の上を前進しており、多数の荷馬車が道を塞いでいた。右手では難民の列が悠然と歩いて行く。最初の荷馬車が突撃砲の履帯の下でメリメリと砕け散った。何人かの御者は突撃砲の体当たりによって馬の鞍から空高く舞い上がり、橋を越えて河へ落ちていった。指揮官の突撃砲に跨乗した工兵は、機関短銃とピストルを乱射した。

　鉄橋のアーチはすでに通り越していた。しかしながら木造走行路はさらに東へと伸びており、突撃砲の操縦手はそれが無限に続くように思われた。神経はぎりぎりまで張りつめている。いつ橋は（爆破されて）空中へ舞うのだろうか？

　依然としてビングラー少尉の突撃砲の前方をソ連軍乗用車が走っている。突然、車両が停止してたちまち履帯に蹂躙されて凄まじい音をたててぺしゃんことなり、その上を突撃砲はさらにガラガラと前に進んだ。突然、プファイファー軍曹は対向して来るトラックに気が付いた。このトラックは停止して向きを変えようとした。プファイファーはブレーキを掛けたが間に合わず、ガクンという衝撃が突撃砲に伝わり、右側へ滑って手摺をめちゃめちゃにしてほとんど橋から墜落しかかった。冷静沈着にハインツ・プファイファーは補助ブレーキを掛け、突撃砲は踏み止どまった。

「負傷した！」と無線手兼装填手のカルル・ポストラーが叫んだ。

「降車！」とビングラー少尉が命令した。「小さな振動でも突撃砲は落ちてしまうぞ！」彼等は苦心して車内から外へ這い出た。ポストラーだけが突撃砲に残って、大隊へ無線連絡を試みた。

「ビングラーから全部隊へ、ビングラーから全部隊へ！」平文で続けるため、彼は6回連続して送信した。「すべての水牛（＊16）は前進せよ！　ビングラーは擱座して動けない！　ビングラーは墜落寸前！　我々は戦闘能力喪失—すべての水牛は前進せよ！」

突撃砲が右側履帯だけでかろうじて引っかかって破滅を免れている間、「すべての水牛は前進せよ！」という文をポストラーは繰り返し送信した。

「くそいまいましい！」とザブラトニクは言った。『あと１５０ｍで渡り終えるというのに』

残りの乗員と前方に先行していた工兵達は、突撃砲と乗員に置き去りにされた敵のトラックの後方に隠れた。ビングラー少尉は橋の終端にあるトーチカを眺めたが、まだ発砲しない。彼が居るところは実際、水面は終わっていた。突撃砲の10ｍか15ｍ下は湿地帯であり、この最後のブロックによりアーチ型の橋に張力が掛けられていたのであった。少尉は砂丘にあるトーチカを眺め、さらにもう一度眺めた。

「カール、今包帯を巻いてやる」とザブラトニクは言って突撃砲へよじ登り、ポストラーの腕の貫通銃創に包帯を巻いた。

この時、無線手が喜び勇む声で叫んだ。

「大隊をキャッチした、返信している！」

「よし、ポストラー、箱から出てこい。さもないと湿地帯へ落ちるぞ！」と少尉が叫び返した。

突然、後方から激しい爆発音が轟いた。８名の兵士は驚いてその方向、すなわちドニェプル鉄橋上の遥か手前を見詰めた。何が起こったのだろうか？　もしソ連軍の攻撃であったら……。突然、エンジンの唸り声が響き渡った。ビングラー少尉が慌てて望遠鏡を目にした。

「ラブシュだ！」彼はホッとして叫んだ。

ビングラー小隊の第２号車もまた橋の上を前進して来ており、それは凄まじい砲声によって手荒く歓迎された。すなわち、ソ連軍の鉄橋守備隊、重高射砲と対戦車砲が２号車めがけて砲撃を開始したのである。前進する突撃砲の回りで、橋の木造部分に弾着する。そして擱座している突撃砲のすぐ近くにも最初の砲弾が落下して来た。厚板が木っ端微塵に吹き飛ぶ。

そしてラブシュがようやく近寄って来た。「少尉殿、道路が爆破されました！」小隊長を通り過ぎながら彼は大声で叫んだ。「我が方の３号車はそこの後方で穴に嵌まってしまったのです」これが先ほどの爆発音の正体だったのだ！

「先進せよ！　対岸に橋頭堡を造るのだ！」少尉が叫び返した。

ラブシュは理解して、了解の仕種を示した。彼は前進して橋の終端で停止し、敵高射砲に応射した。突撃砲は精密に速射した。次々と敵の砲が沈黙し、集積された砲弾の山が空中に舞う。そしてラブシュは遂に徹甲弾しかなくなってしまった。

「彼は榴弾を使い果たしました、少尉殿！」


注（＊16）訳者注：第１９１突撃砲大隊の部隊マークは水牛である。

これは致命的であったが、ラブシュは諦めなかった。彼は突撃砲の向きを変えると橋の終端の向かって右側の敵高射砲を砲撃し、この4門も沈黙させた。それから彼は方向転換して戻って来て、指揮戦車のところで停止した。

「少尉殿、イワンは橋を爆破する気です！」

「全員を連れて撤退！」ビングラーが命令した。

負傷者はラブシュの突撃砲の上に乗せられ、工兵が袴乗した。ビングラーが装塡手用ハッチから這い出して来た。機関銃弾と小銃弾が突撃砲の周囲を取り囲んだ。すでに橋の70０m地点まで来ているのだ。袴乗している兵士には、爆薬を背負って橋桁によじ登っているソ連兵の姿が見えた。工兵と袴乗している乗員すべてがあらゆる武器を使って、橋を空中へ吹き飛ばそうとするこの敵を射撃し、ソ連軍工兵は撃ち落とされた。橋の右後方から歩兵用小火器が射撃を始め、そうこうしている間に味方前衛部隊の10・5cm砲の砲撃が轟いた。

橋は渡り終えると、突撃砲の前方には危険な孔がぱっくりと口を開けていた。爆破地点だ。

「左の塹壕へ入れ！」と大声で叫ぶ。兵士達は車両から降り、駆け出して塹壕へ飛び込んだ。「弾薬を前へ！」

ラブシュの突撃砲へ素早く砲弾が補給された。ビングラー少尉は爆破孔を越えて向こう側へ走り、中隊長であるハールベアク中尉を捜し出した。ハールベアク中尉は閣座した突撃砲を牽引するために、すぐそこまで来ていたのだ。さらにそこへホフマン＝シェーンボルン少佐が平素と変わらぬ冷静さで姿を現した。

『ラブシュ曹長は脱出の時に目を負傷しました、少佐殿。私が突撃砲を引き継いで、もう一度引き返します。』

『よし、ビングラー！』と指揮官は応じて若い少尉に手を差し出した。『成功を祈る！』ビングラー少尉はラブシュの突撃砲へ走って取って返した。突撃砲はこの間に新しい弾薬を補給することができた。再び突撃砲が橋の上を前進する。ソ連軍狙撃兵が突然姿を現し、橋を銃撃すると再び姿を消した。ビングラー少尉は無事に橋の終端まで到達した。ソ連軍の野砲数門がまだ砲撃を続けていたが、突撃砲によって次々と制圧された。こうしてドイツ軍はゴルノスターイポリのドニェプル河鉄橋をしっかりと手に入れた。なおもソ連軍の爆薬戦車が1両前進して来たが、ビングラーがこれを迎撃した。最初の砲撃が物凄い爆発音を立てて命中し、爆薬戦車は灼熱の松明のように一晩中明るく燃え盛った。

2・5kmの長さを誇るドニェプル河鉄橋は、師団本隊から遥か離れた120kmにもおよぶ進撃の末に、無傷で第191突撃砲大隊の手に陥ちた。

次の朝9時頃、ビングラー少尉が再び指揮する先鋒部隊はデスナー河に到達した。この渡河の突撃の際、ビングラー少尉は戦死した。ソ連軍の対戦車銃の銃弾が、彼の鉄兜を貫通して頭部を撃ち抜いたのである。

そしてすべての先遣部隊が向こう岸に渡った後、ドニェプル河鉄橋はソ連軍航空機と河川砲艦の攻撃により、その日の午後には火に包まれた。倒壊した木造部分と共にビングラーの突撃砲も湿地帯へ墜落した。

本隊から分割された前衛部隊は単独で4日間戦い抜き、橋頭堡は持ち堪えた。ここでドニェプル河を越えて投入されたドイツ部隊が、ソ連軍を取り囲む包囲環を閉じてしまい、北方のキエフ周辺の戦闘に拍車が掛けられた。

ビングラー少尉は死後騎士十字章が授与され、その他にドイツ陸軍武勲感状に名を連ね、武勲感状徽章も授与された(＊17)。ホフマン＝シェーンボルン少佐は、柏葉付き騎士十字章の栄誉に拝した。

ドニェプル河東岸において第191突撃砲大隊は第244突撃砲大隊と共に、キエフ包囲戦(149頁参照)で戦った。

9月末に大隊は北方へ移動して、ゴメリを経由して第4軍(フォン・クルーゲ元帥)の戦区であるロースラヴリ〜マロヤロスラーヴェに到着した。今や大隊は、キエフ会戦の勝利後に命令されたモスクワ攻略戦に参加することとなった。未曾有の秋の泥濘の中を高速道路に沿って進む戦闘は、後述するように大隊に対して大きな負荷を生じて攻撃は失敗した。

最初の霜が降りてからの作戦投入後、11月中旬に突撃砲は新たな前進を開始した。冬季用被服もなく気温は零下30度と

柏葉付き騎士十字章を授与されたホフマン＝シェーンボルン少佐

注
(＊17) 訳者注:ビングラー少尉は1942年6月21日付けで武勲感状徽章を授与されたが、騎士十字章を授与された事実はない。

なる中、なおも大隊はボーロフスクを奪取することに成功した。ナロフォミンスク近くでのナラ河渡河が1941年の最後の勝利となった。年末のこの戦闘中にホフマン＝シェーンボルン少佐は負傷して野戦病院へと送られ、そこで1941年12月13日に少佐は、自分がドイツ国防軍49番目の兵士として、最初の突撃砲兵として柏葉付き騎士十字章を授与される、という国防軍報告に接した（＊18）。

ハールベアク大尉が1941年12月に大隊指揮を継承し、最重要地点であるスパース・デーメンスコエへ移動した。ここで大隊は負傷者を後送し、弾薬と補給物資を前線へ送るモスクワへの高速道路を再三に渡って敵の手から奪回した。1942年3月初めまで大隊はここで戦い続け、その後モギレフへ休養のために撤収した。

第192突撃砲大隊 ブーク河を越えてオルシャへ、ゴメリからチェルニーゴフを経由してカルーガへ

大隊は1940年11月11日にユターボクの新演習場において編成された。その部隊マークは×のように交差した骨に髑髏であった。大隊長を拝命したエーリヒ・ハーモン大尉は第10砲兵連隊から転任して来たもので、この新しい兵種にはいささか馴染みがあった。

編成が終了すると、この新大隊はポーランドのハータ・ダンブローヴァに移動し、そこで歩兵の支援任務についての特別な訓練が施された。最終的な3日間の大演習の後、編成から6ヶ月足らずで大隊は出撃準備態勢となり、テラースポリの北方30kmにある森林演習場へ移動となった。ここでは第192突撃砲大隊／第3中隊の突撃砲は、潜水渡河任務のための用意を行なうよう命令され、これは短期間のうちにマスターすることができた。この他に、グレーフィング少尉がロシア語会話の講座を開催した。また、この間にブーク河では第3中隊の潜水走行のための水深測量も行なわれた。

1941年5月28日の朝、大隊はブーク河後方の冬営兵舎、すなわちヤノーフ～ポドラースキの森林演習場から出撃準備陣地へと到着した。大隊は第31歩兵師団へ配属され、偵察任務を命ぜられた。彼等が受けた任務は、その地域の特別な実情に応じたものであった。と言うのは、ドイツ側には重火器のための砲兵陣地や良好な陣地となり得る場所に乏しく、攻撃日の朝は準備砲撃なしで歩兵は出撃陣地から攻撃しなければならなかった。また、地形は見通しが悪くブッシュが密生しているため、重機関銃の掃射もほとんど不可能であった。

従って第192突撃大隊の任務は、突撃砲で可能な限り速くブーク河を渡河し、これにより困難な攻撃地点にある歩兵を支援して、その近距離砲撃によって可能な限り敵中深く突破することが求められた。この任務がもし成功すれば、歩兵

の突撃砲への信頼感が生れ、さらに部隊の士気は揺るぎないものになるはずであった。

16tフェリーの組み立ては4時間かかり（しかもブーク河の西岸には隠蔽できる準備陣地に適する場所がなかった）、テラースポリ～ブレスト・リトフスクの大鉄道橋は爆破されることは確実で、道は一つしか残されていなかった。すなわち、突撃砲でブーク河を潜って渡河する方法である。

大隊の将校によって5月最後の夜に、深さ1m50㎝しかない2ヶ所の徒渉地点を発見したが、最後の20mが深くなっており、河底から2～3mの水深であった。

第3中隊の指揮官フォン・イエナ中尉は、潜水走行を行なうために実験に勤しみ、幾多の準備段階を経て、突撃砲を演習用池の中で完全に水没して走行させることができるようになった。排気筒口と吸気口は、3mの高さまで伸縮するチューブによって水面上へ導かれ、突撃砲指揮官のハッチ上には吸気用マストが据え付けられた。突撃砲内には浸水を排水するために砲塔旋回用エンジンが装備され、すべての戦車接合部にはパテによって隙間が塞がれた。こうして第3〝潜水中隊〟は、攻撃第一日目にブーク河を渡河することとなった。

1941年6月22日の早朝の攻撃開始と共に、ハーモン大尉指揮の第1中隊の突撃砲6両は大鉄橋を目指して発進した。敵がいつ爆破するかわからず橋もろとも吹っ飛ぶかもしれない鉄橋を、敵歩兵の防御砲火が突撃砲の装甲を激しく叩く中で、中隊は強引に奪取した。しかしながら、敵の優勢は明らかであり、ブーク河対岸、すなわち橋の右端に陣取ったソ連保塁部隊〝B〟が、すべての砲門を開いて砲撃を開始した。集中砲火が6両の突撃砲に降り注ぎ、突撃砲の短砲身も敵陣地に向かって砲弾を送り込んだ。トーチカ3ヶ所が沈黙し、突撃砲3両が損傷により行動不能となった。ハーモン大尉はソ連軍守備隊の掃討を命令し、最初の捕虜が得られて後方へ送った。その先の30分は突撃砲にとって危機的な状況となった。すなわち敵歩兵部隊はすぐには後退せず、しかも残った突撃砲3両は、思いがけなくも厚さが1m以上もある壁を持つ旧要塞と向い合うはめになったのである。歩兵が合流するまで突撃砲は到達したラインを保持し、突破しようとする要塞守備隊を跳ね返し続け、ソ連保塁部隊〝B〟の要塞に立てこもる2000名の兵士がドイツ軍捕虜となった。

大隊は後方から猛進する歩兵と共に鉄橋を渡って保塁部隊への突撃を準備し、保塁を突破して向こう側にある定められた攻勢目標に達した。

第192突撃砲大隊はさらに東方へ前進した。第131歩兵師団（マイアー＝ビューアドルフ中将）の大攻勢に際し、大隊は大胆な作戦により貴重な援護を行なうことができ、師団長は大隊の戦功に対して特別に申し述べている。

注（＊18）訳者注：公式発効日は1942年12月31日である。

数日後の8月19日、第192突撃砲大隊は麾下の3個中隊と共に、再び第131歩兵師団に配属となった。目標はゴメリ占領である。第431歩兵連隊が最前線にある3個大隊によりゴメリ東方のソーシまで進出する命令を受けた。この命令はその日の昼までには果たすことができ、突撃砲はさらなる任務のためにカリーノフカで待機となった。

この攻撃段階において隣接の連隊（第434歩兵連隊）は、エリョーミノ～プルドークの鉄道土手方向から側面砲撃を受けて釘付けとなっており、ハーモン大尉は戦車として突撃砲を作戦投入して奇襲側面攻撃をかけることを、第131歩兵師団へ具申した。

この具申は認められ、ハーモン大尉は自分の突撃砲を先頭にして攻撃のために前進した。彼等は縦深悌陣配置された地雷原を通り抜けなくてはならなかったが、プルドーク前面で頑張っている敵陣地を突破することに成功した。損害は突撃砲1両のみであり、100名以上のソ連兵士が降伏した。プルドークは最終的に大隊が制圧するところとなり、ハーモン大尉はこの戦果を拡大するために威力偵察をゴメリの北縁まで行なうことを決心した。突撃砲はさらに前進し、敵が防御を敷いた場所は中隊が迅速な砲撃で沈黙させた。

大隊の先鋒部隊はゴメリ飛行場の北方1㎞の地点で、路上バリケードの後方で飛行場の敵守備隊に射撃を浴びせている第95歩兵連隊／第Ⅰ大隊と出くわした。

ハーモン大尉は、大隊のまだ出撃可能な突撃砲15両とこの大隊を指揮することとなり、突撃砲は歩兵によって熱狂的に歓迎された。短い作戦会議で攻撃計画が決定された。

17時5分、ゴメリへの攻撃が開始された。バリケードと高速道路の両側を突撃砲が最速ギアで前進し、飛行場南縁の敵陣地に達してから左側へ旋回して敵を蹂躙した。これによって道路両側の塹壕に前進していた歩兵は、敵の砲撃をほとんど受けなくて済んだ。ハーモン大尉と大部分の大隊将校は突撃砲車長として指揮を執っており、敵は近距離から捕捉され、そして撃破された。突撃砲の後ろから突撃して来た歩兵は、ほとんど損害なしでゴメリの最初の建物へ到達した。

第95歩兵連隊長ロッター中佐は、大隊長と共に先頭の突撃砲に同乗しており、彼は装塡手席に座っていた。これが戦況にとって必要不可欠かのように、中佐はこの最前線のポジションから連隊兵士を指揮した。この間、彼は後方部隊に飛行場の掃討および確保を命令しており、第192突撃砲大隊／第Ⅰ中隊の突撃砲7両が同行していた。

短時間の攻撃で100mほどゴメリ方面へ進出し、敵が防御拠点として陣地を敷いた中央広場において、短時間であるが激しい砲撃戦が展開された。ソ連軍の野砲数門と4連装機関銃がこの地点を死守していたが、敵野砲2門と前進してきたソ連軍戦車1両が撃破された。

日が暮れてからこの敵防御地点を打ち破った後、第Ⅰ中隊は再び突撃砲に乗車し、最速段にギアを入れて市街へ深々と突進した。この突撃砲3両を先鋒にして前進する攻撃は成功し、さらに敵野砲3門、対戦車砲4門と歩兵が搭乗したソ連軍トラックを撃破した。

残念なことに突撃砲がすでに爆破されたソーシ河に架かる橋に達した時には完全な暗闇となっており、2両の燃え盛る敵弾薬運搬車が荒涼とした辺りの風景を照らし出していた。この橋において、突撃砲とソーシ河対岸にあるソ連軍砲兵陣地からの野砲との間で砲撃戦が行なわれ、突撃砲は多くの大口径の命中弾を受けた。それでも前線に投入された野砲の援護射撃下で、残りの突撃砲はソーシ河をフェリーで渡河して撤退しようとしている敵部隊を制圧した。この日の攻撃目標は歩兵によって確保された。

夜のうちにハーモン大尉は、第13軍団に対して自らを第17歩兵師団の指揮下に入れるよう具申した。

第95歩兵連隊／第1大隊のハンス・ポストナー上級曹長は、前進する突撃砲へ榜乗してその機関銃の掃射により優れた戦果を挙げたことにより、第一級鉄十字章が授与された。

第192突撃砲大隊／第2中隊は、橋頭堡拡大のために第55歩兵連隊へ配属となった。8月26日から28日までの激しい森林戦で、中隊は危機的な状況となった連隊を援護し支援した。シュペヒト大佐の言葉を引用しよう。

『任務遂行ならびに決定的な戦果の源となった多大なる支援。この功績によりファイラー少尉は、それに相応しい処遇を得なければならない。小官は彼に対して第一級鉄十字章の授与に相応しいと認める』

こうしてファイラー少尉は、大隊で最初の兵士として第一級鉄十字章を授けられた。

1941年8月29日から9月5日の間、大隊は第124歩兵師団の部隊と共に、チェルニーゴフ付近で戦った。フォン・コッヒェンハウゼン中将は、大隊に関する報告書の中でこの戦闘について評価しており、次のように述べている。

「第192突撃砲大隊は卓越した勇気をもって歩兵を熱狂させ、最近の戦果に対して多大な貢献を果たした。」

チェルニーゴフ北西の戦闘においても、第1中隊は第510歩兵連隊と共にあり、シゲストヴィチ攻撃に際して、中隊は勝利に決定的役割を果たした。明日をも考えない突進の中で、敵が立て篭もる場所には必ず突撃砲が現れた。突撃砲の創始者であるフォン・マンシュタインは、この兵器が歩兵の随伴、支援兵器の切り札となり、歩兵の重大な損失を軽減すると予見したが、今やこれが実現されたのであった。

第1中隊は再びフォン・パンヴィッツ中佐の前衛大隊へ編入され、中隊長の指揮で9月17日から戦闘を行ない、9月18日にピリャーチンを占領してソ連騎兵中隊を殲滅し、傑出した活躍を示した。前衛大隊はこのわずかの日数の間に80門以上の野砲を鹵獲し、5000名以上の捕虜を得て、敵師団群の残余を撃破した。

第192突撃砲大隊の奮戦ぶりは、軍司令部の軍戦闘日常命令第121号において特に賞賛されており、第1軍司令官フォン・ヴァイクス上級大将は次のように記述している。

『ハーモン大尉率いる第192突撃砲大隊は、第2軍に所属した期間中、類希な勇気を示し、モギレフ橋頭堡の突破、ロガチョーフ周辺の敵部隊包囲、ゴメリ攻略などにおいて常に最前線で戦い、いかなる場所においてもその突撃砲の向こう見ずな作戦投入により歩兵の攻撃を模範的に援護ならしめた。

小官は大隊のすべての将校、下士官、兵士諸君に対して特別な功績を認めるものである。』

プロトヴァー周辺では11月16日から18日にかけて、激しい戦闘が繰り広げられたが、再び大隊はその砲撃により抵抗を粉砕し、陸軍総司令部の特別な感謝の証しとして、陸軍総司令官フォン・ブラウヒッチュ上級大将の武勲感状が、1941年11月25日付けで大隊へ伝達された。

1941年12月14日、大隊はちょうど編成されて1周年を迎えたが、大隊はカルーガまで前進しており、有能な大隊長であるハーモン大尉はこの日、戦闘日々命令を公示した。その概要は戦闘経過について記されており、ここに再掲する。

『1941年6月22日以来、大隊はぶっ通しで敵と相対して来た。その間、8個軍団に所属して激しい戦闘を行ない、大隊は歩兵に対して信頼関係を完全に勝ち得た。我が乗員は、灼熱、塵埃、泥濘、降雨と寒冷の中を6000km走破した。我が補給部隊の運転手は、その幾倍もの疲れを知らぬ飽くなき任務を遂行した。

ブーク河渡河、オルシャ、モギレフ、ロザチョーフ、ゴメリ、チェルニーゴフそしてカルーガは、今日までの大隊の輝かしい戦歴における一里塚（マイルストーン）である。第192大隊の名前は、我々と共に戦った一兵士に至るまで記憶に残ることであろう。

顧みればその戦果は大いなるものがあるが、そのための犠牲者もまた多い。我々はロシアの地に眠る我々の戦友に対して、畏敬と感謝と誇りをもって頭を垂れる次第である。』

カルーガは第192突撃砲大隊にとってもモスクワへの突進の最終点となり、ここで大隊は兵士一人一人にとって最後の、そして最大の義務を要求する酷寒を身を持って体験するのであった。

第189突撃砲大隊
ヴィテブスクとヴェリキエ・ルーキへ

第189突撃砲大隊の命名式を行なうために1941年7月9日にツィンナに到着した兵士は「我々の戦友達がモスクワの周辺を散歩しているというのに、我々は相変わらず演習に投入されており、いつになったら発進するのだろうか。」とぼやいていた。

大隊を編成したエルンスト・ヘス大尉は、4週間以内に部隊を作戦可能な状態にせよとの命令を受けた。不可能が可能となり、8月1日に大尉は「第189突撃砲大隊は準備完了」との報告を行ない、翌日、オストプロイセンへ鉄道輸送で移動が開始された。8月5日にレウスで降車し、コーヴノ～ミンスクとボリーソフを経由して突撃砲は950㎞の地上行軍によってヴィテブスク地域へ前進した。

ヴィテブスク手前で1両の突撃砲を乗せて橋が崩れ落ち、突撃砲はひっくり返って走行装置を上にしてモラスト河に沈んだ。これにより乗員は全員死亡した。

短期間第9軍団に配属された後、大隊長は中隊長および偵察部隊はウスヴァーチへ行軍し、そこでヴァイトリング大将率いる第11軍団の指揮下に入るよう命令を受け取った。

翌日、中隊群は本部中隊長の指揮下で後を追い、8月18日に全大隊は第1ネーベルヴェルファー連隊と合流し、突進方向を北方のニムクスィ方面にとり、そこで第110歩兵師団に配属された。大隊本部および本部中隊は第110歩兵師団の野戦指揮所へ配置され、第189突撃砲大隊／第1中隊は第254歩兵連隊、第189突撃砲大隊／第2中隊は第255歩兵連隊、そして第189突撃砲大隊／第3中隊は第252歩兵連隊へ配属された。出撃準備陣地には8月19日に到着し、次の日に突撃砲は鋼鉄のような楔形攻撃フォーメーションを形成した。この場合、不幸にも基本原則、すなわち〝細切れではなく集中投入〟は甚だしくないがしろにされた。

翌朝、突撃砲中隊が出撃準備陣地から移動を始めた時、雨と視界不良により空軍の協力が不可能となったため攻撃は中止された。

8月22日4時30分、攻撃は開始された。攻撃目的はクーニャ地区を越えてそこから北方の森林地帯を突破し、包囲するためウェリキエ・ルーキ西方で旋回して東側から奪取することにあった。槍の穂先たる突撃砲が歩兵を椅乗させてソ連軍の前線を突破した後、後方に悌陣配置された第19および第20戦車師団がこの突破孔を通って東へ突進し、トロペツ付近にて旋回することになっていた。

メーラー少尉は敵前線の偵察を行なった際、「蜂の巣」の丘で重傷を負った。

攻撃が開始されたと同時に、突撃砲は突進した。彼等は敵の丸太で造った封鎖点を撃破し、それを蹂躙して先へ進んだ。突撃砲は湿地帯、地雷や対戦車壕に苦しみながらも正午まで攻撃を継続した。第189突撃砲大隊／第3中隊の1両は湿地帯で閣座し、第1ネーベルヴェルファー連隊の牽引車両により引っ張り上げられた。

湖まで連なる戦車壕の一つは突撃砲には越えることができず、1個小隊は迂回することとなり、突撃砲はそこで浅瀬を渡って前進した。

攻撃第一日の夕方、第110歩兵師団はクリモーゾヴォの手前まで達した。ここで兵器整備係のヴィーマンは、弾薬を前方へ輸送するため乗用車で戻る途中、交通渋滞で車両に道を譲ろうとして降車したところ地雷を踏み戦死した。

偵察のために前進したクライメル少尉も彼の車両が地雷を踏んだが、幸いなことに前輪が引き裂かれただけだった。第189突撃砲大隊／第2中隊の中隊長のフォン・マラコフスキー中尉も、同様に地雷により軽傷を負った。

8月23日も攻撃は継続され、再びゲインが獲得された。8月24日にも大隊は順調に前進し、8月26日には目標に到達した。

大隊はウェリキエ・ルーキの占領という勝利に寄与し、第9軍団長のシュトゥンメ大将と第110歩兵師団長ザイフェルト少将は大隊に対して感謝の意を表した。4名の大隊兵士が戦死し、9名が負傷した。

ヒットラーと将軍達の思案

スモレンスク戦の大勝利の後、市街は1941年7月15日に奇襲によりドイツ軍の手に落ち、翌日の夕方までには完全に制圧するところとなり、中央軍集団の2個戦車集団はさらなる突進のため、ヤーツェヴォ～スモレンスク～ロースラヴリのライン上で出撃準備を整えた。すでに戦車師団と自動車化師団群は700㎞以上もロシア内を進撃して来ており、中央軍集団の局地目標であるモスクワまでは、わずか350㎞の距離にあった。

ドニェプル河の渡河点のモギレフはまだ持ち堪えていたが、7月27日に陥落した。次の目標はソ連邦の心臓であるモスクワであることは疑問の余地がなく、またそうでなければならない。だれもがヒットラーの決定的な命令による、クレムリンへの最後の戦車部隊の大規模な攻撃を期待していた。

日々が過ぎ、数週間が過ぎ去った。1941年8月21日に発せられたヒットラーの命令は、陸軍総司令官および陸軍総司令部（OKH）の望みを打ち砕くものであった。

「冬の始まりの前に達するべき最も重要目標は、モスクワ占領ではなくクリミアの奪取にある。」

翌日、中央軍集団司令官フォン・ボック元帥は、麾下のすべての司令官に対してボリーソフにある本部に出頭するよう命令した。8月23日の朝、ボリーソフの軍集団野戦司令部には、フォン・ボック元帥、第2戦車集団司令官グデーリアン上級大将、第4軍司令官フォン・クルーゲ元帥、第9軍司令官シュトラウス上級大将、そして第2軍司令官フライヘア・フォン・ヴァイクス上級大将が一堂に会した。そして陸軍参謀本部からは陸軍参謀総長のハルダー上級大将が待ち受けていた。

ハルダー上級大将は11時に姿を現して説明を始めた。「総統は、以前に心を動かされたレニングラードへの作戦でも、陸軍参謀本部によって提案されたモスクワ攻撃でもなく、まずウクライナとクリミアの占領を決定された。」

ここ5週間と言うものモスクワに対する突進のために辛い努力をして、攻撃目標となると信じていたのに、この命令とは！ すでに8月18日に陸軍総司令部は、ヒットラーにモスクワに対する詳細な攻撃プランも提案していたのだが……。ハルダー上級大将は、1941年8月21日付けの最新の総統命令を持って来ており、皆の前で彼はそれを朗読した。

『東方への作戦の継続という8月18日付けの陸軍の提案は、余の本意とするところではない。余は次のように命令する。

1．冬の始まりの前に達するべき最も重要目標は、モスクワ占領ではなくクリミア、ドニェツの炭田および工業地帯の奪取であり、コーカサス地方からのソ連の石油供給路の遮断である。北方戦区は、レニングラードの封鎖とフィンランド軍との合流……。』

総統命令のこれ以下の部分では、第4項としてクリミアの奪取はルーマニアからの石油供給の確保にとって、極めて大きな意味を持つ旨が記されていた。

『従って、敵が新手を補充する前にクリミア方面でドニェプル河を迅速に渡河し、あらゆる手段を用いてこれを奪取するよう努力しなければならない。』

誰もがキエフ方面へ南下する攻撃が第一目標であり、冬前にモスクワに到達することは不可能であることを知った。そこで、グデーリアン上級大将がハルダー上級大将と共に総統本営へ随行して、総統に状況を上申して再考を促すこととなった。

8月23日の午後遅く、グデーリアンとハルダーを乗せたユンカースＪｕ88が西へ飛び立ち、オストプロイセンのレーツェン付近の〝ヴォルフシャンツェ(狼の巣)〟(訳者注：総統大本営の俗称) 専用空港へ舞い降り、彼等は真っすぐ総統大本営へと向かった。2時間後、グデーリアン上級大将はヒットラー、すなわち国防軍最高司令官の前に立って語り始めたが次第に激しい口調となり、その核心のところでヒットラーはグデーリアンに質問した。

『貴君の部隊は、まだ大規模な辛い作戦が可能なのかね？』

『もし、部隊が大きな目標、すなわち兵士達にとって喜ばしい目標に対して投入されるのであればイエスです。』

『それはもちろんモスクワのことだね？』とヒットラーは確かめた。

『そのとおりです。総統閣下。』とグデーリアンは答え、間髪を入れず話しを続けた。『その理由を説明することをお許し下さい。』

『グデーリアン、何が願いか言ってみたまえ。』

上級大将ハインツ・グデーリアンは、中央戦区がどのような状態か、そしてスターリンは必ずやソ連邦のすべての軍事力をモスクワ前面に投入するであろうことを報告した。彼はヒットラーに文字どおりすべての力をこの目標に対して投入することを力説した。彼の主要な論拠は明らかであった。

『もし我々が軍事的にソ連の息の根を止めたいと思ったら、それはここモスクワでの会戦に他なりません！　そして我々がすべての力を結集したら、たちどころにそれは成されることでしょう。』

と第2戦車集団司令官は戦略地図によって説明した。

『エーリニャ付近のこの橋頭堡は、小官がモスクワへの突進のために今まで確保していたものです。進撃計画と戦闘配置も完了しました。モスクワまでの突進のために必要な道標も至るところで記入済みです。（中略）もし、総統が命令しましたら、戦車軍団は今日の夜にはエンジンを始動し、エーリニャ前面にある強力なティモシェンコ軍集団を突破して御覧にいれます。（中略）我々をモスクワへ進軍させて下さい、総統閣下、我々はそれを必ずや占領するでありましょう。』

ヒットラーは拒否した。彼は戦争経済を引き合いに出し、自分が与えた目標が何よりも優先するべきであるとした。こうしてモスクワへの進撃は幻に終わり、その代わりにキエフおよびクリミア方面への南進が行なわれた。

ヴャージマ〜ブリャンスクからルジェフへ

この重要な会談が中央軍集団司令部とラステンブルクの総統大本営との間でなされている間、第189突撃砲大隊はウエリキエ・ルーキの制圧後、ヴャージマ方向へさらに前進し、10月5日に開始されて10月14日に終結したヴャージマ〜ブリャンスク会戦に参加した。ここで突撃砲は第7戦車師団や他の部隊に配属され、激しい戦闘に投入された。この会戦は、捕虜64万8196名、戦車1197両そして砲5229門というソ連側の損害をもって終了した。

しかしながら、第189突撃砲大隊もまた、大きな損害を被った。それにもかかわらず、大隊はその少し後でカリーニン方面、最終的には新たな犠牲の多いルジェフ付近の冬季戦に投入された。〝ルジェフ〜ノルト〟橋頭堡内で大隊は頑強に戦い、敵に多大な損害を強いた。ここではヴィルヘルム・フォン・マラコフスキー中尉が脚光を浴びた。中尉は幾多の苦難な戦闘において、中隊長として、そして自らが砲長として常に敵の戦車攻撃に対して多数の敵戦車を撃破してこれを阻止した。この戦功により中尉は1942年2月9日付けで騎士十字章を授与された（＊19）。

第210突撃砲大隊 ズヴァルキジプフェルからモスクワ前面まで

虎の頭が部隊マークである第210突撃砲大隊が、1941年4月の最初の日にルッケンヴァルデ地域へ編成場所を変更した時は、編成が開始されてから1ヶ月もたっていなかった。大隊はこの短い期間にシュラーヴェ大尉により、ほぼ良好な状態に仕上がっていた。これは、大尉の脇を副官のヴィーンツ中尉が固め、ヴィーゲルス、シュレージンガーそしてペリカン中尉といった面々が第1、第2および第3中隊の指揮を執り、統制がとれた戦闘部隊に可能な限り早く仕上げるため努力を傾注した結果であった。

5月中旬にルッケンヴァルデでの編成は終了し、大隊は直接ヴェストプロイセンのシュトラスブルクへ移動し、そこからさらにズヴァルキジプフェルへ行軍した。

1941年6月22日の早朝、第210突撃砲大隊は第256歩兵師団における最初のドイツ軍部隊の一つとして国境を越え、ソ連軍の防衛最前線へ最初の突撃を敢行した。

リーダを越えてデミーノフへ突進し、大隊はブレストを包囲することに成功し、これが〝虎頭〟突撃砲大隊が国防軍公報に登場した最初であった。ペリカン中尉については、個人的に7月5日付けの国防軍公報で名前が挙がった。

大隊は第39戦車軍団の前衛部隊として、第6および第7戦車師団と共にさらに前進を続けた。スモレンスクの包囲網は、この電撃的な東方への突進の成果であった。ウェリキエ・ルーキ付近の戦闘では、大隊は再び第256歩兵師団の部隊として攻撃に参加し、勝利を決定付けた。

第39戦車軍団に帰還後、大隊は敵の前線突破を阻止するため、ヴャージマおよびブリャンスクの包囲戦に投入された。大隊は敵突破地点の前面に立ちはだかってそこを死守して逆に敵を押し戻し、包囲陣北方の前線の裂け目を塞ぎ、その地点の敵が制圧されるまで包囲環をしっかりと維持した。

東方への進撃はなおも続いた。大隊はモスクワの城門前まで達した。1941年11月16日、大隊は北方からロシアの首都へ最後の突進を行なったが、この突進は遅々として進まなかった。クリスマスの夜に気温は零下50度にまで下がり、モスクワから30km手前でこの最後の攻撃作戦は行き詰まった。この時、大隊はまだ可動状態の突撃砲14両を有していた。

高速道路北方に、ケーニヒスベアク・ライン（＊20）が敷かれ、ここで大隊の大部分は歩兵戦へ投入された。こうして1941年の、そして第210突撃砲大隊にとっても終焉が訪れ、待ち焦がれた戦果、すなわちソ連邦の首都占領はつい

注（＊19）訳者注：公式発効日は1942年1月30日である。
（＊20）訳者注：1941年冬季のモスクワ戦後、中央軍集団第9軍が急遽構築したウォルゴ湖〜ルジェフ〜グジャーツクに至る防衛線の名称。

に成らなかったのであった。

第243突撃砲大隊 レンベアクからキロウォグラード、ゴメリからモスクワ前面まで

ソ連侵攻勃発時に出撃準備状態にあった突撃砲大隊としては、鎧の騎士が部隊マークである第243突撃砲大隊も忘れてはならない。

ヘッセルバート少佐指揮下の大隊は、1941年5月10日に古巣であるユターボク演習場で編成された（兵員配置表および編成時期については「ドイツ軍突撃砲部隊1940年から1945年まで」を参照：下巻に収録）。ソ連侵攻開始の3日前、できたての大隊は出撃準備陣地であるプシュムィスリ北方へ到着した。ここで第1中隊は大隊から分離されて第1山岳師団に直接配属され、残りの中隊は北方へ50km離れた地点に投入された。

1941年6月22日の攻撃開始から最初の2時間の間に、ソ連軍下士官学校の生徒が頑強に防衛したオレーシチェ村の城門公園で、第1中隊のローゼ中尉とマウバッハ中尉が戦死した。

中隊長のグルーバー中尉は同じ日に負傷して野戦中央病院へ送られたが、野戦病院には長くは入院しないで済んだ。1週間後、中尉は再び指揮を執るために、大軍の中にいる中隊を捜し出して皆の前に姿を現した。

6月22日から8月26日の期間、大隊はガリツィアの堡塁群を突破して進撃路を啓開し、その後、レンベアクの戦闘に参加してタルノポリ方向へ直進した。プロスクーロフとスタロコンスタンチーノフ付近の戦闘は、大隊の戦歴と切っても切れないものとなり、スターリン・ラインの突破の際には、第243突撃砲大隊は鉄の楔として歩兵のために道を切り開いた。

ウマン包囲戦とその次のドニェプルまでの戦闘において、大隊は大戦果を挙げ、敵砲兵中隊群、トーチカと野戦陣地を撃滅した。

第1山岳師団においては、最初の日に第1中隊の将校5名のうち3名までが戦死するか負傷するかして後送され、エルンスト・アレックス上級曹長が前進して激しく敵を追い立てた。上級曹長が率いる突撃砲2両がクニュッペル少尉の指揮下で、第1山岳師団の前衛大隊と共に激しい抵抗を制圧しながらレンベアク方面のヤヴォーロフとヤノーフの中間にある森林地帯を通り抜けた。この突進の後、突破した戦区を通る誰もが、撃破され行動不能となった数も夥しい敵戦車〜これには52tのKV-1型巨人戦車も含まれていたが〜を見ることができた。これらはすべて〝短砲身〟の戦車砲で武装したわずか2両の突撃砲が挙げた戦果であった。

これによりアレックス上級曹長は、突撃砲兵として最初の騎士十字章を１９４１年８月１日に授与されている。

第２４３突撃砲大隊の第１中隊は、第１山岳師団と共に８月18日までにキロウォグラードへ進撃し、そこで大隊へ帰還するよう命令を受けた。８月26日にグルーバー中尉は中隊を率いて６００kmを行軍し、ゴルノスターイポリ付近で大隊に合流した。第１中隊はこの時以来、部隊ワッペンとして山岳猟兵を示すエーデルワイスを突撃砲へ描くようになった。

再び大隊の全部隊が結集した第２４３突撃砲大隊はキエフ包囲戦に参加し、それは約１ヶ月続いた。ゴルノスターイポリ東方で大隊は橋頭堡を形成し、デスナー河渡河点を奪取してキエフ南東方面へ追撃戦を行なった。そして、クルーポリ～バールィシェフカ～ペレスラーフ付近の包囲戦ではすべての３個中隊が作戦に投入された。ここでは、しばしば突撃砲部隊にとって良い餌食（獲物）となるソ連装甲列車に対する戦闘が行なわれる一方で、高級将校に率いられて東方へ脱出しようとして、絶望的な勇気で奮戦するソ連親衛部隊との間で白兵戦も演じられた。

ブリャンスクへの突進は１９４１年９月27日に開始され、〝鉄の騎士〟は10月６日にはゴメリを越えてブリャンスク地区へ達した。しかし、ドイツ群戦車部隊がすでに街を突破してオリョールにまで達しており、ここでは第２４３突撃砲大隊／第１中隊のみが投入され、まだ敵が立てこもるブリャンスク北方の工業地域を制圧した。その後、旅団（＊21）は、ブリャンスクにて短い休養とオーバーホール期間を得た。

『我々の目標はモスクワ』

１９４１年11月20日、第２４３突撃砲大隊は軍団の一員として、オリョールとノヴォシーリを越えて東方へ進撃を開始した。目標はモスクワである。最初の前進は順調であった。フスホードゥイおよびソスナー戦区は12月５日までに奪取し、翌日には新たな進撃が開始された。12月６日、敵の強力な反撃が発起されたが、酷寒の中での激しい防衛戦の末の撃退された。

特にフスホードゥイ付近と前述したソスナー戦区は激しい戦闘が展開された。零下44度の寒気の中で突撃砲はしばしば凍結して行動不能となり、整備兵は一部の突撃砲だけでも可働状態を維持しようと不屈の精神で奮闘した。ここにおいて整備中隊の無名の兵士達は、大隊の戦力を維持し続け、防衛戦に対して決定的な役割を果たしたのであった。

〝鉄の騎士〟はこのような激しい防衛戦は初めてであったが、あらゆる手段を講じて敵を阻止した。１９４２年１月24日、攻撃して来る敵を阻止するため、大隊はリーヴヌィの北

注（＊21）訳者注：大隊の誤記である。

西方面に投入された。大隊本部と第2および第3中隊はこの地区に移動できたが、第1中隊はロモヴォーエ方面で深い雪に埋まって行動不能に陥り、三つの戦闘団に編成し直してゆっくりと追及して来た。1942年2月13日、マロアルハンゲリスク地域に第243突撃砲大隊全体が集結した。

防衛の焦点となっているコールプヌィ付近に突撃砲は中隊毎に投入されたが、可働状態の突撃砲3両以上を有する中隊は皆無であった。

雪解けと泥の季節、第243突撃砲大隊は第55軍団の攻撃予備部隊となった。軍団は再び突撃砲21両の戦力に回復した大隊を中央部で待機態勢とすることで、これにより軍団全体の安全を確保することを意図していた。これは初めから損害の多い戦闘に投入された突撃砲の戦闘能力を認めたもので、大隊はマロアルハンゲリスクへ移動となり、再び完全に部隊として一つにまとまった。

第226突撃砲大隊 スモレンスクから エーリニャを越えてトゥーラへ

第226突撃砲大隊は、モスクワ城門前までの突進に加わった突撃砲大隊の一つであり、1941年2月17日に古巣のユターボクで編成が開始され、編成終了後の1941年5月29日に貨車へ積載されてワルシャワへ鉄道輸送された。大隊長はプリッツビーア大尉であり、リュンガー中尉（本部中隊）、シュモック中尉（第1中隊）、ブーム中尉（第2中隊）およびアインベック中尉（第3中隊）が各々の4個中隊を指揮していた（兵員配置表参照：下巻に収録）。

ワルシャワから大隊は、ポーランドの首都から東方70㎞にあるヴェーグロフにある出撃準備陣地へ移動し、ガイアー大将率いる第9軍団に配属されてブーク河沿いに展開した。戦闘重点へ大隊を集中投入すべきであるとの具申がなされたがそれは適わず、第1中隊は第137歩兵師団、第2中隊は第292歩兵師団、第3中隊は第263歩兵師団へ分散配置され、そして師団により再度分割されて小隊単位で歩兵連隊へ配備された。作戦原則である突撃砲による戦闘重点の形成とはまったく反対に、遮蔽物代わりにぶつ切りに投入されたのであった。

ソ連侵攻開始の数日前、大隊は前進して大隊本部はヴィコミーエツ、第1中隊はグローデク、第2中隊はモローゼフ、そして第3中隊はグローデクの北方地区へ向かった。

6月22日、大隊の突撃砲はすべての3個歩兵師団と共に進撃を開始し、ソ連軍国境防衛線の突破に参加した。最初の砲弾が発射された。プリッツビーア大尉の戦闘日誌から、この最初の日の戦況を描写して見よう。

『私が副官のヴェアルホフ中尉、本部中隊長のリュンガー中

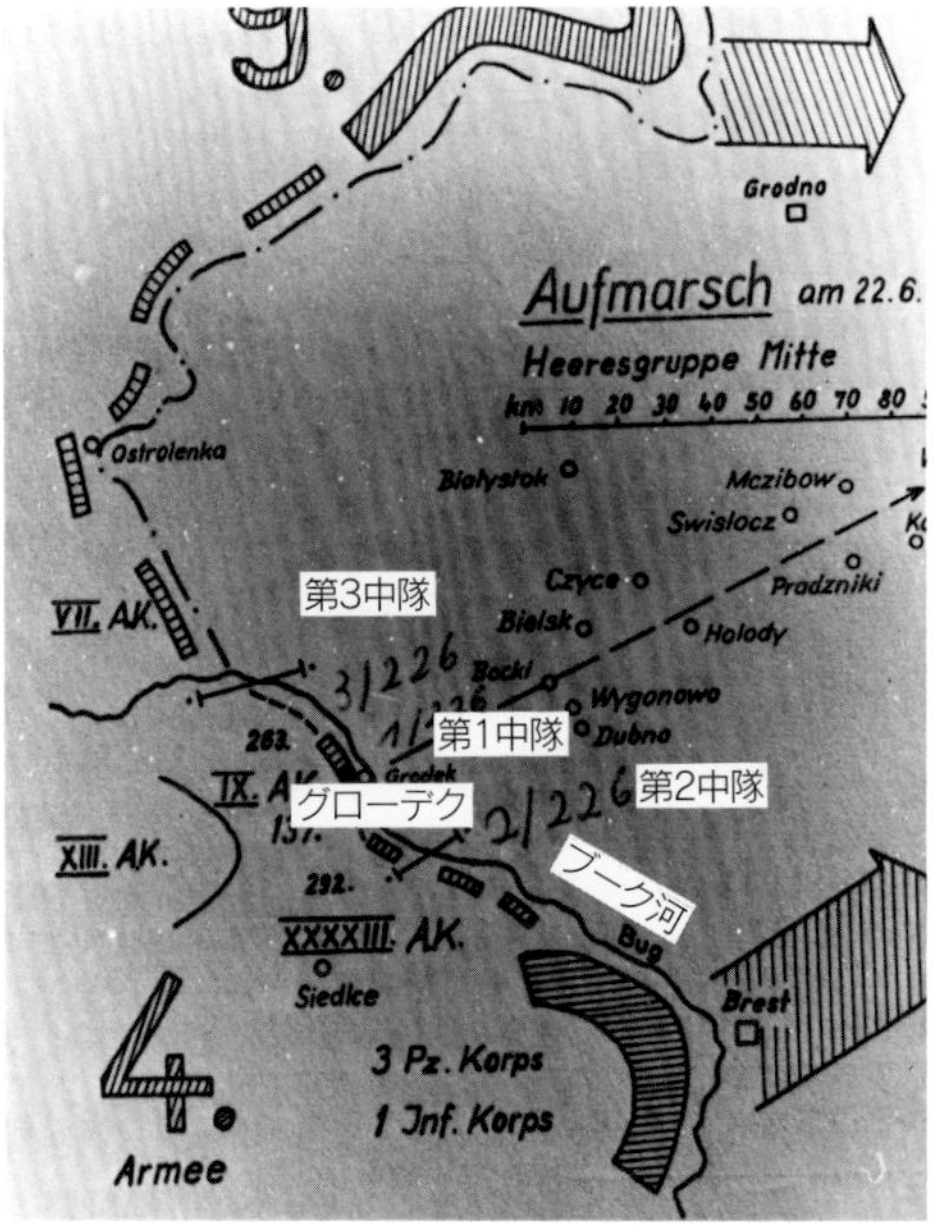

1941年6月22日、第9軍団戦区の第226突撃砲大隊配置図

尉および何人かの伝令と一緒に前進する間に、朝は白々と明け始めた。フレミング少尉は偵察任務のためにブーク河沿いで準備するため、すでに夜間のうちに大隊を立ち去っていた。

ソ連侵攻の最初の砲弾が頭上を越えてソ連軍トーチカラインで破裂した時、我々は前進した野戦司令部の隣に掘った塹壕で伏せていた。最初の火柱が天空に閃いた……。

我々の任務は重要である。私はフレミング少尉が完全装備でブーク河を徒渉しているのが見えたが、強い河の流れと格闘しているように感じた。そしてその直後、第1中隊長のシュモック中尉の前進する突撃砲のエンジン騒音に気を取られた。中尉は我々のすぐ近くで停止し、約600m離れた敵トーチカに対して最初の砲弾を発射し、少ししてからトーチカはもうもうと立ち昇る煙に包まれた。

その間にフレミング少尉は、我々の突撃砲が渡河可能な地点を捜すため、さらにブーク河を徒渉した。水深はすでに彼の顎まで達しており、それは我々の突撃砲の背丈でもあった。この場所では徒渉は不可能である。

フレミング少尉は私の前に出頭し、ここには徒渉地点がない旨報告した。彼は400mほど下流をもう一度捜すことを提案し、私は注意するように言った後に彼を送り出した。

その間に歩兵は多数の地点でいかだを河に運び入れて渡河し、トーチカ施設の防衛線の方向へどんどん進んでいた。我々は素早く指揮車両まで行き、隣接の中隊群、すなわち左

1941年6月22日に撮影されたグローデクのポントゥーン式工兵橋。ここで第226突撃砲大隊の一部はブーク河を渡河した

翼の第3中隊と右翼の第2中隊のところへ行き、徒渉地点の偵察はすべて否定的な結果であったことを伝えた。フレミング少尉は水深が深く、二度目の試みも失敗に終わったことを報告した。さらに工兵大隊長のブラウンスベアガー少佐は、16t野戦フェリーの組み立てが不可能であり、我々の突撃砲により歩兵を支援するという望みは薄れる一方となった。

今度は私が右翼の隣接師団（第292歩兵師団）に行き、穀物畑を抜けて数km進んだところに16t野戦フェリーがあるのを見つけて狂喜した。すでにブーム中尉が第2中隊と共にすぐ近くまで来ており、私はブームに挨拶すると、残りの中隊もここで渡河するという同意を軍団工兵指揮官に取り付けるために出掛けた。それから私は第1中隊を連れてくるため戻った。

モローゼフで私はガイアー戦闘団に追い着き、大将は突撃砲がどうやってブーク河を渡河したか知っているかと私に尋ねた。私はこう答えた。

「はい、大将閣下！　第292歩兵師団の16tフェリーで渡りました」

無線も再び繋がり、私はアインベック中尉を呼んで第3中隊も第292歩兵師団戦区で渡河するよう彼に命令した。

私自身は偵察部隊と共に第2中隊の野戦フェリーへ乗り込み、9時30分頃にブーク河を越えた。

最初、我々は快調に前進し、シュクツェジョーフ～フラプ

ケポリ～ドロヒジンを結ぶ大きな幹線道路へ達し、この道路を通って一ブロックを高速で走行したが、突然、右翼から明らかに奪取されていないトーチカからの砲火を受けた。私は引き返してトンキエーレから北方へ伸びる田舎道へ曲り、第137歩兵師団の戦区に再び戻ることを決心した。これは適切な判断であり、幹線道路を制圧しているトーチカが6月27日までしぶとく防衛したことを我々は後に知った。

我々はさらに進み、燃え盛るホルコーフツェとハコーフツェの集落を通り過ぎ、プトコーフツェに達した。

ブーク河の東岸に沿ってさらに進んだが、我が本部中隊がまだ追い着いて来ないため、私は東へ旋回して第1中隊に対して、戦闘を行なっているはずの第137歩兵師団の前進路を追及するよう命令した。我々はソ連軍のトーチカ群を突き抜け、ロートキ、ヴィルコーフツェとスキヴィーを越えてマリーキに達した。ここで歩兵に私たちは気をつけるよう呼び掛けられた。たった今しがた、激しい戦闘が行なわれたのであった。集落の出口で私は、第449歩兵連隊長のノアク大佐と出くわした。彼は私に、我々の先頭の突撃砲はスキヴィー方向へに直進していることを示した。私は第1中隊に追い着き、ヘニング少尉の小隊と共にスキヴィーからさらに進み、最初のソ連軍戦車が路肩に横たわっているのを発見した。敵戦車は歩兵のSMK弾（＊22）により貫通されていた。

シュモック中尉からの前進命令を受けた時、私はちょうどヘニング少尉の車両へ乗車しており、我々は中隊長車が見つかるまでブッシュの中を数百メートル前進した。

ここで我々は、突撃砲のみが歩兵の前進を可能にするということを、身をもって経験した。シュモック中尉は敵戦車2両を撃破したが、その際、自らも命中弾2発を浴びて車両は戦闘力を喪失した。

6月23日、第3中隊の小隊長のシュトレング少尉は我々のところに直行して来て、中隊は敵戦車20両を撃破したことを報告した。味方突撃砲1両がエンジン損傷により、他に2両が敵の砲撃で閣座した。

本部中隊は追及して来ないため、私はオレドゥィへ向かった。そこで第3中隊長のアインベック中尉と出会い、彼は私に激戦の末に中隊が39両の敵戦車を撃破したことを報告した。このうちシュタインマン少尉一人で16両、マイボーム軍曹が12両、アインベック中尉が7両、そしてメッツガー少尉とモーゼル少尉が2両ずつで、彼らは右翼から発起されたソ連軍の戦車攻撃へ介入し、これを阻止したのであった。北方からの戦車攻撃も同様に阻止された。突撃砲は最初の大規模な戦闘期間中において、撃破された敵戦車は軽戦車だけであったにせよ大きな戦果を挙げた』

注（＊22）訳者注：Spitzgeschoss mit Kernの略。装甲貫通用の硬質弾芯付き銃弾のこと。

大隊長の報告は以上である。

前進はなおも続いた。6月26日に第3中隊はソ連軍の撤退路をオレクシュツェ付近で封鎖した。ところで第1中隊の様子はどうだったのであろうか?

グローデク付近での渡河は困難を極め、そこで待機していた第1中隊は、6月22日の11時頃にようやく渡河することができた。敵空軍が襲ってくる前に中隊は、ボーチキ付近で進撃方向へ向かって流れているニュールツルク河に架かる橋に達した。6月24日にはベーリスクを抜き、第1中隊の前にはベロヴィシチェの森が広がっていた。2日後、中隊は敵でいっぱいの森を突破し、ベロストーク方面からヴォルコヴィスクへ後退するソ連軍の撤退路の北方出口に到達した。

ここで第1中隊の突撃砲は初めてソ連軍重戦車にぶつかった。ある突撃砲の砲長はこのように報告している。

『6月27日にあるトラックの運転手が、我々にソ連軍の重戦車のことを知らせて来た。我々は突撃砲と共に小さな丘を駆け登った。そこまで来て我々は、次に連なる丘の上に大きな戦車がいるのを発見した。照準手が側面から最初の砲弾を狙い撃った。2発目、3発目も同じように砲撃した。敵戦車は左へ旋回し、乗員は逃げ出した。

左側面からの奇襲攻撃に備えるため我々が丘から少し後退すると、2番目の大きな戦車が左手にそびえる丘に姿を現した。敵は砲塔を我々の方向へ旋回させながら丘を下がって来た。我々は素早く前進して二度敵戦車を砲撃した。我々の砲弾は確かに命中したのだが、敵は窪地の中に姿を消した。

私が真剣に敵を捜していると、突然歩兵が叫んだ。「左から戦車!」

「左に旋回!」私は操縦手に叫んだ。エンジンが吠える。突撃砲はガクンと左側に旋回し、同時に最初の砲弾が爆発音と共に砲身を飛び出した。

「命中!」照準手が叫ぶ。しかし敵戦車はなおも前進して来る。2発目の砲弾が敵の砲塔に炸裂した。すると巨人戦車は旋回して、再び丘に戻ろうとした。我々は追撃して良く照準した砲撃で追い立てた。至近距離からの最後の砲弾が走行装置を破壊した。これにより敵は半身不随となったが、乗員は誰も出てこなかった。

それから私が自分の突撃砲を窪地に後退している途中で、私はペリスコープを通して丘の後方で戦車の砲塔が動いたのに気付いた。私は砲撃を開始し、数発が命中すると敵は後方へ逃げ去った。しかし、大型で強力な敵重戦車1両は尾根の向こう側を走行している間も、その砲塔だけはまだ見えていた。我々は敵に対して砲撃に次ぐ砲撃を加え、多数の命中弾を与えたが敵は窪地に走り込んだ。

装塡手はもう砲弾が残り少ないと報告して来た。我々は左手からなおも進み続ける敵に対して後方から煙幕弾を数発発射したが、敵戦車は止まらない。私は敵に対して体当たりすることを決心した。速度を上げて敵を後方から追いかける。もっと速く！　ついに敵に追い着くと、後方から体当たりを食らわせた。ぶつかった衝撃で我が方の乗員2名が負傷した。敵はなおも50ｍ走ってそこで停止した。

拳銃と手榴弾を持って私は車両から出ると、突撃砲の後方へ飛び出した。ソ連戦車の乗員が床面ハッチから降車して脱出しようとしている。私は突撃砲をゆっくりと敵の10ｍ手前まで前進させ、歩いて後に続いた。突然、左側面の走行装置のすぐ近くにソ連兵が飛び出し、リヴォルバーで私を撃って来た。敵は手榴弾によって倒された。

静けさが訪れ、私はこの巨大な鉄の箱の周囲で敵の乗員6名が死んでいるのを発見した。私は敵戦車に辿り着いた。機関室の上面も含めてすべてのハッチは閉じていた。

戦車の上によじ登った時、突然砲塔から機関短銃が火を吹き、私は手榴弾数発を機関室に投げ込んだ。（中略）薄い煙が戦車から立ち昇り、とどめが差された。我々は撃破した敵をつくづく眺めたが、砲塔の装甲は95㎜もある強力なものであった。巨大な砲身は15・2㎝口径であり、機関銃は多数装備されていた。我々はその重量を60ｔ以上と見積もった。』

（この戦車はＫＶ－2型であり、重量は68ｔであった。）

以上が、重戦車にして最大重量を有するソ連軍戦車との最初の決闘の報告である。

ヴォルコヴィスクへの攻撃の際、シュリースマン少尉指揮の突撃砲小隊は、歩兵の進撃路を啓開するため、ヴッパー少佐の第137戦車猟兵大隊の前衛部隊に配備された。右側面からソ連軍戦車が見えた時、シュリースマン少尉は距離1500ｍから砲撃を開始した。

シュリースマン少尉の報告は以下のとおりである。

『距離はまだ離れ過ぎており、戦車徹甲弾は弾かれた。すでにソ連戦車7両が進撃して来ており、我々はさらに前進して距離が400ｍにまで近付いた時点で2回目の砲撃を開始した。我戦車砲の最初の砲弾は、正確に敵戦車機関室の切り立った側面に命中し、戦車は物凄い音をたてて爆発した。次の敵戦車は100ｍまで進んでから爆発した。3番目の戦車は急いで後退し始めた。4番目と最後の戦車も撃破され、乗員は脱出したが戦闘中に戦死した』

以上がシュリースマン少尉の赤裸々な報告である。

進撃はさらに進んだ。ヴォルコヴィスクの手前3㎞で突撃砲は北方へ方向転換し、ヤークトヴィッツに達した。これにより小隊は撤退する敵の後方から追い立てることとなった。工兵が道路に地雷を埋設した。すると叫び声が響き渡った。

「西側から敵戦車！」

3両の超重戦車が前進して来る。2両が地雷を踏み、3両目はシュリースマン少尉の突撃砲がかろうじて撃破した。日没後も、西側から突破しようとする３両のT-34に対して小隊は警戒を続けた。敵はどんどん増え、至近距離で10両のT-34に遭遇したが、そのまま敵戦車は前進して行ってしまった。シュリースマン少尉の小隊は、出撃地点まで撤退した。

翌朝、歩兵少尉が約２００m東方の地点で突撃砲小隊が敵戦車10両を撃破し、そのうち８両が遺棄されていると報告した。

６月末、ジーケ付近で戦車戦が行なわれ、ここで多数の敵戦車が撃破されたが、大隊も重大な損害を被った。

７月３日までに第２２６突撃砲大隊は、敵戦車１０７両を撃破した。この日、戦車部隊に配属された４個突撃砲大隊の指揮官が一堂に会した。すなわち、第２２６突撃砲大隊およびハーモン大尉指揮の第１９２突撃砲大隊、ホフマン大尉指揮の第２０１突撃砲大隊、そして〝象〟大隊の第２０３突撃砲大隊である。

１９４１年７月４日付けのプリッツビーア大尉の個人戦闘日誌には、次のように書かれている。

『昨日、ディール少尉、ツヴィッケ中尉とシュミット中尉と共に私の野戦指揮所を訪ねてくれた第２０１突撃砲大隊の指揮官と歓談した。その他にも、ユターボクの砲兵教導連隊の第Ⅳ教導大隊からのシェッパース少佐やシュトールベアク少佐もここで出会った。こいつは大した話だ！』

大隊はバラノーヴィチとコイダーノを経てミンスクへ前進し、さらにベレジナ河沿いのボリーソフまで進んだ。ここで大隊はグデーリアン上級大将率いる第２戦車集団の一員となり、レメルゼン大将指揮の第47戦車軍団へ配属された。

ミンスクへは７月９日に到達し、７月９日から12日まで続いたオルシャおよびヴィテブスク間の戦闘に３個中隊全部が投入された。スターリンラインは突破され、７月14日にはミンスク東方の高速道路へ達し、この良好な道路を通って進撃はさらに加速された。７月16日までに敵の抵抗なしにボリーソフを通過してオルシャ地域に達した。ここで大隊はウジンガー大佐の戦闘団に配属され、ソ連軍陣地をオボライから北方へ突破してコローフチノまで突進し、ポドベレージエの第12戦車師団と連絡を確立せよとの任務を受けた。第１９２突撃砲大隊もまた、第２２６突撃砲大隊と協力してエラーニ方面へ鉄道土手を通って攻撃するため、ポドベレージエへの進撃命令を受けた。しかしこの攻撃は実施されなかった。

７月18日、ヘニング少尉がボロジノの左翼方面で車両の外で胸部銃創を受けて戦死し、乗員が遺体と共に帰還した。この少し前、大隊の最古参将校であるホフマン少尉がやはり突撃砲の外で戦死している。ボロジノは７月21日に制圧された。

モナストゥィルシチナで宿営した大隊の整備中隊は、７月25日に火災によりほとんどが焼失した。これは重大な損害であり、すぐさまフォン・ヴェアルホフ中尉が予備部品を調達

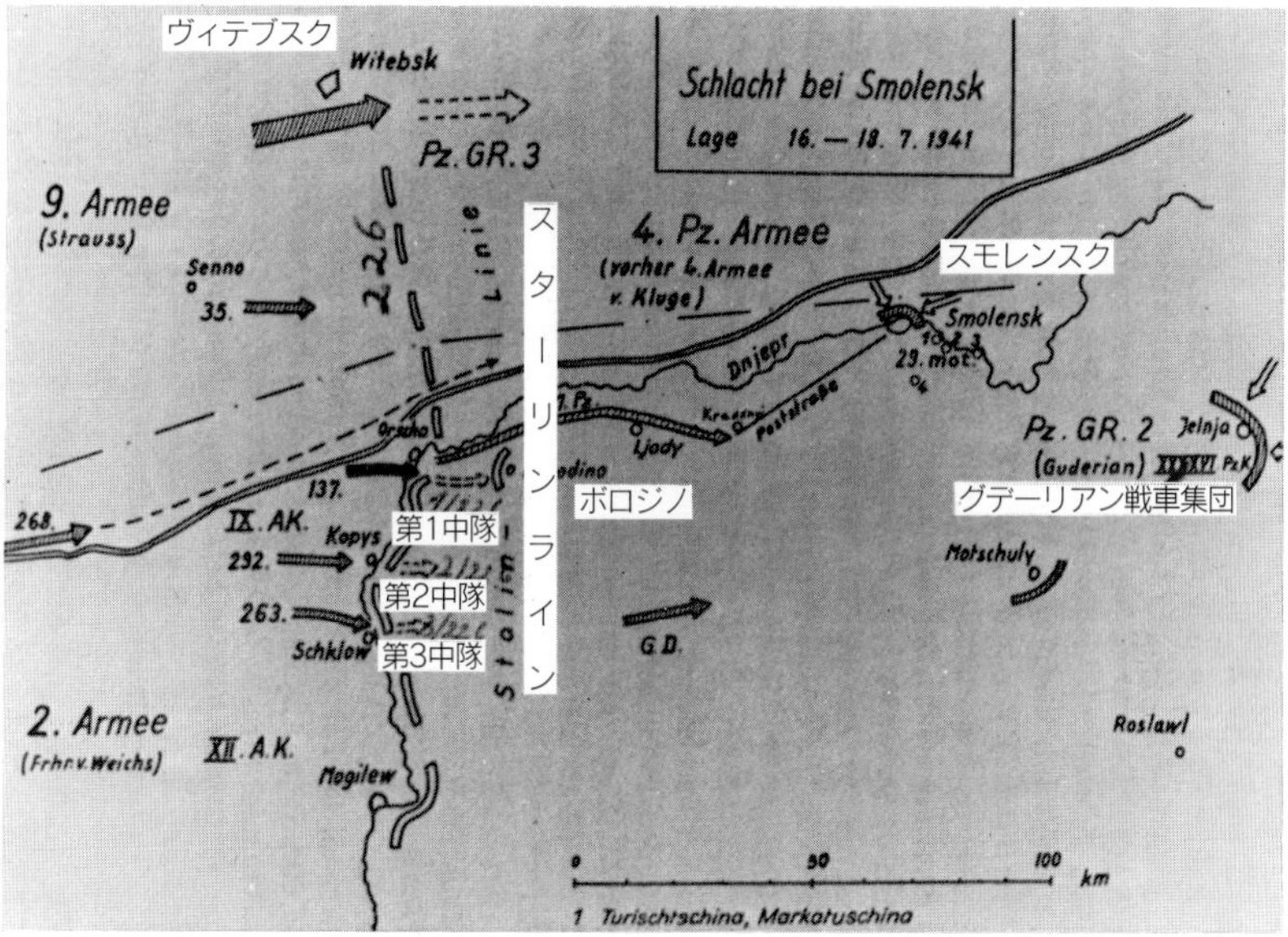

1941年7月13〜16日におけるボロジノ周辺の戦闘概況。

するためドイツ本国へ向かった。

翌日、突撃砲は歩兵に付き物の負担を軽減するため、再び別な師団の別な部隊へ投入された。7月30日にソ連軍が第463歩兵連隊（第263歩兵師団）を急襲突破した時、第226突撃砲大隊の最後の予備部隊がこれを阻止し、敵をミハーロフカへ押し戻すことができた。

第1および第2中隊は7月末に、スモレンスク南方のソーシ方面に投入され、ソーシ占領後はエーリニャを制圧し、モスクワ方面への決定的な突進のため、グデーリアン戦車集団へ集結した。

この時期の戦闘では、グデーリアン戦車集団はOKH（陸軍総司令部）により南方へ方向転換させられており、第226突撃砲大隊は、ロースラヴリを攻撃する突撃師団である第292歩兵師団に配備され、突撃砲は先鋒となった。1941年8月2日の朝、グデーリアン上級大将は〝歩兵〟として第226突撃砲大隊の突撃砲の後を追い、この種の進撃がいかに困難であるかを自分で実感して確かめた。

8月3日に〝モスクワ街道〟に到達した。8月5日に敵がカザキー付近で突破を意図した時、グデーリアン上級大将自らが突撃砲、戦車および砲兵をそこへ前進させ、この突破を跳ね返した。

第226突撃砲大隊はロースラヴリ周辺のすべての戦闘に参加し、最終的にヴェイセィエフカまで突進し、ゴメリ方面へさらに進んだ。ノヴォ・ベーリザは8月8日に大隊に奪取された。

フォン・ガイアー大将指揮の第24戦車軍団に配属された大隊は、ゴメリからさらに南下した。目標はキエフである。クリーチェフ付近では戦車戦が行なわれ、戦闘は8月20日まで継続した。敵は撃退されてデファナー方面へ追撃した。ティモシェンコ元帥の部隊は80㎞さらに後退した。ゴルドーニャとネージン付近での幾つかの戦闘の後、第226突撃砲大隊は9月の初めにはチェルニーゴフの前面にあった。この街での戦闘は8日間続き、突撃砲は歩兵を桍乗させて突進して街を制圧した。

南への道をさらに進んだ。クライスト戦車集団の兵士達は、ひたすら北から急進撃することが重要であった。キエフ方面へ撤退する敵に対する追撃戦は、1941年9月9日から開始され、9月18日に第226突撃砲大隊はキエフの外縁に到達し、短い集結期間の後にすべての力を振り絞って9月19日に大隊はキエフへの突進を開始した。この日、ソ連軍はドニェプル河の橋を一つ残らず爆破した。突撃砲はすべての戦闘の焦点にあって奮戦し、翌日にはキエフは陥落した。第71歩兵師団が9月19日の午後、市街に雪崩れ込んだのである。9月24日にキエフ周辺の戦闘は終結し、大隊は空前の戦果を上げることができた。1941年9月27日付けのOKW(国防軍総司令部)の最終報告によれば、3個突撃砲大隊が参加し

ソ連のT-34戦車梯団は第226大隊前面まで押し寄せた

たこの戦史に残る大包囲戦において、敵が蒙った損害は以下のとおりであった。

『すでに特別報告で公示しているとおり、キエフの大会戦は終結した。二重包囲陣の内部において、ドニェプル防衛の蝶番いを外し（扉をこじあけ）、ソ連5個軍を殲滅することに成功し、包囲網からいかなる部隊も逃れることはできなかった。陸軍および空軍の共同で行なわれた作戦の戦果は、合計66万5千人を捕虜とし、戦車８８４両、砲３７１４門および数え切れない他の軍需物資を鹵獲するか撃破した』

グデーリアン上級大将指揮の第2戦車集団は、モスクワへの攻撃作戦である［タイフーン］作戦に参加するため、再び北方へ行軍を開始した。

第２２６突撃砲大隊もまた踵を返して北東方面へ進み、10月2日から4日の間にデスナー防衛線の突破戦に投入された。ヴャージマ～ブリャンスクの一次、二次会戦で大隊は損害を受けたが、10月14日にはモスクワへの進撃の一歩を踏み出した。プロトヴァー河に面した第一次モスクワ防衛線を突破し、大隊はこの河とその次のナラ河の中間にあって、あらゆる種類の防衛陣地が充満する深い森林を突進することに成功した。そしてナラ河の第二次モスクワ防衛線も突破し、第２２６突撃砲大隊はモスクワの南方わずか65㎞の地点に到達した。大隊の最大の脅威は敵ではなく、猛威を振うロシアの冬であった。12月初めから12月10日にかけて温度計の針は零下45度を示し、前進は停滞してソ連軍の反撃が実施された。

大隊は１９４１年12月末までカルーガへの撤退戦を行ない、そこで激しい防衛戦を展開し、一時、大隊の一部が本隊と切り離されて行方不明となったが、幸運なことにしばらくしてその部隊は帰還することができた。

１９４２年の新年が始まった時、第２２６突撃砲大隊はスパース・デーメンスコエへ作戦投入され、その後アレークシン付近で戦闘を継続した。冬季戦はまだ終わらなかった。１９４２年1月16日と17日に大隊は、スヒーニチで包囲された第２１６歩兵師団を救出するため、残った突撃砲のすべてをジーズドラから移動させ、１ｍ以上の雪を掻き分けて、スヒーニチへと向かった。零下40度の酷寒の中で敵は撃退され、第２１６歩兵師団は自由を勝ち取った。包囲されていた兵士は自分達を解放してくれた部隊に対し、涙を流しながら感謝の意を表した。

大隊の次の戦闘はユーフノフ付近であった。ピッツビーア大尉はこの間に少佐に昇進していた。高速道路の火消し役として、第２２６突撃砲大隊は決定的な防衛戦闘においてその名前を轟かせた。１９４２年3月21日に大隊長が病に倒れ、ベアクマン大尉が後任となり、副官はイェコッシュ少尉となった。

すべてが春の雪解けの泥に沈み、敵味方双方の作戦に終焉が訪れた。モスクワは未だにソ連軍の手中にあり、依然としてそこに存在していた。しかしながら、東部戦線のドイツ軍を打ち破り、撃滅するというソ連軍の目論みは完全に失敗に帰したのであった。

第177突撃砲大隊 モスクワ城門の前面まで

1941年6月22日の早朝にドイツ軍部隊がソ連侵攻を開始した時、折しもユターボク近くのツィンナでは第177突撃砲大隊が編成された。フォン・ファーレンハイム大尉に率いられた大隊は、ヴァイン中尉（本部中隊）、マツァット中尉（第1中隊）、ローデ中尉（第2中隊）とネーベル中尉（第3中隊）らと共に、9月5日と6日にかけて、ツィンナの森林で列車に積載された。新品の突撃砲には大隊マークである「ポンメルッシェ・グライフ」（ポンメルンの一角獣）が描かれていた。

大隊は9月10日にはスモレンスクで下車して中央軍集団戦区へ投入されることとなり、第34、第98、第267歩兵師団と第9戦車師団からなる第4軍の第12軍団に配属された。

全体的な進撃方向はまず南西であり、大隊はヴャージマ大包囲陣の南方とブリャンスク付近を通過し、ボルヴァー河近くのキーロフまで突進した。

激しく抵抗する敵に対する攻撃の後、大隊はエーリニャまで進出し、考えられないような戦いぶりを示す敵を10月2日までに撃破することができた。

すべての間道が泥の海となるような豪雨の中を、フォン・ファーレンハイム大尉の指揮下の大隊はデスナーを越え、バルスキー、ネステーリ、スパース・デーメンスコエを経由してキーロフ西方まで達した。

キーロフにおいて大隊は大きな損害を蒙って窮地に陥ったが、最終的にはキーロフを制圧することに成功した。そこから第12軍団は新たな目標である北東へ進撃方向を転換した。その目標とは……モスクワである。

ロスラウ～モスクワ高速道路の南方を、第177突撃大隊は泥の中を這うように進んだが、敵によってこの進撃は度々停止を余儀なくされた。それでも大隊は、グロトーヴォ、オスターポヴォ、ウグラー河沿いのチェモダーノヴォ、そしてポクローフ、マコーフツィ、リャプショーヴォ～デーチノを攻略し、ブリャンスク～モスクワ鉄道を越えた。

10月16日、すべての可動する突撃砲は、歩兵の支援を受けてマロヤロスラーヴェツへ進撃した。過酷な戦闘の中で抵抗拠点を一つ一つ撃破して、対戦車砲と機関銃座を制圧しなければならならなかったが、ソ連軍からこの交通の要衝を奪取することに成功し、第177突撃砲大隊の兵士達は、「モスクワまで100km！」という標識を眺めた。ソ連邦の首都の最外縁陣地に達した大隊は、すでに300kmの距離を戦いな

スパース・デーメンスコエの泥濘地で擱座した突撃砲

同様にはまり込んでしまった突撃砲！

がら進んで来ていた。しかしながら、進撃は泥の中に嵌まり、補給は困難になりつつあった。弾薬は不足し、燃料も同様に欠乏した。楔型（カイル）攻撃フォーメーションの右隣部隊が遅れ気味となり、第３中隊長のネーベル中尉はそこを援護攻撃する命令を受けた。10月20日に中隊は右旋回してプロトヴァー河に沿ってウゴーツキィ・ザヴォード（工場）まで進出し、この敵が占拠する地域を制圧した。敵は押し返され、ヴィソキーニチとネドリノーエの村々を占領することができた。多大な損害を蒙った敵はナラ河沿いのタルーチノ方面へ敗走したが、歩兵が椅乗した突撃砲によって10月23日にはタルーチノからも駆逐された。

突撃砲の損害は鰻登りに増加しており、予備部品もない状態で整備部隊は故障を防ぐために躍起になっていた。第１中隊がタルーチノ付近で戦闘を行なっている間に、第２および第３中隊はマロヤロスラーヴェツの東方15kmにあるヴォロビー付近で戦っており、その左側面にあるボーロフスク集落は依然として敵が堅守していた。何回も攻撃が発起され、敵はその都度攻撃を跳ね返していたが、突撃砲による正面と側面からの同時攻撃により、ようやく激戦に終止符を打つことができた。

その少し後、第２５２歩兵師団はナロフォミンスクを占領しようと試みたが、敵防衛部隊は文字どおり陣地を死守して攻撃は撃退された。

第98歩兵師団に配属された第１７７突撃砲大隊は、第19戦車師団の攻撃を支援する同部隊と共に戦った。ポドルスク付近の街道が戦闘の焦点となり、第98歩兵師団の第２８２、第２９０および第２９０歩兵連隊の最後の切り札として、突撃砲は再三再四に渡って突撃し、苦闘の末にゴルキ集落を占領することができた。モスクワから65kmの地点である。

しかしながら、モスクワ第二次防衛線ナロフォミンスク〜エスクファイエル間は未だに陥落できず、モスクワへの直接攻撃を開始するためにはどうしてもこの地点を制圧する必要があった。10月22日、モスクワから70kmにあるこれらの集落は陥落し、モスクワ第二次防衛線はついに突破された。

１９４１年11月６日および７日に寒波が来襲し、泥だらけの道路は固まって通行できるようになり、補給部隊は前線まで到達できるようになった。突撃砲は疲れを知らぬ整備部隊により修理され、再び前線部隊へと送り出された。

１９４１年11月12日に温度は零下15度となり、20日には零下20度にまで下がった。

１９４１年11月15日から19日にかけて、モスクワ前面のすべての戦区において、師団群の突撃連隊が「狩猟の仕上げ」となる最後の大攻勢の列に加わった。最初は順調に前進することができたが、寒さが厳しくなる一方であり、寒暖計は零下30度から45度を示した。兵器やエンジンのオイルは凍結し、まだ可動中であったわずかばかりの戦車と突撃砲は、一歩も進めなくなった。敵はその間にシベリアの予備部隊を掻き集めて反撃を開始し、充分休息を取った新手のシベリア部隊が、モスクワ前線へ常に補充された。

12月1日、ネーベル中尉率いる第3中隊はナロフォミンスク南方で、第258歩兵師団と共に敵防衛部隊を攻撃してこれを撃破した。ネーベル中尉は中隊の先頭に立ってコゼーリスカヤまで進撃し、数回に渡って敵陣地に突進して対戦車砲、戦車および機関銃座を撃破して敵に大損害を与えた。この戦功により中尉は、大隊長によって騎士十字章の叙勲者に推挙された。

その右翼では第3歩兵師団（自動車化）の攻撃が、零下38度の酷寒の中で凍り付いていた。第258歩兵師団は、わずかに残った第177突撃砲大隊の突撃砲3両と共にモスクワ高速道路左翼のユーシコヴォ付近で東方へさらに進撃し、ソ連邦の首都から40kmの地点に達した。

しかしながら、旧ロシア軍演習場があるブールツェヴォ前面において第258歩兵師団の力は尽きた。集落の歩兵が立てこもるわずかな家屋までT-34が迫り、ここでまだ可動状態にあった突撃砲3両が行く手を阻んだ。30戸ばかりの集落周辺で、T-34と突撃砲との食うか食われるかの一騎打ちが始まった。最初のT-34が撃破され、第二、第三、第四のT-34も続いて撃破された。6両のT-34が撃破され、突撃砲2両が行動不能となった戦闘の後、最後の敵戦車2両は向きを変えたが、そこに展開していた8・8cm高射砲の直撃弾を被り閣座した。この勝利にもかかわらず第258歩兵師団は、翌日にはユーシコヴォを放棄せざるを得なかった。

1941年12月6日の夜、グデーリアン上級大将はモスクワ攻撃の中止を決心し、モスクワ会戦は終わりを告げた。攻撃側のドイツ軍部隊は敵の強力な防衛力を凌駕することができず、新手の敵部隊による反撃が開始されると共にモスクワ攻略は夢と消えた。

当初、零下30度から40度の12月の雪嵐の中を各部隊は現地点に踏み止どまっていたが、その後、圧倒的に優勢な敵と戦いながら撤退する必要があった。そして遂にソ連軍部隊が突破に成功した時、師団群は各所で圧倒され、戦車に蹂躙されて全滅することを避けるため敗走に近い撤退をしなければならなかった。

この時期、凍傷による損害は、戦闘による被害を上回った。フォン・ファーレンハイム大尉のエネルギッシュな指揮により、第177突撃砲大隊は部隊としての統制を保ちながら、マロヤロスラーヴェツ、メドゥィニそしてユーフノフを経由してアレクサンドロフスキィへ撤退した。残った突撃砲の大半はこの撤退により失われ、爆破しなければならなかった。

大隊はスパース・デーメンスコエに止まり、歩兵部隊として前線に投入された。優勢なソ連軍との陣地戦において、多くの突撃砲兵が戦死するか行方不明となった。

ネーベル中尉もここで重傷を負い、彼の中隊は昇進したばかりのコルフ中尉が引き継ぐこととなった。フォン・ファーレンハイム大尉は2月にスパース・デーメンスコエで大隊を離れ、後任にはケプラー少佐が就任した。4月の最初の週に大隊は、第177突撃砲大隊の兵士として初めて、ネーベル中尉が1942年4月2日付けで騎士十字章を授与されたという報に接した（＊23）。

1942年3月初め、第177突撃砲大隊は修理された数両の突撃砲と共に、防衛に当たっていたヴィテブスクから撤収してモギレフへ移動した。大隊はそこで再編成と再装備を行ない、わずかな時間を置いて再び犠牲の多い作戦へと投入されるのであった。

第202突撃砲大隊
マーダー（貂）大隊と共にトゥーラへ

第202突撃砲大隊を編成して可能な限り速やかに出撃準備態勢を確立せよ、との命令をマーダー大尉（博士）が受領したのは1941年9月のことであり、モスクワへの最終攻撃には間に合わない恐れがあった。この時期、全てが東方における電撃的勝利を確信していたのだ。だが、直にこの心配は杞憂だったことがわかる。

苦もなく出撃準備態勢となった大隊は、すでに9月中旬には列車に積載され、東部戦線への行軍を開始し、中央戦区の第184歩兵師団へ作戦投入されるべくスモレンスクで降車した。この大隊ではハンス・ヨアヒム・ハイゼ少尉や曹長1名など、少数の兵士がすでに突撃砲での実戦経験を積んでいた。

ベルニキー東方の完全に破壊された集落ノヴォ・チーホヴォで、大隊は最初の出撃準備陣地を敷いた。10月1日の夜、ヴャージマ～ブリャンスクの二重攻撃という大攻勢に参加するため、突撃砲が攻撃開始点まで前進した。10月2日の最初の銃火と共に攻撃命令を受領した突撃砲は、歩兵のために敵前線に突破口を啓開し、そこから突進するために進撃を開始した。

第1中隊の戦区では1時間かけた攻撃は失敗し、この時点で投入された突撃砲7両のうち少なくとも6両が地雷の上を走行して擱座した。幸いなことに全損した車両はなく、履帯と走行転輪に損傷を受けただけであった。

第1中隊の小隊長であるマウリシャト少尉は、牽引車両の救援を呼ぶべく引き返したまま行方不明となり、大規模な捜索にも拘らず見つけることはできなかった。

波乱に富んだ10月2日の昼頃、戦場にはなおもハイゼ少尉の突撃砲が頑張っていた。すでに今までの戦闘で彼は弾薬をほとんど使い果たしており、給弾に引き返す途中、森林地帯で側面から対戦車砲の砲火を受けた。とっておきの非常用砲弾3発によりこの対戦車砲を排除するべく、突撃砲はすぐに旋回したが、運悪く少尉もバルート照準手も対戦車砲を見つけ出すことができなかった。

突撃砲が回れ右をした瞬間、側面に命中弾を受けて大きな音を立てたが、突撃砲はなおも走行し、窪地まで行ったところでその場で旋回して動けなくなった。対戦車砲弾により走行転輪と履帯が破損して砕けていたが、窪地の中の突撃砲は周囲から遮蔽されており不幸中の幸いであった。

その他の両中隊も似たり寄ったりの状況で、第2中隊は直撃弾により乗員とともに指揮官を失った。

10月3日には突撃砲4両が再び可動状態となり、ハイゼ少尉がそれらを指揮した。少尉は、第184歩兵師団のザッヒェンバッヒャー騎兵大尉率いる自転車中隊とともに、左隣接師団の前線に開けられた敵の突破口を偵察するよう命令を受けた。

この作戦の様子については、ハイゼ少尉の言葉を借りることにしよう。

『我々は良好な眺望を得るため丘めがけて数百m前進した。しかし、無人の野ではないことを我々は素早く気付いた。ソ連軍は周囲の穀物畑で巧妙に偽装していたのだ。位置が確認できない厄介な迫撃砲はもちろんのこと、敵の機関銃座さえ見つけ出すことは極めて難しかった。近くの迂回路を探すために止まっている間に、私は第II小隊のシュミット少尉と無線で連絡を取った。シュミット少尉は、彼の2番目の突撃砲の履帯がソ連軍の塹壕に落ちてしまい、車体が塹壕に乗り上げてしまったことを報告して来た。私は必要な回収器材を入手するのが困難なのを知っており、彼に助けに行くまで待つように言った。その直後、ザッヒェンバッヒャー騎兵大尉が私を呼び、すでに自分達我々の任務は達成したので部下と共に引き返すと言って来た。私は擱座した突撃砲を牽引するまで、ここに止まって援護するよう懇願した。しかし、彼は明らかに部下を納得させることができなかったようで、暫くしてから私が振り返ると、歩兵の最後のヘルメットが彼方に消えるのが見えた。その間にシュミット少尉は、彼の車両で擱座車両をなんとか牽引しようと試み、最初の車両の2m後方で自らも擱座してしまった。

我々に必要な防御を犠牲にしても、私はまず私の2番目の突撃砲（第I小隊の2号車）でシュミット少尉の突撃砲を牽引する必要があった。敵は小火器を撃ってきて我々は損害を受けた。最初にシュミット少尉が救出され、少なくとも彼の突撃砲で支援砲火を受けられるようになった。多数の戦死者と乏しい戦果とともに部隊はこの作戦から帰還したが、最後になってから今度は私の突撃砲が地雷を踏んでしまった』

10月4日の作戦はついているほうだった。工兵は地雷源を

注（＊23）訳者注：公式発効日は1942年3月27日である。

啓開して通路を確保し、マーダー大隊は歩兵と共同してエーリニャの北方の鉄道まで達した。ここにおいて突撃砲は、歩兵と突撃砲の難敵である多数の敵砲兵中隊群の撃滅に決定的な役目を果たした。

この最初の3日間の戦闘での損害は大きく、10月6日には第184歩兵師団の前進偵察部隊とともに30㎞東方のドロゴブーシュへ、わずか2両の突撃砲を投入することができただけであった。この2両はハイゼ少尉とピッカート少尉の突撃砲であり、その後方には前衛部隊を率いるザッヒェンバッヒャー騎兵大尉が再びつき従っていた。

前衛部隊が通過する集落では突撃砲は接敵の機会は少なく、主な敵は補給段列であり、砲火により撃滅された。

2両の突撃砲が、とある集落手前の何の遮蔽もない丘に停止していた時、20機の航空機が上空に殺到した。幸いなことにこれは味方のシュトゥーカであり、予てから用意してあった航空用標識を広げた。シュトゥーカはどんどん低く降下してきたが、やがて前衛部隊の上空で大きくカーブを切ると東方へさらに飛んで行った。

さらに2両の突撃砲がドロゴブーシュ手前800mに達した時、前衛部隊の自転車兵はその遥か後方に位置していた。集落の手前でハイゼ少尉の砲隊鏡は、車両と兵士の大群を確認したが、それは移動中のかなりの兵力の敵部隊であった。ここで我々は、再びハンス・ヨアヒム・ハイゼの報告を読むことにしよう。

『私の最初の考えは、全速力で突進して集落の入り口を奇襲攻撃で奪取するというものでした。しかし、すでに私の装塡手がこう報告して来ていたのです。「少尉殿、弾薬が底を尽きそうです」

そこで私は、我々の後方にぴったりとくっついて来る我が戦友のピッカート少尉に、この状況を協議するため停止した。彼の方も弾薬保有状況は芳しいものではなかった。我々は合計20発の砲弾が残っているだけで、単独攻撃を仕掛けるには危険過ぎた。

そうこうしている間に、我々はソ連軍に見つかってしまった。慌てふためいた敵が集落入り口へ高射砲中隊を呼び寄せ、各々の砲身が我々に照準を合わせた。我々の貴重な砲弾数発が、まだ台車に乗ったままの高射砲中隊を撃破するために使われた。

ソ連軍は混乱しており、これに乗じなければならないことは明らかであった。敵はここの防御をすぐに固めるであろうし、我軍の前衛部隊は防御を突破するには弱過ぎる。我々は前進するよりほかはないのだ。

私は操縦手のフレンツェル曹長に手短に状況を説明すると、全速力で集落入り口へと突進した。すぐ後ろから敵部隊に追いすがる。入り口で道路は右側にカーブしており、そこで筆舌に尽し難い大混乱が起こった。我々は壁や垣根に身を隠すソ連兵の叫び声に取り囲まれ、その顔は恐怖に歪んでいた。しかし、彼等はモロトフのカクテル（火炎瓶）も持っているのだ。今の状態ではこの攻撃を食い止めるすべはなく、突撃砲が単独であることをソ連軍が知れば絶対絶命だ。わずかに残された砲弾を使って、我々は前方にいる敵部隊を至近距離から砲撃した。

これにより敵は大恐慌に陥り、私とピッカートの車両を砲撃したり、我々がハッチを開けて乗り出しているにもかかわらず、二人に向かって発砲しようとはしなかった。

2両の突撃砲は車体をきしませ物凄い音を立てながら、がれきを通って道に沿って進んだ。突然、道が広くなった。同時に私は、谷間で左へ直角に曲がっていて、一つの木造橋へ真っ直ぐ伸びる道との分岐点に気付いた。あれはドロゴブーシュを通って渡河することができる唯一のドニェプル河に架かる橋に違いない。そこで私は急いで左へ曲がり、この橋を無傷で確保することができた！

長さ約100ｍの橋の中央には歩哨所が設けてあり、装塡手が「これが最後であります」と言ってよこした砲弾で、きれいにそれを後ろに吹き飛ばした。橋の上で我々は、急にみぞおちを締め付けられるような不安に襲われた。なぜなら、ピッカート少尉は分岐点をそのまま直進してしまい、我々は孤立してドニェプル河対岸にあるのだ。どうすれば良いのだろうか。彼は明らかに我々の方向転換に気付かなかったのだ。

すると今度は小火器による射撃が段々激しくなってきて、ようやく我々は敵が堤防斜面のすぐ手前まで接近しているのに気付いた。

「機関短銃をとれ。1挺は装塡手、2挺目は私に！」と命令した。

しかし我々が銃撃を開始したとたん、最初の射撃で両方ともつっこみ（装塡不良）を起こして使い物にならなくなってしまった。しかし、まだ非常用の卵型手榴弾が残されている。我々は、まず最初にハッチから頭を出して素早く引っ込め、射撃してくる敵の位置を確認し、そこへ手榴弾を投げ込むという方法を採って再び静けさが訪れた。

この間の時間はおそらく10分程度であったが、それは永遠とも思える時間の流れであった。我々は自転車兵との出会いを待ち焦がれていたのだが、その姿を見る前に、ドニェプル河対岸に低い車高の車両が1台姿を現し、猛烈なスピードで橋を渡ってこちらの方へ近付いて来た。我々は目を疑ったのだが、それは正しく追従していた弾薬運搬車であり、運転手が弾薬を使い果たしたに違いないと計算して来てくれたのだ。

彼等は単独で運良くソ連軍部隊の間をすり抜けることができ、ばかばかしいほどの薄さの装甲車両でこれをやり遂げたのである。

我々は弾薬を補給していたが、その頃になってようやく集落入り口付近での自転車兵の銃声が聞こえ始め、さらにピッカート少尉の突撃砲が戻って来るのが見え、彼もこちらに気付いてくれた。彼も同じく橋を渡ると弾薬を受取り、その後、我々はザッヒェンバッヒャー騎兵大尉と無線で連絡をとることができた。やがて自転車兵も追い着き、これにより我々はドロゴブーシュを手中に入れた。

夕方頃、もう一度ソ連軍が砲兵支援の下で北岸方向からドロゴブーシュを奪え返そうと試みた。燃える家々の炎に照らされながら、市街地の回りで戦闘は一晩中続いた。

10月7日の夜明け近くになって、ようやく街は完全に我が軍により確保された。ザッヒェンバッヒャー騎兵大尉はドロゴブーシュ占領の戦功により騎士十字章を授与され、突撃砲乗員には一級鉄十字章が贈られた。(＊24)』

当時のハイゼ少尉の報告はこの辺で終わりとしよう。第202突撃砲大隊はその後、ロースラヴリ、ブリャンスク、カラチェフの戦闘に参加し、そこからオリョール方面へ方向転換し、オリョールから南方のファーテシ、クルスク方面へ前進した。

トゥーラ南方のトローイェで、ハイゼ少尉は突撃砲2両と2個歩兵中隊と共に、11月8日~10日にかけて包囲された。昼夜にわたり激しい戦闘が続き、この街の一軒一軒の建物で粘り強い防衛戦闘が行なわれ、第202突撃砲大隊は、ここで初めてT-34を撃破した。11月11日の夜になってからソ連軍は、ようやく戦闘を中止した。この戦闘で2番目の突撃砲砲長が戦死し、突撃砲に同乗していた空軍の報道記者ホルスト・クディッケがハイゼ少尉の車両に装填手として乗り込み、与えられた自分の任務を完璧に遂行することができた。

両方の突撃砲は11月11日に大隊へ帰還し、昼頃に合流した。すでに大隊長が待ち構えており、ニキーチンスカヤから敵の大部隊を叩き出すための戦闘団に加わるよう命令を受けた。この戦闘団は突撃砲12両、歩兵をびっしり乗せた大きな砲兵索引車両多数からなっており、大隊長のマーダー大尉(博士)もまた、この牽引車両の一両に乗車することになっていた。ハイゼ少尉は彼の車両とともに、戦闘団を率いる中隊長車の後方に位置していた。中隊長車の履帯が巻き上げる細かい粉雪がハイゼ少尉のメガネを襲い、しばらくすると彼は何も見えなくなってしまった。そこで彼は中隊長車の左横を走行することにし、これにより良く見えるようになった。再びハイゼ少尉の報告書に戻ろう。

『視界が良くなると、すぐ私は我々の1km先に閉ざされた集落に気付いた。信頼すべき地図によれば、それはニキーチンスカヤに違いなかった。ところが、中隊長はそこへ向かおうとはせず、集落の左側を通り過ぎたので、私は不思議に思った。しばらくして私は、中隊長に間違った方向へ向かっていないかどうか確認した。我々は停止して、すぐにニキーチンスカヤを通り過ぎてしまったことがわかった。私が中隊長車の左横に並んだ時、彼は私が方向を良く知っていて先導したものと勘違いしたのだった。そして彼が私の方向、すなわち左へ寄ると、車間距離を保とうとする私がさらに左へ走行し、ますます左へとずれてしまい、結局、戦闘団全体が間違った方向へ誘導されてしまったのであった。

我々は回れ右をして最大速度でニキーチンスカヤへ向かったが、それは計画していたのとは全く違う方向からであった。集落の手前で各々旋回して扇形に広がり、部分的にほとんど防御されていない陣地めがけて攻撃を開始した。

あとから我々は、ここを防御するコサック部隊の昼食時を襲ったことがわかった。

味方の損害なしに我々は、馬と重装備もろともコサック部隊全体を捕虜にすることができ、少数が馬で脱出しただけであった。』

こうしてマーダー大尉（博士）とハイゼ少尉のちょっとした誤解が、戦闘団を大損害から救うこととなった。コサック兵は最初、戦闘団が集落を通り過ぎる際には警戒警報が発せられたが、その後解除になって安心していたらしく、コサック連隊長も捕虜となる始末であった。

第２０２突撃砲大隊は、厳しい冬季戦をボゴロージツク、スタリノゴールスクとミハイロフで展開した。攻撃は完全に跳ね返され、冬の酷寒により大損害を受けた大隊は、１９４１年のクリスマスにオカ河までの撤退を開始した。この激しい防衛戦の日々の中で、零下30度から40度の酷寒の１９４１年12月30日、マーダー大尉（博士）と彼の操縦手が戦死した。この戦闘では突破して来たソ連軍を2日後に撃退したが、敵が退却した後に機関銃で穴だらけとなった２人が発見された。これによりマルティン・ブーア大尉が、大隊を引き継ぐこととなった。

【グロースドイッチュラント】歩兵連隊の第16突撃砲中隊 トゥーラへの突進

ソ連侵攻に伴い、【ＧＤ】歩兵連隊の第16突撃砲中隊は、シュトゥックラー大尉指揮の下で連隊の先鋒部隊として東へ突進を開始した。

【ＧＤ】歩兵連隊は、中央軍集団戦区のグデーリアン上級大将の第２戦車集団に所属するフィーティングホフ戦車大将率いる第46戦車軍団へ配属された。

ここでは敵が連隊の前進を阻止する構えを見せていたが、そこへ突撃砲が姿を現して道を開くことができた。

９月８日に【ＧＤ】歩兵連隊は、偵察部隊と共にセイム河

注（＊24）訳者注：ザッヒェンバッヒャー騎兵大尉は１９４１年12月14日付けで叙勲された。

へ前進してプチーヴリ付近で橋頭堡を築くよう命令を受けた。9月10日に夜、セイム河に達し、連隊長へアンライン少将はプチーヴリ攻撃を下令した。

9月11日の早朝にこの攻撃が開始されたが、敵は頑強に抵抗して【GD】歩兵連隊第II大隊は釘付けとなった。この状況を打破するべく、フランツ中尉指揮の突撃砲小隊が攻撃に加わった。敵の抵抗は崩れ去り、重機関銃2挺、7・62㎝対戦車砲1門と歩兵砲1門がフランツ小隊によって撃破され、突破は成功した。

数日後、9月17日にフランツ小隊は、スヴェーチキノの高地攻撃のため第IIおよび第III中隊に配属され、ここでも突撃砲はその任務を完全に果たした。この戦闘で突撃砲は敵戦車8両を撃破し、対戦車砲9門と野砲（速射砲）1門を破壊した。

敗走する敵部隊の後ろから突撃砲中隊は突進し、突撃砲の前に敵歩兵部隊が現れた時、榴弾によってこれを撃滅した。フランツ中尉は彼の突撃砲を駆って、高速度で敵中深く突き進んだ。炎の中で突撃砲が現れ、弾薬運搬車が爆発を切り裂いて進む。連隊は大量の装備を鹵獲し、その中には重要な公文書も含まれていた。

この戦闘段階で再三に渡って評判になった小隊長の一人が、アダム中尉であった。【GD】歩兵連隊は、高速道路に沿ってバンコーヴァへ進撃した。集落は最初の一撃で占領され、コノトープへとさらに前進した。歩兵がぴったりと後に続き、この街も最初の攻撃で陥落してさらに前進し、連隊は常に第2戦車集団の先鋒にあった。

1941年11月21日、アダム中尉は連隊の突撃砲兵で最初の騎士十字章を授与された。

モスクワへの進撃は、泥濘期が終了してからさらに継続した。12月初めにはヤースナ・ポリャーナへ達したが、ここでロシアの酷寒が突撃砲兵の身に襲いかかった。補給基地から遠く離れた地点で、圧倒的に優勢な強力なソ連軍部隊による攻撃を受け、【GD】歩兵連隊は防戦一方となった。

ウパー河西岸のウープスカヤ・パージにおいて、1941年12月13日、激しい戦闘が行なわれた。第I中隊が参加したこの戦闘において、第16突撃砲中隊は大きな戦果を挙げ、攻撃してきたソ連の戦車悌団のうち15両が撃破された。

ここで、フランツ小隊の装塡手の戦訓報告から、この戦闘に関する抜粋を引用することにしよう。

『我々は第I大隊から、敵は正面から強力な戦車兵力を伴って攻撃しつつありとの報告を受けた。フランツ中尉は配下の突撃砲6両全部を個々に呼び寄せた。中尉が情報伝達した後、我々は対戦車砲の砲声がする方向へ前進を開始した。

フランツ中尉は彼の砲隊鏡で敵情を偵察すると、我々の出撃準備陣地から300m前方まで進出するよう命令した。

しばらくして我々の前に敵が姿を現した。それは長砲身装

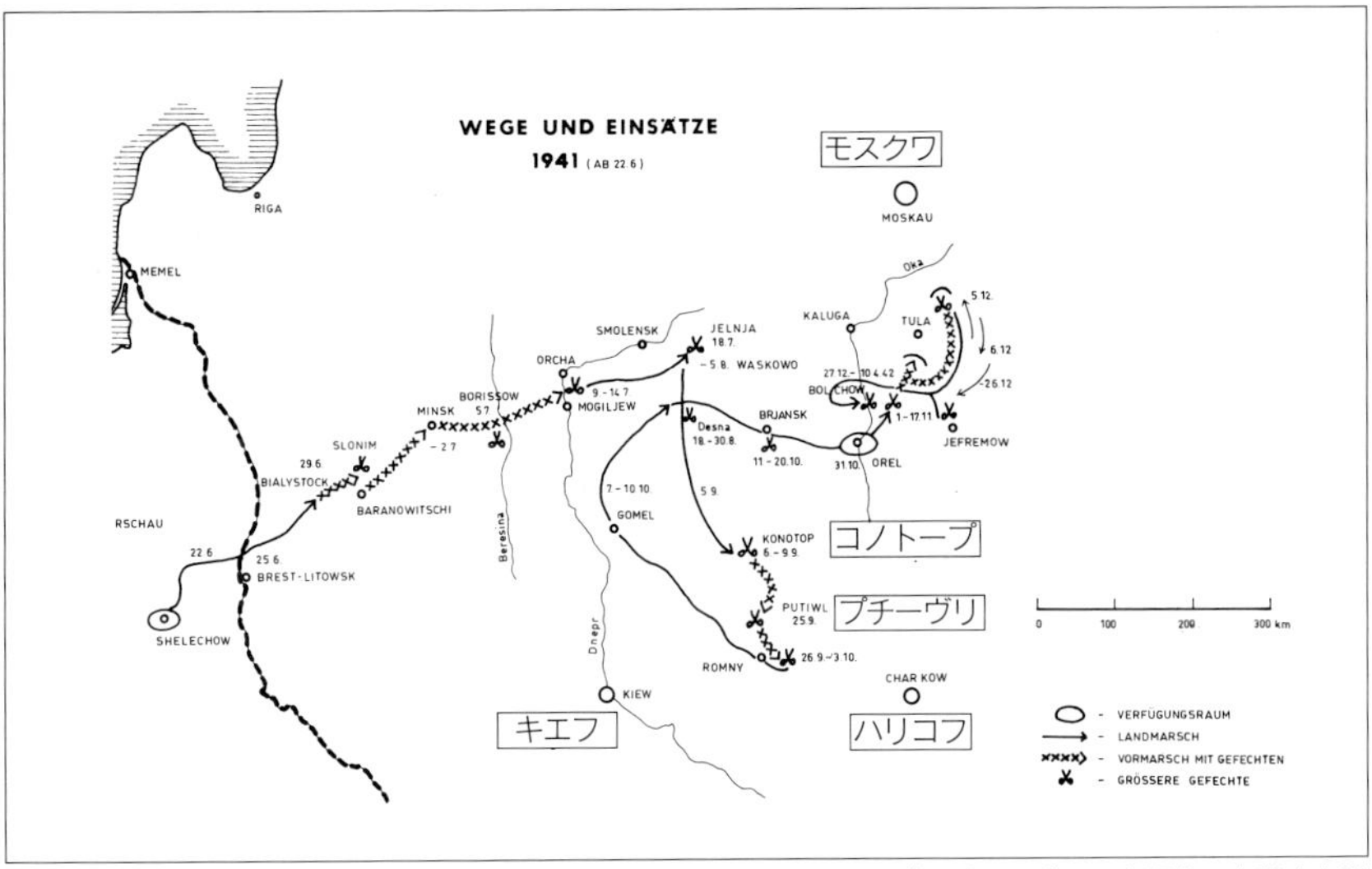

1941年における歩兵師団【GD】の進撃路および戦闘概況。コノトープとプチーヴリの中間点で突撃砲中隊【GD】は大戦果を挙げた。アダム中尉は騎士十字章を授与された（出典：戦車師団【GD】写真集）

備の新型T-34であった。

小隊長の号令の下、全ての突撃砲が同時に砲撃を開始した。2両の戦車が命中弾を受けて停止し、1両はすでに炎上していた。敵戦車は応射し、長く伸びた傾斜地からもT-34が姿を現した。それは7両を数え、こちらへ向かって進んで来る。

フランツ中尉は、我々と別な突撃砲1両に前進するよう命令した。我々は俺体壕から出て、この戦車悌団に対して突き進んだ。初めにフランツ中尉が停止射撃を行ない、指揮戦車から放たれた最初の砲弾は、旋回しようとしたT-34を炎上させた。我々も砲撃してT-34・1両を仕留めた。我々の3番目の突撃砲もまた敵戦車1両撃破し、さらに小隊長の突撃砲がもう1両撃破した。

1発の砲弾が我々の上部車体に命中し跳ね返った。猛烈な煙が戦闘室に立ち込めた。我々は突き当たり、旋回し、再び猛烈に前進し、そして砲撃した。我々の前後左右は弾着の土砂が吹上げた。歩兵が我々に合図を送る。最後のT-34が旋回して近くの窪地に姿を消した。我々はやり遂げたのだ。」

突破するために目標へ突進して来た敵の前衛戦車群は撃退され、戦場には15両の撃破されたT-34が残された。これにより第16突撃砲中隊は、ソ連で46両の敵戦車を撃破したことになった。

しばらくして、連隊本部に戦車猟兵中隊戦区において敵が攻撃中との連絡が入り、もう一度突撃砲が敵に向かって前進した。ここでもフランツ中尉は数分の間に、敵戦車5両を撃破することに成功した。

この戦闘中に連隊の第1中隊は敵が占領した村に突入したが、建物から密集したソ連部隊が現れて退却を余儀なくされた。中隊は追撃する敵に攻撃されて撃滅の危機に瀕したが、再びフランツ中尉の突撃砲が姿を現し、敵は榴弾により撃退された。

1942年1月31日、ペーター・フランツ中尉はこの戦功により、その少し前に制定されたドイツ黄金十字章を授与された（*25）。

その後しばらくして、【GD】歩兵連隊はトゥーラ戦区で大損害を受け、前線から撤収してドイツ本国へ輸送された。そこで連隊は師団へ昇格されることとなり、同時に突撃砲中隊は大隊へと拡充されることとなった。

第201突撃砲大隊 テレスポールからモスクワ前面30kmのナラ陣地まで

この大隊もまたフランス戦役が終了後に創設されたものである。指揮官はハインツ・ホフマン大尉、副官としてロジーン中尉が脇を固めた大隊は、1941年3月7日にユターボクで編成された。本部中隊長はローゼ中尉、第1中隊長がシュミット中尉、第2中隊長がシュタイナー中尉、第3中隊長がホフマン中尉であった。

編成開始の翌日から部隊訓練が始められたが、装備はまだ輸送中であった。

1ヶ月も経たない4月2日、大隊はユターボクで積載されて、フランクフルト／オーデル、ポーゼン、トールンとワルシャワを経由して鉄道輸送されてジードルチェへ行軍した。ここで5月22日までに訓練と技術的な調整作業が継続され、5月22日には歩兵との協同演習〝突撃砲による浅瀬の渡渉〟が行なわれた。

ドクードフ地区にさらに移動した後、1941年6月16日に作戦地域であるピシャーチに進発し、付近の森林で野営した。6月21日に大隊すべてが行軍準備態勢となり、日暮れと同時に湿地帯と丸太道を通過して東方へと進み、1941年6月22日の午前1時頃、出撃準備地域に到達した。突撃砲のすぐ隣の陣地には、15cmおよび21cm砲兵中隊の砲列が敷かれていた。大隊の兵士達は、北方の国境駅であるテレスポールの灯火がきらめいているのが見えた。午前3時にはブレスト・リトフスクからの1個小隊が到着し、15分後にすべての中隊群はソ連国境陣地に対して砲撃を開始した。ソ連侵攻が始まったのだ。

午前中の間に大隊は前方に移動し、午後遅くにブレスト・リトフスクの鉄道橋を渡った。第3中隊がブレスト・リトフ

第201突撃砲大隊の最初の突撃砲

スクの要塞地域へ向かい、第1中隊が市街を通り抜けた。第3中隊は数日間、ブレスト・リトフスクのソ連軍守備隊により包囲され、要塞防衛部隊と一騎打ちを演じた。その後、ドイツ歩兵部隊は犠牲の多い激しい戦闘の後に要塞防衛部隊を撃破することに成功し、中隊はそれに貢献することができた。

一方その間に第1中隊は、グデーリアン上級大将率いる第2戦車集団の先鋒部隊として、ミンスク方面に高速道路を通って前進した。コーブリン付近で中隊は初めてソ連軍戦車と交戦した。その後の激戦の間に、敵戦車と軽対戦車砲多数を撃破することができたが、大隊の損害もまた大きかった。すでに戦場では給油と給弾が重大な問題となっていた。中隊長シュミット中尉の101号車は道路上で、ソ連軍の重対戦車砲からと思われる命中弾を受け、シュミット中尉と操縦手のルンデ上等兵が戦死し、カデン少尉が負傷して野戦病院へ輸送された。さらにレヴァンツィーク曹長の107号車も、命中弾を受けて工場送りとなった。

ベリョーザからカルトゥースクで第1中隊の指揮を受け継いだコアネリウス少尉は、バルトアウフス少尉の突撃砲と共にグデーリアン戦車集団の先鋒として進撃し、敵の17・2cm砲(原文ママ)1個中隊と敵戦車2両を撃滅した。さらに前衛部隊【シュトルツマン】に配属された中隊は、数度の追撃

注
(*25)訳者注:公式発効日は1942年1月19日である。

戦と掃討戦に投入された。

7月3日に第201突撃砲大隊は、シュロート歩兵大将の第12軍団に配属され、同日に第1中隊は前衛部隊【シュトルツマン】から同大隊へ帰還を果たした。

次の日、第1中隊と第3中隊はスローニムを経由して北西方向へ進撃し、そこでソ連軍の敗残部隊を掃討することとなった。7月6日に両中隊は、スローニムの北西30kmにある製材場まで達した。その後、次の日にここで部隊はソ連軍部隊により包囲され、一日中、このソ連軍によって何度も攻撃を受け、突撃砲兵は60mから100mの至近距離から直接照準射撃を行なった。

第1中隊の補給部隊が輸送途中でソ連軍騎兵部隊に攻撃されたが、撃退することができた。さらにこの日、106号車に乗車したバルトアウフス少尉は、T-34に体当たりされて両車両とも塹壕に転落したが、双方の乗員は救出されて突撃砲は後で回収された。

7月8日、第1中隊は歩兵大隊が敵部隊によって包囲されているスローニム北方10kmにある村へ前進した。歩兵大隊はすでに4日間も空からの補給のみで戦闘を行なっていたが、これにより救出された。

次の日、中隊はスローニムを通ってミンスク方面へ行軍を開始し、ミンスク南方のボリーソフ近くのベレジナで大隊と再び合流した。ここで大隊は7月11日に、同じく北方戦区で戦っているプリッツビューア少佐の第203突撃砲大隊と協同で、高速道路北方の防衛任務に就くよう命令を受けた。

この任務の一環として、7月12日にはベレジナ東方の森林地域で掃討戦を実施したが、夕方には車軸を流すような豪雨により終了となった。大隊の戦闘部隊は近くにある村の宿営場所へ移動した。

7月13日にコアネリウス少尉は、南方から突進して【GD】歩兵師団の騎兵連隊との連携を図るため、突撃砲小隊、自動車牽引の軽野砲2門、対戦車砲1門と自動車化歩兵部隊により前衛部隊を編成した。この作戦は迅速に完了し、昼頃にはコアネリウス少尉は大隊へ帰還し、15時30分にオルシャ方面へ進発した。

オルシャ方面での追撃作戦が始まったが、7月15日には進撃路への敵攪乱射撃により第3中隊が被害を受け、中隊の少尉1名と兵士8名が負傷した。

ソ連軍の激しい抵抗により、7月16日には大隊は後方へ退却することを余儀なくされた。ここで105号車が履帯損傷で、107号車がエンジン故障で脱落し、後者は工場で修理しなければならなかった。

7月21日に大隊全部隊が、とある学校へ集結して休養を取った。そして7月22日、大隊は120km南方にある新たな作戦地域へ移動するため進発した。大隊の工場部隊をゴローフチンで受け入れる一方、大隊本体はモギレフ近くのエロドキ

履帯と走行装置を修理する第201大隊／第1中隊の突撃砲

第201大隊のある中隊長の墓標

ーモヴィチの集落に達した。ここで大隊は休養に入り、突撃砲はオーバーホールされた。

7月29日まで何も作戦行動はなかった。ハートヴィッチ少尉とシュテーベル上等兵は、サイドカーでドニェプル河沿いにある遊泳場を偵察する命令を受け、この時に地雷を踏んで両者とも重傷を負い、1時間後に出血多量で両名とも死亡した。

8月4日まで大隊はモギレフ地区に止まり、それからモギレフ南方70kmの地域に移動し、8月11日にそこから新たな宿営場所へ移り、さらにブルーエフとトラガンスクへの攻撃のための出撃準備陣地へ前進し、攻撃は8月12日から開始された。

8月13日までに突撃砲はクリフスクを奪取して敵を追い払い、8月15日にブダ・リュシェヴァースカヤへのさらなる攻撃が継続されて集落は占領された。ここで8月16日の夜に後方の撤退路を遮断された強力なソ連部隊が突破を図り、激戦が展開された。ホフマン大尉は彼の指揮戦車をもって、歩兵を満載して突破しようと試みたソ連軍のトラック部隊と併走し、ディール少尉によって準備された手榴弾を摑んで、各々の車両に1発ずつ次々と手榴弾を投げ入れた。ソ連軍は大混乱に陥り、包囲網を逃れた者は少数であった。この夜間戦闘においてカルヴァイト曹長が戦死した。

8月18日から再び休養期間に入った第２０１突撃砲大隊は再編成の機会に恵まれ、９月４日にオルシャとスモレンスクを経由して１７０km南方に位置するハマラ地区までの行軍を開始した。９月５日の夜は、大隊はノヴォセーリエで宿営した。

そこから出発した大隊は、９月７日にブリャンスク地区の第34歩兵師団（第12軍団）に投入され、ここで９月８日から攻撃を開始した。しかし次の日には第２０１突撃砲大隊は、第20軍団に属してなかなか前進できないでいる第２９２および第７歩兵師団へ配属となった。

この両歩兵師団によるアムシャラー南西への攻撃は、激しい敵の防御砲火にさらされ、歩兵部隊は敵に面した傾斜地に塹壕を掘らねばならなくなった。コアネリウス少尉はこの地点で、最前面の歩兵部隊における無線付き砲兵観測所として第１中隊を活用し、ここで包囲された歩兵部隊を午後には救出することができた。９月12日の夜、カデン少尉とコアネリウス少尉は、藁とテントで覆われた塹壕内で蝋燭の光とコニャックとで彼等の誕生日を祝った。

12日にはパーヴロヴォ、13日にはヴェルビーロヴォと攻撃は続き、９月13日の午後には大隊は再びお役御免となり、ロースラヴリへの高速道路を通って休養地へと戻った。

大隊は10月１日に休養地からデスナー河沿いの第20軍団の出撃準備地区へ行軍し、そこで第78突撃師団へ配属となった。

将校による作戦会議の後、10月２日にデスナー河を渡河し

エアハート・ダリボアの突撃砲。1941年9月に中央戦区で撮影されたもので、一番左側はショーネンベアク上級曹長

牽引車両に装着された弾薬運搬トレーラー。右からヴェーバー伍長、ショーネンベアク伍長

て攻撃し、ガヴリーロフカとサポトージェを奪取した。10月4日のゴロドク付近の戦闘で、第1中隊は夜間にソ連軍の重要な撤退路を遮断した。幹線道路を照らし出すため、歩兵は集落の家数軒に火を放ち、ソ連軍はこの地点で撃退された。

突撃砲は10月5日にはミハイロフカ、6日にはポドモーシェに投入され、ポドモーシェではソ連軍はこの攻撃を阻止するため、戦車、対戦車砲、高射砲と軽野砲を掻き集めた。第1中隊は敵戦車3両を仕留め、軽野砲1門、装甲車1両と高射砲1門を撃破することができた。この夜までの戦闘で、突撃砲1両が命中弾により損傷した。

10月9日、遮二無二前進してヴャージマ〜エーリニャ高速道路にまで達した。幹線路と道路は雨により完全に泥の海となり、多くの大隊の車両が泥に嵌まって動けなくなった。アフォーニノ付近で最後の戦闘を行なってから、第201突撃砲大隊は休養地で宿営するため、10月20日にはヴャージマに戻った。

大隊は11月、12月とヴャージマ南方で数々の作戦に投入された。フォン・キットリッツ中尉率いる1個中隊は、グジャーツク東方まで進出し、ナラ河陣地まで前進した。ここからモスクワまでは約30kmの距離であった。

1941年12月25日に大隊本部は、クリスマス祭りを催した。ゲストはベルリンっ子でタレントのヴェルナー・フィンクであり、第201突撃砲大隊にとって比較的平穏に1941年は終わりを迎えた。

第203突撃砲大隊
ミンスクからドニェプル、オルシャからスヴェニーゴロドまで

1941年1月31日がこの大隊の編成日であり、宿営地はツィンナで部隊装備もそこで行なわれた。3月23日にユターボクにて東方へ向かう列車に積載され、ヴァイクセル河沿いのレスラウを経由してワルシャワを通り、マルキーニヤの森林地帯へと行軍は続いた。ここはソ連への国境鉄道駅のすぐ近くであった。

1941年6月22日の最初の砲火とともに、大隊はソ連侵攻に参戦した。第2中隊は独立して別な師団へ投入され、残った両中隊も同じような状態にあった。ブリャンスクとミンスクの包囲戦、ボリーソフ、コーフノヴォやスタローヴリャ、ドニェプル河沿いのコープィスに至まで、大隊は作戦を継続した。

7月12日に突撃砲は強力な前衛部隊とともにドニェプル河を渡河し、コズローヴィチを経由してスモレンスク方面へ前進した。スモレンスク占領時においては、大隊は鉄橋と給水塔付近において大戦果を挙げた。

さらなる作戦目標はトロースチニとロースラヴリであり、

1942年秋、ヴォロネジ前面におけるシュタイナー中尉の突撃砲。左からゾーン伍長、コハノウスキー曹長、シュタイナー中尉、シェルゲンス軍曹

第201大隊／第2中隊のコハノウスキー上級曹長の203号車

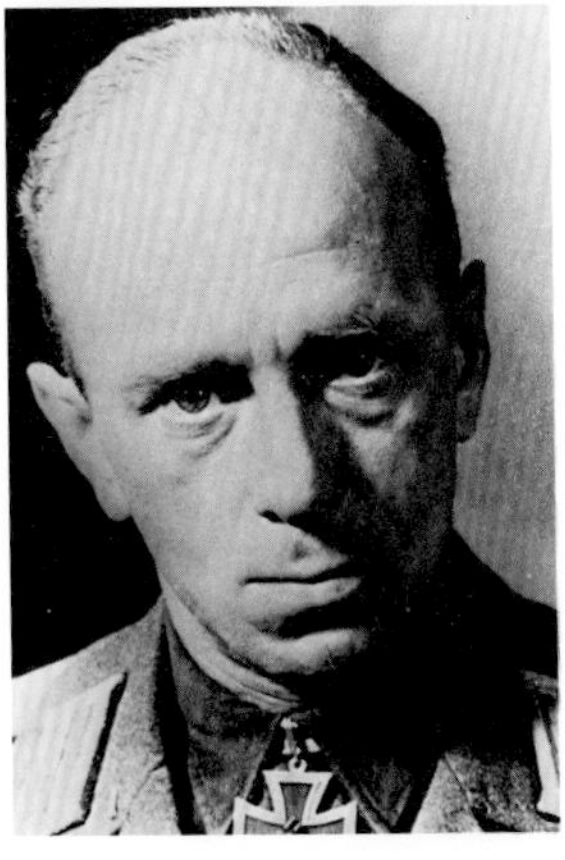

第201大隊のトハン・コハノウスキー上級曹長

エーリニャ屈曲地域においては、第2中隊はプロートキ、ネショーダおよび〝ヒムボラーソ〟のドブローミナへと投入された。さらなるネショーダ地区の作戦後に中隊は大隊へ帰還し、パドゥィパージで短期間の休養に入った。

10月2日に開始された秋季攻勢においては、デスナー河付近で大隊の全部隊が攻撃に投入され、ヴャージマ～ブリャンスク包囲戦で戦い、10月末にはモジャイスクとフィジーナを経由してルザーへ進撃した。ここからさらにロコートニャとアンドレヤノーフカまで前進し、モスクワ手前30㎞のスヴェニーゴロドまで大隊の突撃砲は到達した。

1941年12月5日、厳しい寒気とソ連の反撃により、中央軍集団のその他の先鋒部隊と同じように、ソ連の首都への進撃は終わりを告げた。1941年末、退却が開始され、ルッサとモジャイスクを経由してボロジノへと撤収した。吹き荒ぶ激しい雪と零下52度の酷寒により機動力はほとんど失われた。最後の突撃砲が高速道路まで走破し、ペソーチニャで避難所を見つけることに成功し、パルチザンから高速道路を防衛するために、大隊の一部は歩兵部隊として投入された。部隊の残余はメンカを経由してホーブリノまで撤退し、ここで対パルチザン防衛戦に投入された。

撤退は1942年4月初めまで続き、その後、大隊の残余はベレジナ河沿いのボリーソフ近くのコストリツァに集合し、そこで新たな突撃砲と本国からの補充兵員を受領した。

大隊は再編成され、1942年6月までには再び完全に出撃準備態勢となることができた。

第203大隊／第3中隊の最初の叙勲者達。左からティーマン曹長、？軍曹、エンゲルス軍曹、ホフマン軍曹

第203大隊／第1中隊に所属する突撃砲2両の最初の乗員で、ロシア戦役前に写されたもの

アキム・ハウブナー中尉

第203大隊に鹵獲されたソ連軍戦車

キエフ包囲戦は南方からの戦車と北方からの突撃砲が出会い、包囲網が完成した（1941年8月）

オリョール陥落

南方軍集団――キエフそしてクリミアへ

東方への行軍のための積載

第197突撃砲大隊
ドゥーブノの戦い、
ドニエプル河を越えてクリミアへ

この大隊はクリスト少佐の指揮下で、すでにユーゴスラビアにおいて実戦投入されるはずであったが、マールブルク付近で爆破されたドナウ河橋梁前面で待機していたため、ユーゴスラビアではバンヤ・ルカ手前で防衛のために小部隊に対して投入され、その後、ヴィラーチへ後退して14日間の休養期間をヴェルター湖沿いのホテルで過ごした。この休養期間は車両の修理点検に当てられた。

最終的に大隊はシュレージェン地方のグラーツへ鉄道輸送され、5月に大規模な戦闘訓練の後にさらにポーランドへ移動し、トマスツォフ手前の森林地帯にある出撃準備陣地に達した。6月15日に大隊はソコーリ集落の丘陵地帯まで前進し、そこでクライスト戦車集団（″K″）に配属となった。

6月21日の夜、すべての中隊とともに大隊はブーク河渡河の攻撃準備態勢に入った。6月22日午前4時30分、大隊はソコーリおよびストルィ方面へ突進を開始した。ソコーリにおいて敵は良く構築されたトーチカに立てこもって防戦したが、突撃砲は屈せず前進してブーク河を渡河し、これを占領することができた。

クレメネーツとコンスタンチーノヴォを経由して、大隊は

ある森林地帯の宿営地における第197大隊。1943年の撮影

ドゥーブノ地区で進撃路を確保した。ドゥーブノにおける戦車戦には大隊の全部隊が投入され、敵戦車の縦列を撃破したが自らも大損害を受けた。さらに大隊は、ベルディーチェフを経由して最終にキエフ地区に到達した。

用意周到に行なわれた歴史に残るキエフ大包囲戦では、第197突撃砲大隊は街の南方および北西に投入され、損害を顧みず捨て身の攻撃で包囲を突破しようとする敵との戦闘において、特別な貢献を果たした。何度も突撃砲は危機的な戦区の重大な戦闘の焦点へ前進し、敵の捨て身の包囲突破攻撃に対して防衛する歩兵部隊を支援しなければならなかった。このため、大隊は戦闘中に多数の将校と兵員、突撃砲と弾薬運搬車を失った。

任務終了後、大隊はクレメンチューク方面へ方向転換し、いかだでドニエプル河を渡河したが、ドニエプル河東岸においても敵は激しい抵抗を示した。突撃砲は渡河したと同時に戦闘に巻き込まれたが、傑出した働きを見せた。クレメンチュークへの攻撃では、突撃砲はパンツァーカイル（戦車の楔）として先鋒部隊と行動を共にした。さらにポルタワとハリコフへの攻撃においても、大隊は攻撃部隊の先鋒として突進した。

ポルタワへの突進の際、1941年9月9日、大隊長のクリスト少佐は榴弾片により右側腰部を負傷した。少佐はこれにより完全に行動の自由を奪われ、大隊を離れなければならなくなり、数日後にフォン・ヴァリザーニ大尉が大隊を引き継いだ。さらに１９４１年11月１日にはシュタインヴァクス大尉が大隊の指揮を執ることとなり、11月３日、第６軍からクリミアの第11軍へ移動するようＯＫＨの命令を受領した。

第１９７突撃大隊は、クラスノグラード～ドニェプロペトロフスク～サポロジェを経由して９００㎞の道のりを行軍した。道路状況の悪さと天候不良により、この４ヶ月の作戦行動中に大隊は多くの車両故障により弱体化してしまった。驚くべきことに突撃砲自体は陸路走行を良好に乗り切ることができたが、装輪車両の70％までが脱落し、擱座したすべての車両の回収を余儀なくされた修理整備中隊がクリミアに到着したのは、１９４２年の１月のことであった。

シュタインヴァクス大尉は１９４１年11月13日に、フォン・マンシュタイン上級大将の第11軍司令部に出頭して申告を行なった。大隊は、宿営地としてシンフェローポリ北方のウクラインカをあてがわれた。この地区には第１９０突撃砲大隊の修理整備中隊が駐屯しており、姉妹大隊の戦友達のために貴重な援助を与えてくれた。

１９４１年12月17日にセヴァストーポリへの第一次攻撃が開始され、大隊は第54軍団に配属された。シュタインヴァクス大尉は、彼の大隊はまとめて第22歩兵師団に投入するよう意見具申した。そこは突撃砲にとって理想の地形であったが、彼の具申は却下された。

大隊は３個師団に分配され、これによって弱体化した。右翼攻撃部隊として突進した第１中隊は、完全に遮蔽物がない平地に投入されてソ連軍の重砲兵によってほとんど壊滅させられた。第２および第３中隊も工兵と歩兵部隊とともに、地雷源と上下可動式装甲砲塔が設けられている平地と堅固に構築された砲兵陣地に血路を切り開かなければならなかった。大隊の戦力強化のため、第１９０突撃砲大隊の突撃砲が両中隊に配属された。

この攻撃ではわずかな土地しか得られず、１９４１年末にソ連軍が数箇所でクリミアに上陸を敢行して危機が迫ると、セヴァストーポリ攻撃は中止しなければならず、このため多大な犠牲を払って得した主戦線を再び後退せざるを得なかった。

第22歩兵師団長のヴォルフ中将は、シュタインヴァクス大尉に対して、突撃砲による支援を心から感謝した。しばらくして、クリスト少佐が短期間大隊に戻って来たが、病気により再び隊を離れることとなった。

それでは、東部戦線、すなわちこのクリミア戦区に遅くなってから登場した第１９０突撃砲大隊は、どのような戦いぶりであったのだろうか？

第190突撃砲大隊ペレコプ地峡方面へ

ギリシャでかなりの損害を受けた第190突撃砲大隊は、突撃砲の修理のためにブカレストのマラクサ工場へ行軍し、1941年6月14日に到着した。そこで兵士達は、ソ連侵攻が始まったことを聞き知った。

6月末に大隊のすべての部隊は突貫作業の修理整備を終え、3日後には南方軍集団戦区へ移動して第11軍に配属された。この第11軍において、大隊は再び戦闘の中核として位置することとなった。

第11軍の命令により、ヴェアジヒ中尉率いる第1中隊は第30軍団に分割配備され、第2および第3中隊は第76および第22歩兵師団を擁する第11軍団戦区へ行軍せよとの命令を受けた。

1941年7月20日に第22歩兵師団司令部があるソコーリに総攻撃を発起した時が、この突撃砲大隊の東部戦線における最初の作戦行動となった。前日に第22歩兵師団の偵察部隊に配属された第3中隊の一部が、突破してきた敵を撃破した。指揮車両の操縦手であるヘアトライン上等兵は、味方の歩兵を椅乗させて攻撃中の敵の真っ直中へ突進した。機関銃と小銃の射撃、手榴弾や爆薬などにより敵は撃退され、ヘアトライン上等兵は、その場で第22歩兵師団の副官から一級鉄十字章を授与された。

大隊本部と2個中隊は第11軍団の命令でリンデマン前衛部隊に配属され、7月24日にはヴェループカまで前進した。次の日、部隊はさらに前進した後に、東方のヴォローチノへ方向転換した。

ヤシーノヴォ・ピェールヴォエではソ連軍狙撃兵との戦闘が行なわれ、19時30分にハウプト中佐はさらに突撃砲を前進させ、今や突撃砲が前衛大隊の先頭であった。2時間後にアントーノフカへ達し、街の東縁から敵に向かって突進した。重機関銃の音が夕闇に響き渡り、第2中隊長のシリング中尉が戦死し、ヴァーグナー少尉と他3名が重傷を負った。

7月26日の夜、前衛部隊は西方へ転進してプロースコエ方面に向かい、そこの丘陵地帯で第239歩兵師団の側面防御を形成せよとの命令を受けた。

第190突撃砲大隊は2方向からプロースコエの丘陵地帯を目指した。そこからハウプト中佐は、第2中隊の一部をポーズナカ・ピェールヴァヤへ投入した。17時頃、突撃砲から敵2個中隊が攻撃中との連絡が入り、これと同時に今度は警戒中隊からカエターノフカの南西で敵1個中隊が攻撃中との報告を受けた。中佐は第3中隊を右翼へ投入し、左翼には第2中隊とともにハルトマン中尉を送った。

ソ連軍の攻撃は粉砕され、ハルトマン中尉は彼の突撃砲で、前進して来た迫撃砲1門を撃破した。さらに突撃砲3両と敵戦車4両による初めての本格的な戦車戦が演じられ、そのうち2両に砲弾が命中して敵は煙を上げながら向きを変えた。

7月28日、前衛部隊はペシチャーノを経由してボンドゥーロヴォへの行軍を開始した。ボンドゥーロヴォでは第2中隊が7月29日にソ連軍1個中隊を撃滅し、突進目標であるハシチェヴァートの北方で直撃弾により貨物列車2両を停止させた。

リンデマン大佐の命令により、ハウプト中尉指揮の戦闘団は7月30日にソローミヤを通過してブーク河に向かって突進した。ソローミヤの北西の高地において、午前5時から突撃砲は激しい砲撃戦を敵対戦車砲と砲兵に対して展開し、側面攻撃によりこのトーチカ陣地を陥落させることができた。敵野砲は次から次へと突撃砲に撃破され、5時間にもおよぶ対決で、15cm榴弾砲2門、7・5cm対戦車砲4門と軽対戦車砲多数が撃滅された。

10時10分にハウプト中佐は、ソローミヤを通っての突進命令を受領した。突撃砲は射撃をしながらこの集落を通り抜け、ガーイヴォロンへ達した。大隊はここで200名以上の捕虜と大量の荷馬車、馬匹203頭、フィールドキッチン（野戦炊事車）6両、重機関銃10挺、6cm対戦車砲5門、10・5cm野砲4門と15cm榴弾砲1門を鹵獲した。

突撃砲1両が15cm榴弾砲の直撃弾により大破し、2両目は小口径の命中弾を受けた。

その後、この日で前衛部隊の任務は解かれ、第190突撃大隊は数日の休養を得た。8月4日に大隊は、新たに編成されたリンデマン前衛部隊に再び配属され、8月5日には第1中隊を除いて前衛部隊と合流した。第3中隊の突撃砲4両はフォン・ボートディーン中佐の警戒中隊に配属され、第2中隊の突撃砲4両はゲアハート戦闘団へ送られ、両中隊の残りの突撃砲は前衛部隊本隊に留まった。

同じ日、両戦闘団はヴラディーエフカ方面に向かって攻撃し、174高地の斜面で第3中隊の突撃砲1両が15cm砲弾の命中弾2発を受けた。突撃砲は弾薬の誘爆を起こして大破し、操縦手が戦死して乗員3名が重傷を負った。

敵は突撃砲の前から逃げるように撤退した。突然の激しい豪雨により前進は中断し、8月8日に再開された。8月9日にはヴィノグラードフカで激しい戦闘が繰り広げられ、そこから大隊は前進して8月11日にはクラスノポーリエに達した。その後、クリニーツィで激戦が行なわれ、敵は向日葵《ひまわり》畑から迫撃砲、重機関銃と中口径の砲兵中隊による猛射撃を加えた。ネーター中佐は、彼の中隊の1個小隊を駆って敵砲兵中隊の左翼に対して攻撃し、短時間の砲撃戦により敵砲兵は全滅した。この後、大隊は南方へ転進してペトローフカ西方の防衛任務を引き継ぐよう命令を受けた。

次の日の夜、敵が牽引車両、対戦車砲とトラック6両でペトローフカを突破しようとしたが、第190突撃砲大隊／第

3中隊の前面で完全に撃破された。8月13日の戦闘では、大隊の残りの突撃砲8両も前線へ投入され共に戦った。

8月13日、大隊は前衛部隊リンデマンから離れ、ゴールロフカを越えて俗称〝ミュンヒェン〟戦区へ前進した。ここで第30軍団に配属されていた第1中隊が大隊へ合流した。

8月21日には大隊は第54軍団に配属されてニコラーエフへ前進し、渡河作戦を援護するために、そこから次の日には第73歩兵師団戦区へ行軍した。

5日後には再び第30軍団に復帰し、ハウプト中佐は第30軍団司令部において第22歩兵師団を援護するよう命令を受けた。イングール河の渡河後、大隊は同師団と共に8月31日にはマーラヤ〜カホーフカ周辺で市街戦を戦い、突撃砲が確認して敵防御拠点を粉砕するという建物一軒一軒を巡る戦いは2日間継続した。

第47連隊へ投入された第3中隊は、砲撃戦により強化された敵野戦陣地を排除し、次の日に発起された3回に渡る敵の反撃を粉砕したが、指揮車両が命中弾を被った。最後に敵は9月3日の夜に夜襲により第47歩兵連隊の陣地を突破したが、第190突撃砲大隊／3中隊の前面で近距離からの集中射撃を浴びて撃退された。翌日、第3中隊は敵戦車攻撃を迎撃し、T-34型戦車12両のうち5両を撃破することができたが、ここに出現した敵重戦車の1両に対しては、突撃砲の徹甲弾は効果がなかった。

この日の午後、ハウプト中佐の指揮により大隊は第2および第3中隊と共に南方へ出撃し、敵の7・62㎝砲兵2個中隊を撃滅し、この日だけで第3中隊は敵戦車6両を撃破した。戦闘が最高潮に達した時、激しいソ連軍の砲撃により大隊長指揮車両が2発の命中弾を受け、大隊長、運転手、無線手および特務曹長が戦死した。この攻撃では第72歩兵連隊に配属されていた第1中隊が目覚ましい働きを見せたが、レッパー少尉が頭部貫通銃創により戦死している。

戦場において第3中隊長のネーター中尉が大隊指揮を引き継いだ。しかし不運なことに、その直後、大隊長と3名の戦友の埋葬中に敵爆撃機の空襲に会い、第1中隊の突撃砲1両が直撃弾により破壊され、これにより一級十字章を持つ下士官5名を含む兵士6名が戦死した。

9月20日まで中隊群は第30軍団直属で戦闘を継続し、9月22日には再び第54軍団に配属され、クリミア半島のペレコプ地峡での突破援護を命令された。この時点までに大隊は東部戦線で次のような戦果を挙げている。
◎砲173門、迫撃砲39門、対戦車砲122門、戦車45両、戦車整備工場1個所、戦車トーチカ1個所、砲塁11個所、航空機2機、牽引車両、トラック、乗用車および給油車両256両。
この戦果に対しての代償は、将校、下士官、兵士合わせて戦死32名であり、その他に突撃砲8両、装甲指揮車両および装甲弾薬運搬車5両が失われた。大隊の現有戦力は将校、下士官、兵士合計で454名であった。7月3日から6日の戦闘で傑出した働きを見せた第1中隊は、軍司令官より武勲感状と共に顕彰され、第190突撃砲大隊／第3中隊は第22歩兵師団長のグラーフ・シュポネク中将より武勲感状を授与された。

ペレコプ地峡への攻撃

ペレコプ地峡への攻撃は、1941年9月24日から開始された。朝靄の中を第190突撃砲大隊は前進し、〃タタール人の墓地〃は2日目に奪取することができた。ところが突撃砲は前線から引き戻されて、10月初めにソ連軍に突破されたマリウーポリへ緊急に投入され、なんとかこの侵入を食い止めるのに成功した。ここから大隊は再びペレコプ南方15㎞のユシューン地峡にとって返したが、ここでのドイツ軍の攻撃は失敗した。

10月15日、ヴェアシング中尉はドイツ軍における最初の兵士、もちろん突撃砲兵としても最初の兵士として、新たに制定された黄金ドイツ十字章を授与される栄誉に輝いた。それから7日後に彼は大隊を離れることとなり、第2砲兵教導連隊（自動車化）へ副官として転任となった。

特に第2中隊が投入されたその後のユシューン地峡を巡る激しい戦闘で、中隊長のハルトマン中尉が戦死し、後任の中隊長にはベンダー中尉が就任した。第1および第3中隊は、平穏な第22歩兵師団戦区に止まっていた。9月29日から新大隊長にはフォークト少佐となり、再びフォン・ボートディーン中佐が率いる前衛大隊の警戒中隊の指揮も執ることとなった。

10月15日、前衛大隊は数時間にわたる激しい戦闘の後にクリミアへの玄関をこじ開け、1日60㎞から80㎞の速さで半島を突き進んだ。大隊は常に部隊の先頭に立って飛行場を占拠し、退却中する敵部隊に追いすがり、攻撃開始から10日後にはセヴァストーポリ要塞に達した。

この巨大な要塞を奇襲攻撃で奪取するという試みは打ち砕かれた。敵は38㎝までの重砲を繰り出して、一握りの突撃砲に砲撃を浴びせかけた。この奇襲作戦でフォークト少佐は重傷を負い、大隊は撤退してバフチサライの陣地にまとまって宿営した。

セヴァストーポリへの第一次攻撃は、クリスマス直前に開始されたが、数日後には失敗した。まだ可動する突撃砲は第24歩兵師団（フォン・テッタウ少将）の部隊に投入されたが、森林が多い戦場においては有効ではなかった。12月末にパイツ大尉が大隊の指揮を引継ぎ、数日後にカルデネオ中尉が第1中隊を、ツェーザー中尉が第2中隊をそれぞれ引き継いだ。

また、新たな連絡将校としてハーニア少尉が大隊へ配属となった。

「庭園の渓谷《バフチサライ》」で大隊の兵士達は、旧年の年末と新たな１９４２年の年始を迎えた。誰もが新たな年に自分の身と大隊にどんなことが起きるのであろうかと不安を覚えるばかりであったが、多くの兵士達にとって黒海に望むクリミア半島のこの要塞が、１９４２年を運命的なものにするとは夢にも思っていなかった。

第２４４突撃砲大隊
スターリンラインを越えてハリコフまで

この突撃大隊は、博士号を持つパウル・グローガー大尉の指揮下で１９４１年６月に編成された。副官は同じく博士のシュラーダー＝ロットマース少尉であった。各中隊の指揮官は、ラーデ少尉（本部中隊）、レステル、デュポントおよびツェネフェルス中尉（各突撃砲中隊）であった。

この新しい大隊も1ヶ月以内に編成を完了し、新品の突撃砲を支給されて7月1日に東部戦線の南方戦区へ行軍を開始した。戦区には7月8日に到着し、第６軍に配属となった。

ツヴャヘルおよびジトミルにおいて最初の作戦へ投入され、そこでスターリンラインを突破してコロステンを越え、大隊は時々激しい戦闘を行ないながらドニェプル河へと突進した。

キエフ大包囲戦では、第２４４大隊は常に戦闘の焦点に位置して過酷な戦闘に従事し、デスナー河渡河においても大隊は損害を被った。各中隊は第６軍の師団群に別々に配属され、９月中ぶっとおしで戦い続けた。すなわち、セミポールキ、イヴァンコヴォ、ボリーソポリそしてバールィシェフカと、突撃砲は９月の作戦に参加して大戦果を挙げた。その後の１ヶ月、大隊はドニェツまでの激しい追撃戦に従事し、ベールゴロドを奪取してハリコフ周辺の戦闘で再び顕著な働きを示した。

何十年ぶりかの厳しいロシアの冬の期間、大隊はハリコフとドニェツ戦区で弱体な可動戦力で戦い続けた。敵の圧倒的優勢性にもかかわらず、大隊は各中隊が死守する歩兵部隊の陣地を辛うじて維持することができた。これにより第２４４突撃砲大隊は、１９４２年春季に計画されていた大規模な反撃作戦、すなわちハリコフ会戦の必要条件を造り出したのである。

戦局の概況

ソ連侵攻における最初の7ヶ月間と最初の冬は過ぎ去った。歩兵の支援兵器として創設、組織された突撃砲兵は、広大な東部戦線のあらゆる戦域において最良の評価を得た。

編成されたばかりで無理に作戦投入された部隊は、訓練は不充分であり、実戦の経験を序々に積ませることは不可能であった。彼らは編成されるや否や、東へ向かって移動し、燃え盛る戦線へ投入された。ほとんどが志願兵であった突撃砲兵は、ここで大きな犠牲を払うこととなったが、それは実際問題として避けられたはずであった。

ここ、すなわちロシア戦線では、戦訓は汗ではなく血で贖わなければならなかった。フランス侵攻やバルカン侵攻作戦に投入され、実戦を経験した小数の中隊や大隊は、突撃砲兵の攻撃突破能力を立証した。エーリヒ・マンシュタインが予言した「突撃砲兵は歩兵の支援兵器である」という言葉は、彼らによって実証されたのである。

確かに雨後の竹の子のように編成された部隊は苦戦を強いられたが、ソ連侵攻における最初の7ヶ月間は、歩兵を支援してその損害を軽減し、勝利の貢献することができた。また突撃砲兵は、歩兵の支援兵器として、攻撃の先鋒として、さらに敵戦車に対する強力な対戦車兵器としても、完全にその要求をクリアした。では、この新しい兵科にとって、1942年はどのような年になるのであろうか？

1942年　東部戦線——北方軍集団

東部戦線の北部戦区概況

北部戦区に投入されたすべての突撃砲中隊および大隊の攻撃目標であったレニングラード攻撃は最終的に中止され、北方軍集団の両軍、すなわち北部の第18軍と南部の第16軍は、連携を取りながら1941年12月末にはラドガ湖沿いのシュリッセルブルク東方のリープキからポゴースチエを越えて南東のヴォールホフまで達し、キーリシ河を渡河してチュードヴォ東方へ前進してノヴゴロドまで到達した。

ヴォールホフは戦線を平坦化するためにも越えなくてはならず、いくつかの部隊、すなわち第61歩兵師団と第8および第12戦車師団は、ヴォールホフの70km東方のチーフヴィンまで突進したが、12月末までにはヴォールホフ後方まで撤退しなければならなかった。

冬季戦においては、ソ連軍の方が錬度となによりも装備において ドイツ軍を凌駕していた。各兵士は凍傷から身を守るため、綿入りの冬季用軍服、フェルト靴や毛皮帽を装備しており、スキー連隊は雪地においては高い機動力を発揮した。

補給や重火器の輸送の大部分はソリに頼っており、雪で他の車両が動けない時でも前進することができた。彼らの車両エンジンは寒気に左右されず、戦車の履帯は幅広型であった。

これによりソ連軍の機動力は強力となり、数的な優位性とも相俟って、1941年末の東部戦線北部戦区においては、たびたびドイツ軍部隊は包囲された。

1942年1月1日の時点で、6個師団を有する北部部隊の第16軍はノヴゴロドからグリーシノを経てヴォールホフのチゴーダ河口までを防衛していた。ドイツ軍がグリーシノ付近でチゴーダ河北岸に橋頭堡1ヶ所を構築している一方で、敵は西岸に橋頭堡を数カ所保持していた。キーリシ～シャラー～ポゴースチエの鉄道線に沿って、チゴーダ河口からキーリシを経てドイツ軍橋頭堡に至り、そこから北西に湾曲してヴォーロノヴォ、ガイトーロヴォを経てラドガ湖のリープキに至る戦線には、7個師団を有する第18軍が展開していた。

南方のノヴゴロドからラドガ湖に至るドイツ軍戦線全般に渡り、突進してくる敵を食い止めるような地形の利はまったく期待できなかった。ソ連軍の快速スキー部隊はドイツ軍師団間の間隙をぬって四方八方から浸透し、あちこちからドイツ軍部隊の背後に急に現れた。その他の第18軍6個師団は、ネヴァー河に沿ってシュリッセルブルクからオトラードノエに至り、そこから屈曲部を経てクラースヌィ・ボールからプーシキンを経由してレニングラード近郊のウリーツクに至るレニングラード包囲陣を形成していた。3個師団はソ連軍のオラニエンバウム橋頭堡を押さえ、過去の戦闘で手ひどい被害を蒙った第12戦車師団が第18軍直属として戦線後方にて休養中であった。

北方軍集団の師団群に配属された突撃砲部隊は、このような戦況と対峙していたのである。それでは我々は、幾つかの注目すべき戦闘のクライマックスを迎える１９４２年の突撃砲兵の活躍について見てみることにしよう。

北方軍集団戦区における突撃砲中隊および大隊の配置

東部戦線北方軍集団戦区に投入されたほとんどの突撃砲部隊は、１９４２年初頭までに大損害を受け、一部は戦線から引き揚げられていた。この時点で、必要な突撃砲を供給するべき生産能力は十分ではなく、新たな突撃砲大隊は編成されていなかった。第６６５、第６６０、第６６６および第６６７突撃砲中隊は本土に輸送され、第６６５、第６６０および第６６６中隊は、第６００突撃砲大隊に統合された。

同じ頃、第６５９突撃砲中隊は東部戦線北部戦区に留まり、スタラヤ・ルッサ付近のイルメニ湖南方で配属部隊を転々と替えながら戦い続け、１９４２年1月においても再三に渡り攻撃してくるソ連軍部隊を撃退していた。この中隊は、デミヤンスク地区において１９４２年晩秋と冬まで作戦投入され、その後、完全に消耗して１９４２年冬にドイツ本国へ帰還した。

初期に編成された最後の突撃砲中隊であった第６５９突撃砲中隊は、ユターボクにおいて解隊となり、第２８７突撃砲中隊として再編され、【ブランデンブルク】師団の特別編成部隊として配属された。

ドイツ本国における再編成の後に東部戦線北部戦区に再び戻った唯一の部隊は、第１８４突撃砲大隊である。我々はここで、１９４２年における幾つかの戦闘の焦点へと投入された彼らの戦歴について見ることにしよう。

第１８４突撃砲大隊
ホルムへの突進～デミヤンスク包囲陣

第１８４突撃砲大隊は、１９４１年10月10日に東部戦線から引き抜かれ、新しい突撃砲を受領し、トロイエンブリーツェンで再編成するためにドイツ本国へ帰還していたが、１９４２年1月16日に出撃命令が出された。翌日、ユターボクから鉄道輸送にてポールホフ方面へ移動を開始したが、輸送には6日間を要した。最終目的地はホルムであり、そこではシェーラー少将指揮の1個戦闘団がソ連軍に包囲されていた。

ホルムはウェリキエ・ルーキとデミヤンスクの中間に位置し、ローヴァチ河上流沿いの東部戦線北部戦区における唯一の重要拠点であった。ホルムを握った者はすべてを征するのだ。このような理由により、西方へ突破して第16軍の背後に回りこむため、ソ連軍はこの地点を執拗に攻撃した。ホルムにはシェーラー少将指揮の第２８１保安師団が立てこもって

一番左側がホルム防衛戦で有名なシェーラー少将。
左から3番目がフォン・アルニム大将

おり、その他に様々な師団の一部、すなわち第123、第218歩兵師団、第553歩兵連隊（第339歩兵師団）、第8猟兵戦隊、第1空軍地上連隊／第Ⅲ大隊およびその他の部隊が戦っていた。

ソ連軍は1942年1月中旬には完全にホルムを包囲し、戦闘団には突撃砲を含む重火器が装備されていないため、再編成された第184突撃砲大隊に白羽の矢が立てられたのであった。なお、第1中隊は1941年10月にトロペツに残留したままであった。

ポールホフから前線への移動途中、突撃砲1両が橋から転落し、ティーマウ軍曹が死亡した。大隊は高速道路に沿ってさらにホルムへと前進し、有為転変の激しい戦闘を経てボール・グリャダー地区まで達した。ここから攻撃は、高速道路の両側からホルムへ向かって行なわれた。

ソ連軍部隊はホルムを完全に遮断し、要塞宣言を行なった街を兵糧攻めにしようとしており、ホルムへは空中補給がなされていた。

1942年3月9日の攻撃の際、シェーネ少尉の突撃砲が命中弾を受け、シェーネ少尉、プリシュネックおよびヘーネ下士官が戦死し、操縦手のハウマン上等兵が重傷を負った。同じ日、シュスター中尉の突撃砲も撃破され、中尉と乗員2名が戦死し、第3中隊は指揮官がいなくなってしまった。また、トルナウ少尉の突撃砲も、ホルムへの救援作戦で前進中

1942年1月から4月にかけてホルムで撮影された第184大隊／第3中隊の突撃砲

ベアンハート・ヴィッチャス上等兵は1942年2月18日にホルムで戦死を遂げた

ホルム戦で命中弾を被ったトルナウ少尉の突撃砲

に二度目の命中弾を受けた。４日間にトルナウ少尉は３回被弾したが、特に３回目は17・２㎝（原文ママ）砲弾であり、普通ならば正面装甲はガラスのように貫通されてしまうところであったが、幸運にも不発弾で変速機に突き刺さって止まった。

大損害を蒙った第３中隊は第２中隊と交代となったが、ホルムへの攻撃は延期せざるを得なかった。

整備中隊の兵士達は、完全な戦闘下でトルナウおよびシェーネ少尉の突撃砲を回収することに成功した。シュスター中尉の突撃砲はもっと前方に位置しており、ソ連軍がそこまで前進しないうちにこれを回収しなければならなかった。

３月27日の朝、サーヴィノ～ソープキ街道の北方でソ連軍１個大隊が集結中であることがわかり、グラニッツァ少尉は突撃砲２両と共にそこへ前進し、榴弾砲撃によりこれを完全に殲滅した。

南方方面からのソ連軍の圧力は日増しに大きくなり、56・３地点付近のローヴァチ河右岸の森林とクエルビスおよびバエレンの森林地帯は、完全にソ連軍に占領された。第１８４突撃砲大隊はこの森林地帯に砲撃を加え、ソ連軍砲兵が対抗してドイツ軍出撃準備陣地を砲撃した。

１９４２年４月１日、ソ連軍はバエレン森林地帯の第１８４突撃砲大隊戦区を攻撃した。この戦闘の過程で突撃砲は、予定された味方の攻撃を援護するため、バエレン森林地帯に直接砲撃を浴びせた。14時に味方歩兵は攻撃目標に達して、敵は撃退された。しかしながら４月９日にはソ連軍が強力な歩兵部隊をもって攻撃したため、味方の少数部隊は撤退し、森林から56・３地点までを再び奪取された。

すべての可動突撃砲に支援されて、トロム大佐率いる第４１１歩兵連隊が敵に占領された森林地帯へ突撃した。突撃砲は立ち木を倒しながら前進し、森の伐採個所に点在する機関銃座や迫撃砲陣地に砲撃を加えた。森林は一歩一歩奪え返されて、再び奪取することに成功した。

４月20日にボック上級曹長が、ソープキで狙撃兵の銃弾で戦死した。

寒気が緩み始めて雪解けとなり、戦場はぬかるみとなった。泥濘期はこのような湿地帯では特別ひどかった。

５月２日、ブッフヴィーザー中尉が突撃砲２両をもってトゥブローヴノ北方の〝紋章の空き地〟に対して攻撃を行ない、この丘を占領することに成功した。

ソ連軍司令部は、ホルムを占領してドイツ軍守備隊を殲滅するため、あらゆる方法を尽くした。ドゥブローヴノの突撃砲には８０００発の砲弾が補給され、燃料も十分な量が供給されたが、第１中隊は相変わらず遥か北方で歩兵師団群を転々としており、欠員となっていた。

ホルムへの最終攻撃は１９４２年５月３日に開始され、この時点で大隊が有するすべての突撃砲が可動状態にあった。

突撃砲指揮官達は時刻を5月3日22時ちょうどに合わせ、第2中隊の突撃砲5両と第3中隊の突撃砲2両がサーヴィノから進発した。突撃砲がプローニノの森林に達して砲撃を加える時には、嵐となっていた。ブッフヴィーザー中尉の突撃砲の前方に、ソ連戦車2両が現れて砲撃してきたが、中尉によって個々に撃破された。グラニッツァ中尉、ネーゲレ少尉およびマイアー上級曹長の突撃砲は、ローヴァチ河と高速道路の中間に敷設された地雷原により擱座したが、しばらくして再び動けるようになり、さらに前進を続けた。

　順調に進む攻撃は翌日になっても続いた。〝戦車の森〟では、ピーチマン少尉が数両のT-34を攻撃し、先頭の1両は炎上してその他は方向転換して退却した。傷ついた戦友を救うおうとして、ヴェルスラウ軍曹が心臓を撃たれて戦死した。

　ソ連軍は今度は煙幕弾を発射し、そこへちょうど友軍のハインケルＨｅ１１１とユンカースＪｕ88が飛来して攻撃を開始したため、ホーエンハウゼン中尉は味方識別信号弾を発射した。この時、信号ピストルの引き金が砲隊鏡に引っかかり、一発が発火して左腕に燃え移った。突撃砲操縦手であるカール・ヘーン伍長が下車して、敵に存在が暴露してしまう炎をもみ消した。ホーエンハウゼンは彼の突撃砲をヘーニケ上級曹長に引き渡したが、負傷にもかかわらず中隊に残った。

第184大隊の小隊長ヘーゲレ少尉（戦死）

　5月4日の攻撃も順調に推移した。12時にはクセムキノ峡谷を掃討し、突撃砲の援護射撃の下で歩兵はさらに前進した。峡谷に架かる橋は破壊されており、突撃砲は３００ｍ北方の峡谷の幅が狭くなっている地点に迂回した。ここでヒルデブラント軍曹は、まだ峡谷上空にいた味方機の爆撃により重傷を負った。

　攻撃3日目、朝5時からホルムへの進撃は再開され、90分後に先頭の突撃砲がホルムの街壁に達した。最後の激しい銃撃戦が行なわれた後、突撃砲により士気沮喪した敵は抵抗を止めた。突撃砲の前に最初の防衛部隊の兵士が現れ、大歓声を上げて両手を広げた。ホルムにおけるソ連軍の強固な包囲環が、１０５日間の篭城の末に突撃砲によってこじ開けられたのである。

包囲網から解放したこの記念すべき勝利の翌日の5月6日、ピーチマン少尉はペリスコープで偵察中に命中弾を受けて戦死した。

1942年1月から5月にかけて第184突撃砲大隊は、北部戦区に投入された数少ない突撃砲部隊の一つとして、激しい過酷な戦闘の中を84km進撃したが、その1km毎に高い代償を払わねばならなかった。ホルムまでの84kmには、戦死した突撃砲兵達の墓標が一里塚のように林立している。

短い休息期間の後、第184突撃砲大隊はデミャンスク地区へ移動し、そこで第1中隊を補充することができたが、それは昔の第1中隊ではなく〝日輪〟が部隊記章である第666突撃砲中隊であった。この中隊は1月から幾つかの激戦に投入され、この時点で第184突撃砲大隊に編入されたのだが、これらの戦闘については次の章で紹介しよう。

第666突撃砲中隊
イルメニ湖からデミャンスク包囲陣へ

1941年11月16日に中隊長はミュラー中佐からゲンジッケ中佐に交代し、〝日輪〟中隊は1942年1月と2月にはイルメニ湖およびその南方で、凍てつく寒気の中でソ連部隊を相手に防衛戦を展開していた。ソ連軍はドイツ軍戦線を崩壊させようとひっきりなしに攻撃して来た。温度は零下50度にまで下がり、突撃砲のエンジンはもはや始動できなくなり、砲身は凍りついた。それでも数両の突撃砲を可動状態にし、危機に瀕した戦区を救うことに何度も成功した。

包囲されたレニングラードを解囲しようとする絶望的な敵の試みは、〝寄せ来る波濤〟にそびえるホルムやデミャンスクを生み出し、その包囲戦は戦史に刻まれることとなった。ホルムが105日間にわたって包囲されていた間、そこから北方約80kmにあるデミャンスクはいささか状況が違っていた。デミャンスクにはフォン・ブロックドルフ＝アーレフェルト中将の第2軍団が立てこもっていた。この軍団は、北方のイルメニ湖と南東にあるゼリガー湖の間の地峡を封鎖しており、ソ連軍はこの地峡を突破してレニングラードへの解囲攻撃を行おうと試みた。

第3突撃軍がホルムを南方で攻撃し、この部隊の一部が北方へ方向転換してデミャンスクを南方から奪取する一方、北方と北東からソ連第11軍、第34軍、第1および第4空挺旅団が両湖の中間を進撃した。第34軍は、デミャンスクを直接奪取する目標に定めていた。

イルメニ湖におけるソ連軍の突破を食い止めた第2軍団には、第12、第32、第123、第30および第290歩兵師団が配属され、このほかにSS師団【トーテンコップフ】も有していて増強されていた。

この師団群が立てこもる地域は、東側はヴェーリエ湖およびゼリガー湖に面し、ヴァルトリノやモルヴォーチツィといった重要拠点がある南側、西側はフォードロフカとカリートキノに至るまでの包囲陣を形成していた。

冬季攻勢を開始したソ連軍部隊は、1942年2月7日に西方を遮断してデミャンスクを包囲することに成功した。ソ連軍指導部は言うまでもなく、閉鎖されたモスクワ〜レニングラード鉄道線を再び取り戻し、レニングラードを解放するつもりであった。ドイツ軍側からすると、この封鎖地点はモスクワへの攻撃発起点として、どうしても確保したい所であった。第2軍団が完全に包囲された翌日、第16軍司令官であるブッシュ上級大将は、電話を通じていかなることがあろうとも狭い地峡を通じて包囲陣との連絡は確保するつもりだと語った。ちょうどこの時、電話に雑音が入り、そして軍団電話交換手が報告してきた。「電話を切ります！　敵に盗聴されています。」

この瞬間から1年と18日間にわたって、第2軍団が包囲戦を戦うことになろうとは、誰も予想もしないことであった。

デミャンスクの包囲陣を解放しようとするドイツ軍の攻撃が始まった時、第666突撃砲中隊はスタラヤ・ルッサからまず最初に酷寒のポーリスタを経て南へ進み、スタラヤ・ルッサから約20km南方で東に旋回してスタラヤ・ルッサ〜デミャンスク高速道路を前進した。ここに最初の橋頭堡が構築され、そこから包囲されたドイツ軍兵士9万6000名を救出するべく東方への突破が開始された。

短い休養期間の後、先鋒歩兵による攻撃が始まった。道路の両脇は森林と湿地帯が位置しており、中隊の突撃砲は苦戦が予想された。また、視界が悪いため、航空機の援護も不可能であり、敢えてこれを強行した際、投下された爆弾の一部が味方部隊に降り注いだ。

この西からの救援作戦に対してソ連軍は一斉砲撃を加え、生い茂った森林の中に樹上狙撃兵を潜ませ、そこから見えるものはすべて狙い撃ちした。これにより第666突撃砲中隊の小隊長ホルツマン少尉が重傷を負った。

前進する歩兵を援護するためには、狭い森林地帯に突撃砲を1両ずつ投入するほかはなく、林道の道幅を一部拡張してようやく突撃砲1両が森を通過することができた。

前進する歩兵を後方および左右に従えた突撃砲が、この森林地帯を10km突破するのに1週間を要し、歩兵部隊はこの戦闘で大損害を蒙った。

スタルヤ・ルッサからのこの救出作戦には全部で4個師団が参加し、指揮官のフォン・ザイトリッツ＝クルツバッハ中将の名前から〝ザイトリッツ戦闘団〟と名づけられた。この攻撃の中核は第5および第8猟兵師団であり、両側面、すなわち北方は第122歩兵師団、南方は第329歩兵師団が援護していた。

森林地帯を突破した後、部隊はレジャー河沿いの小村ヤースィに到達し、河の東岸に橋頭堡を確保した。この地点はソ連軍の激しい攻撃にさらされたが、ちょうどこの頃が雪解け時期だったこともあり、突撃砲が給弾や給油のために後方へ帰還することが困難となった。このため、歩兵と突撃砲に対して弾薬は空輸補給しなければならず、突撃砲は飯盒で給油するありさまであった。

この橋頭堡からの攻撃は、しばらくしてからデミャンスクへの街道上を前進することとなった。復活祭の4月2日、第666突撃砲中隊は1個戦車大隊と共に作戦投入された。この攻撃に対するソ連軍の防御砲火は凄まじく、第666突撃砲中隊は最終的に投入した7両のうち可動わずか2両となり、兵員28名のうち22名を失ったが、その中には中隊長のゲンジッケ中尉も含まれていた。

わずかに残った2両が撤収した際には、暗闇の中で橋梁を踏み外して転落し、さらに2名が戦死した。

中隊はすでに一度通り過ぎたドゥノー地区まで撤退しなければならず、4月になってから再び出撃可能状態に回復した。なお、ここで新しい中隊長としてリンケ中尉が就任した。

5月の上旬、東方数kmにあるローヴァチ河の渡河点を強襲するため、新たな作戦がデミャンスクへの街道で行なわれた。強力な地雷が敷設されている地点で2両が擱座し、リンケ中尉とシェラー曹長が負傷した。このため、戦場において中隊指揮はナウゼ少尉が引き継ぐこととなった。

5月末、第666突撃砲中隊は、包囲陣へ細い通路を啓開する任務を受領し、長さ10kmの高速道路を前進し、包囲陣内の河床に作られた水中橋梁を渡河した。

包囲陣内に進出した〝日輪〟中隊はもはや独立中隊ではなくなり、第184突撃砲大隊第1中隊として再編成され、この大隊と共にデミャンスク包囲陣内で戦った。新しい中隊長にはフォイアーヘアト中尉が就任した。

第184突撃砲大隊 デミャンスク包囲戦

5月末、第184突撃砲大隊もラムーシェヴォ近くの〝どしゃぶり〟橋を渡り、デミャンスク包囲陣内の高速道路へ移動していた。ここで大隊は再び3個中隊編成となり、ズドローヴェツの森林地帯で第666突撃砲中隊を受け入れた。

6月になって第1中隊は、狭い啓開通路の包囲陣側入り口に設けられた303高地の防御拠点に投入された。ここでは、繰り返し発起されるソ連軍の攻撃を撃退しなければならなかった。撃破された突撃砲の乗員は、この啓開通路の防御拠点に歩兵として投入された。この戦闘でフォイアーフェアト中尉とナウゼ少尉は負傷して後送され、ベーメ中尉が中隊指揮を執った。

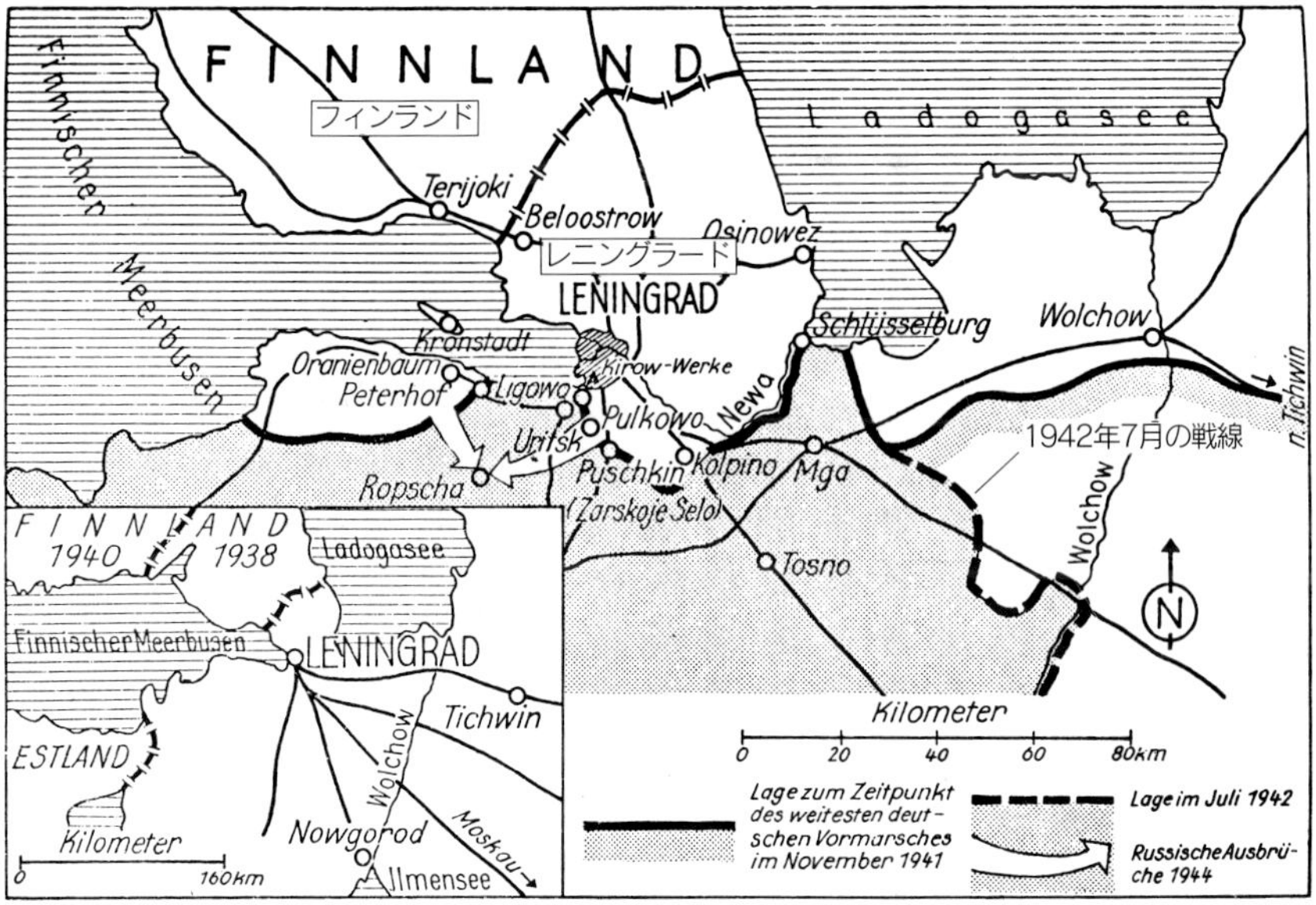

1942年夏におけるレニングラード付近のドイツ軍戦線（出典：『戦時のロシア』）

西側から啓開通路の拡張のための攻撃が開始された時、再び第1中隊に出撃命令が出され、この戦闘においても多数の負傷および戦死者が続出した。フォレ軍曹が戦死し、ベーメ中尉も負傷した。このため中隊は、今もって名前が不明な少尉によって指揮が執られた。

第30歩兵師団が中心となって行なわれたワルダイ高地への牽制攻撃の際には、参加した突撃砲2両は、包囲された味方防御拠点へ達するまで砲撃を続けた。このうちの1両は湿地帯に足を取られ、左側面のフェンダーまで沈み込んでしまった。この突撃砲の砲長は少尉であり、照準手がイェキッシュ軍曹、操縦手がファーレ軍曹であった。

結局、防御拠点は保持することができなくなり、まだ可動状態の突撃砲は歩兵と共に撤退することとなったが、2両目も湿地帯にはまり込んでしまって爆破された。乗員は包囲された歩兵大隊と共に味方戦線まで血路を開いて突破した。

こうした状況の中で、中隊長は大隊付副官のビショッフ中尉が引継ぎ、ツェメナ東方における防衛戦を指揮した。ここで発起された牽制攻撃の際には、中隊全体が湿地帯にはまり込んでしまい、ほとんどの突撃砲が身動きがとれなくなってしまった。しかしながら、歩兵部隊が大損害を受けながらも地点を死守し、突撃砲は夜になって味方戦線へ帰還することができた。さらに戦闘は続き、一連の防御戦闘が終了したときは、いつしか9月となり、強い雨が降る季節になっていた。

1942年8月3日、第184大隊の離任式で、当時、第3中隊を指揮していたトルナウ中尉と別れの握手をするヴィル＝オイゲン・フィッシャー中佐

それでは大隊のその他の部隊は、この間、どうだったのであろうか？

デミャンスク包囲陣の中での最初の1週間における戦闘は、突破しようする敵を防御する歩兵の援護に終始した。7月17日のズドローヴェッツの森林地帯では、シュトック少尉が最初の戦闘においてT-34・2両を撃破し、翌日の夕方までに大隊はこの地点で数回に渡る小規模な戦闘においてT-34・8両を撃破した。

１９４２年８月８日、ソ連侵攻開始より大隊を率いていたフィッシャー中佐が、第１８４突撃砲大隊を去ってベルリンへ転属することとなり、隊員一人一人が彼と握手を交わした。中佐はあらゆる面で尊敬され、賞賛されるべき指揮官であったが、大隊は彼がエリートとしてＯＫＨというより高度なレベルで活躍することを祝福した。後任にはシュミット少佐が就任した。

８月10日にはヴァシーリエフシチナ戦区で激戦が展開され、突撃砲２両が命中弾を受け、１９４２年春に大隊兵士として最初にドイツ黄金十字章を授与されていたラウシュ少尉（＊26）が、新たな作戦の偵察任務でフォルクスヴァーゲンにて敵出撃準備陣地へ向かう途中に戦死した。大隊の兵すべてが、若くていつもユーモアがあった士官の死を悼んだ。特に親友のトルナウ中尉はなおさらであった。

クナート少尉が対戦車戦闘において敵戦車３両を撃破し、

1942年から43年にかけての冬、デミャンスク方面で撃破されたT-34

グラニッツァ中尉が8月24日に大隊から転出となった。

この戦闘期間中、第184突撃砲大隊は、包囲陣内に立てこもるすべての師団の下で戦い、デミャンスク包囲戦のあらゆる戦闘の焦点において輝かしい戦果を挙げた。10月26日、第2中隊の長砲身型突撃砲が17・2cm（原文ママ）砲弾の直撃を浴び、砲長のマイアー上級曹長はちょうど車内に居合わせなかったものの、ヨスト伍長が即死し、グルンヴァルト上等兵が重傷を負い、エーメ軍曹が軽傷を2箇所受けた。車両は弾薬に引火して粉々に吹っ飛んだ。

翌日、今度はシュミット少佐が負傷し、第1中隊長のオストハイム中尉が砲撃により戦死した。1942年11月4日にはナーゲル少尉が戦死している。

1942年12月25日、ソ連軍による強力な攻撃が発起された。ソ連軍は戦線の複数の個所へ浸透し、火焔放射器と戦車を繰り出して突破を図ろうとしたが、再三に渡って阻止された。1943年1月1日、ソフロンコヴォ戦区において長砲身型のリース軍曹と短砲身型のナウマン軍曹の突撃砲は、ソフロンコヴォ東方800mの道路封鎖拠点において敵戦車を迎撃するよう命令を受けた。下記はこの戦闘に関するナウマン軍曹の報告である。

注（＊26）訳者注：ラウシュ少尉は1942年4月2付けでドイツ黄金十字章を授与されていた。

1943年1月、ソフロンコヴォにおけるナウマン軍曹の突撃砲搭乗員。上方がナウマン軍曹、下方左からイェチュコ上等兵、キュスターマイアー上等兵、ボアネマイアー上等兵

『歩兵部隊の中隊長の指示により、我々は次のような配置となった。すなわち、長砲身型は道路の右側で射界は東方、短砲身型は道路の左側で射界は北方であった。我々の突撃砲の間隔は約１００ｍでその中間に丘があり、そこが封鎖拠点の最先端であった。

１９４３年１月１日９時30分頃までは、そこは時々ソ連軍の迫撃砲の音で静けさが破られるぐらいで静寂が支配していた。一般的に、ソ連軍の攻撃は10時ちょうどに行なわれることが多い。９時30分を少し過ぎた時、大音響と共にスターリンのオルガン、砲兵、迫撃砲と黄燐焼夷弾が我々の陣地に降り注いだ』

以下に報告の続きと両指揮官およびその乗員の報告の要約を掲げる。

戦車対突撃砲

『「ハッチを閉めろ！」とナウマン軍曹が命令し、同時にリース軍曹も彼の長砲身型突撃砲乗員へ同じ命令を下した。

突撃砲兵は丸１時間の間、じっと鋼鉄の箱の中で座っていた。砲弾が時々至近弾となっては、また弾着が遠くなり、砲弾片が突撃砲を叩く。皆、取り乱したりせず冷静だ。ナウマン軍曹が指揮官用ハッチを開き、そこから外を偵察した。

前方にはなにも認められなかった。すべてがもうもうと立ち込める弾着煙に覆われている。ナウマン軍曹は、自分の位置が茂みから400mの距離があり、その湿地の灌木を敵は突き抜いて来なくてはならないことを知っていた。

若いベルリンっ子であるホルスト・ナウマン軍曹は、待ち続けた。指揮官は自分の地点の右にある小高い丘に目線を移した。そこからの距離は約80mであり、敵戦車が姿を現す公算が最も強かった。

この時、もう最初の敵戦車の砲塔が、丘の向こう側から見え始めた。車体がすぐに姿を現し、戦車は前進して来ている。

「右へ向けろ、戦車だ！」とナウマン軍曹が叫んだ。

最初のT-34が丘を登って来たが、照準手の軍曹はすでにこれを照尺の中に捕らえていた。たちまち短砲身が大音響を轟かせ、必殺の命中弾を放った。照準手と装塡手は憑かれたように働き始めた。すぐに2両目のT-34が現れた。突撃砲の戦車砲が4回火を吹き、このT-34も撃破された。ちょうどこの時、今度は16t戦車2両が現れた。奴らが撃ってきた！　突撃砲に対して砲弾がばらばらと降ってくる。2発の砲撃でこの敵も狙い撃ちで命中した。

そして静寂が訪れた。数分間だけ封鎖拠点はかき乱されたが、ナウマンの車内ではホッとした空気が流れた。

しばらく考えてナウマンは決心した。「丘まで前進しよう。」

操縦手はアクセルを踏んで突撃砲は動き始め、ゆっくりと前進した。ところが丘の尾根まで着かないうちに、ナウマン軍曹は砲隊鏡で200m前方に前進して来るT-34を認めた。

「もう1両いたぞ、撃て！」と彼は命令した。

6発発射してT-34に何発か命中した。ハッチが上へ開いてそこから炎が吹き出てきた。弾薬が誘爆したのである。

突撃砲の周りに最初の砲弾が落下して炸裂した。

「敵は砲兵で俺達を砲撃するつもりらしい。ホルスト、戻るか？」と照準手は彼に聞いた。ナウマンがちょうどこの命令を伝達えようとした時、撃破された戦車の方向から6両目の戦車が前進してくるのを発見した。

「もう1両来たぞ、撃て！」

速さが生死を分かつのだ。突撃砲の方が一瞬早く砲撃し、この6両目の戦車は致命的な命中弾を40mの至近距離で受けた。再びナウマンは丘へ前進しを開始した。彼が砲隊鏡を通じて覗いていると、最初に撃破した戦車の傍で何か動いているのが見えた。

「むこうで誰か白い布を振っている！」と彼は言った。

味方歩兵の声が聞こえ、ソ連軍指揮官が戦車から降りるのが見えた。しかし、完全に車体から離れる前に、ソ連軍前線からの射撃で彼は打倒された。

「戦車にもう一度出くわすとはな！」とナウマンは叫んだ。再び射撃音が響き渡り、T-34が燃え上がった。』

1943年の初め、ナウマンの突撃砲乗員は幸運だった。ホルスト・ナウマン軍曹は以前よりすでに敵戦車15両を撃破

トルナウ大尉の従卒のゼップ・ハイツマン上等兵(戦死)

1943年3月、大尉になったゴットフリート・トルナウ

しており、1943年1月4日に騎士十字章を授与された。

1943年3月3日、第184突撃砲大隊はデミャンスク包囲戦の激しい戦闘から引き抜かれ、スタラヤ・ルッサ地区に移動となった。この時期大隊はデミャンスク地区での戦功が認められ、三度に渡って国防軍公報により名前が報じられた。大隊は第184突撃砲旅団と名称が変更され、最終的には第3中隊長となっていたゴットフリート・トルナウ大尉は、第2中隊長のブッフヴィーザー大尉と共に、ドイツ黄金十字章が授与され(*27)、マクデブルク近郊のブルク突撃砲学校へ戦術教官として転出となった。

3月30日に大隊は、再編成のためラトヴィアのヴェーロ近郊のハーニャへ移動することとなった。2ヶ月前、すでに第1中隊は大隊本隊と離れていた。中隊は9月にツェメナ付近での戦闘後、10月には突撃砲3両をもってルチコーヴォ〜ワルダイ方面へ移動し、激しい戦闘を行なった。ルチコーヴォ付近の湿地帯で、これらの突撃砲は突然襲った厳しい寒波により地面が凍りついてしまったため、身動きがとれなくなってしまった。「浮上用」としてガソリンや多数の牽引車両の助けを借りて、ようやく脱出することができた。突撃砲はデミャンスク包囲陣へ戻ったが、3両すべてが走行装置に損傷を受けていた。

11月になって第184突撃砲大隊/第1中隊は、再びツェメナの西方および東方へ投入された。ソ連軍の攻撃は跳ね返され、牽制攻撃により敵の抵抗拠点を排除していた歩兵部隊に対して多大な貢献をした。大雪が降ると爆弾孔跡に雪が積もり、時々突撃砲がそこへ落ちて損傷し、たびたび擱座した。フォルクマーとニコライ両軍曹が11月に戦死した。

クリスマス直前に、ソ連軍の突撃部隊が戦車悌団と共にオープシノ付近を攻撃した時、大隊の突撃砲は次々にやられ、2両にまで減っていた。攻撃2日目には中隊はすべての突撃砲を失い、そのうちの一部は全損であった。

第1中隊の短砲身型と第2中隊の長砲身型1両は、オープシノ東方で強力な戦車攻撃を受けた。第1中隊の短砲身型には、砲長のイェキッシュ軍曹が照準手のクアーティン軍曹、操縦手のトゥーマン伍長、装填手のレフケス上等兵と共に乗り込んでいた。短砲身の有効距離は、場合によっては20mでしかなかった。

激しい森林戦と牽制攻撃の間に、増援された第2中隊の長砲身型が失われた。このため、乗員は12月だけで少なくとも42回の昼間および夜間攻撃を行ない、彼らは月末には完全に力を使い切ってしまった。同日の夕方、予備乗員として砲長のシュトゥルムケ軍曹が第1中隊へ配属となった。

1943年1月1日の元旦、前述の第1中隊の短砲身型突撃砲は、陣地に配置されたT-34によって命中弾を受けたが、すぐ敵戦車は突撃砲の前から姿を消した。

第1中隊が戦っている間に他の2個中隊は少しばかり休養することができ、第1中隊は戦線から引き揚げられ、人員中隊と交代することとなった。

1943年2月初め、中隊器材はシュミット少佐に引き渡され、日輪の部隊マークを持つ旧第666突撃砲中隊、すなわち第184突撃砲大隊/第1中隊は、スタラヤ・ルッサ近くのトゥレビヤを越えてプリョースコフを経由し、そこからデュナブルク、ケーニヒスベアクとベルリンを通ってユターボクへ兵員輸送された。そして、シュヴァインフルトにおいて3週間の休養が与えられた。80名の突撃砲兵の大部分は、後に新たに編成される第912突撃砲旅団の母体となった。

1942年の東部戦線北部戦区における同突撃砲兵部隊の作戦は、これで終わりを告げた。そして戦史の1ページを飾る［デミャンスク包囲戦］もまた終了し、敵はじきに掃討された。9万6000名の兵士はソ連軍の捕虜となることを免れ、ついに西側に撤退することに成功したのである。

注（＊27）訳者注：トルナウ中尉（当時）は1943年5月28日付けでドイツ黄金十字章を授与された。

第185突撃砲大隊 ヴォーロソヴォとヴェリキエ・ルーキの間

東部戦線北部戦区において1941年から42年の冬期、凍りつくような酷寒のヴォールゴヴォ戦区で戦い抜いた第二の突撃砲大隊は、第185突撃砲大隊であった。

泥濘期後の1942年春、レニングラードを目標としたソ連軍の攻勢は、防御側ドイツ軍の勇戦により潰えた。ヴォールホフ包囲陣の西側外縁を巡る戦闘に投入された大隊は、夏までに敵の突破に対し、再三に渡って反撃作戦を実施した。やがてヴォールホフ包囲陣は掃討され、前線に静けさが訪れた。これらの個々の戦闘については、記録がまったく残っていない。

1942年秋に大隊長を拝命したホルスト・クラフト大尉は、ヴォーロソヴォ近くの休養陣地で大隊に着任した。ここで第185突撃砲大隊／第3中隊は、新型10・5cm突撃榴弾砲を受領し、いままでの戦車砲装備の突撃砲は第1および第2中隊へ譲渡され、両中隊はこれにより戦力が増強された。

ヴォーロソヴォから中隊群は、敵の新たな攻勢が開始されたヴェリキエ・ルーキ戦区へ投入され、1942年11月22日から激しい防衛戦を展開した。大隊は何度も敵に包囲されたが持ち堪え、その度に包囲網をこじ開けることができた。この戦闘において第3中隊は全車両を失い、すべての将校が死傷するに至った。

一方、ソ連第3打撃軍は、街を占領してさらに前進してヴィテブスクを奪取せよとの命令を受けていた。司令官のプルカーエフ大将は、繰り返し街を占領しようと試みた。1942年12月26日の攻撃の際には突撃砲5両が撃破されたが、そのうち3両は再び修理して可動状態となった。

2月に入ると大隊はネーヴェリ地区へ移動したが、ほとんどの突撃砲はヴェリキエ・ルーキ付近で失われてしまっていた。

ヴィテブスクでは第1および第2中隊は対パルチザン戦に投入され、しばらくしてクラフト大尉からグリッフェル少佐に大隊長が替わった。

戦線から引き抜かれた大隊はモギレフに移動し、ヤームニツァ戦車演習場で再編成が行なわれ、新しい突撃砲と車両を受領した。補充大隊からも補充の乗員が配属された。1943年5月上旬、第185突撃砲大隊は再び出撃準備態勢を整え、ズミヨーフカ～ボリソグレープスコエ戦区へ移動した。そしてこの直後、大隊は再び大規模な作戦に投入されるのである。

第659突撃砲中隊
イルメニ湖とデミャンスクでの戦闘

1941年の冬季戦闘においてローヴァチおよびポラーチ河付近で大損害を蒙ったこの中隊は、1942年1月8日にスタラヤ・ルッサ近くのイルメニ湖南方で過酷な防衛戦に就くよう新たな命令を受けた。

可動状態のわずかな突撃砲は敵の戦車悌団に立ち向かい、その突進を止めることができた。シャウペンシュタイナー中尉はこの夏から始まった戦闘を指揮し、晩秋にはデミャンスクにおいて再び全力をもって戦った。

中隊はこの戦闘でほとんど壊滅したが、冬まで継続したこの過酷な戦闘についての詳細は、残念ながら不明である。

1942年12月13日、部隊の残余は本国帰還となり、ソ連侵攻が始まって以来初めて中隊兵士は休暇を与えられ、東部戦線での戦闘により負傷した戦友も中隊に復帰することができた。また、新たな中隊長はリッツェル中尉となった。

最終的に決定されるまで、この休養期間中には中隊兵士の間でしょっちゅう新しい噂が流れたが、結局、中隊は解隊されて第287突撃砲中隊として新たに編成された。

1942年　東部戦線──中央軍集団戦区

戦況全般

1941年12月5日から15日にかけて行なわれた中央戦区でのソ連軍大攻勢の後、ソ連軍最高司令部はモスクワ前面にある中央集団を包囲して最終的に撃滅しようとしており、中央軍戦区にはまさに破局が訪れようとしていた。

1941年12月20日、グデーリアン上級大将は、総統大本営〝狼の巣〟へ飛び、5時間にわたってヒットラーへ撤退を進言したが、ヒットラーを承服させることはできなかった。すでに第9軍は攻撃してくる優勢なソ連軍部隊に対して、一歩一歩後退しており、敵に先に回りこまれて包囲されるのを避けるため、その他のすべての部隊も同じように撤退しなければならない状況であったが、ヒットラーの厳命を変えることはできなかった。

1942年1月には第4軍と第2戦車軍の境目、すなわちベレフ南方とカルーガ北方の間が突破され、ソ連軍はスヒーニチ南方とウグラ河沿いのユフノフにまで達した。スヒーニチの第216歩兵師団はソ連軍の猛攻に耐え、これによりヴィテブスクとスモレンスクまで突進するという敵の計画は挫折した。

ケーニヒスベアクラインは放棄され、陣地として構築されたものではなく、ただ防御拠点が散在するにすぎないその他の〝ライン〟もルジェフ～ヴャージマまで後退した。

ソ連軍快速部隊が中央軍集団北方のオスターシコフ戦区にある第9軍と第16軍の間の裂け目からを突破した際、ラインハルト上級大将指揮の第3戦車軍がウェリキエ・ルーキとヴェーリシ前面において敵を阻止することに成功した。

コーニェフ元帥は麾下の軍団をもって、スモレンスク～ヴャージマ鉄道線の南方方面にまで進出した。もしこの鉄道線が分断されれば、第4軍、第9軍と第4戦車軍の補給線が寸断される危険があった。

ソ連軍の優勢な突撃部隊の攻勢が弱り、それが終焉する頃には、中央軍集団の師団群はすでに人員も器材もほとんど尽きていた。

ルジェフは持ち堪え、これにより中央軍集団はモスクワへの新たな攻勢が可能となる足場を確保することができた。ここからモスクワまではわずかに180kmの距離であり、もしヒットラーがここからモスクワへ進軍した場合、再びモスクワ防衛陣地は打撃を受けるのは必定であった。しかしながらヒットラーがOKWに提示した1942年戦争計画は、まったく別な計画であった。この計画は東部戦線の南方戦区に大きな重点を置き、中央戦区においてはさしあたり防御するだけとされた。

中央戦区で作戦中であった突撃砲大隊群は、次々と戦線から引き抜かれて南方戦区に投入された。どのような状況であったか、幾つかの例を挙げよう。

ヴャージマにおける第201突撃砲大隊

1942年1月、ヴャージマの南方および北方におけるソ連軍の大攻勢により敵部隊が前線から浸透し、森林地帯に留まっている敵敗残部隊がパルチザンにより増強されるに至り、中央軍集団の戦略的な重要地域は危機的状況となった。ヴャージマの南西の森林湖にはソ連軍戦闘団と飛行場があり、ここで車両、兵員、器材や弾薬などを降ろして補給していたのである。

未だに森林の中に置き捨てられたソ連軍の装備も、彼らにとっては好都合であった。このようにしてヴャージマ周辺に包囲網が形成され、1942年1月20日には街にあるドイツ軍部隊は完全に孤立することとなった。

ソ連軍降下猟兵がヴャージマの西方70㎞に降下して街の包囲網を締め上げ、鉄道線と高速道路を閉鎖した。

第201突撃砲大隊／第1中隊の小隊長であるコアネリウス少尉は、1942年1月26日に遮断されたスモレンスクへの高速道路を奪回するよう命令を受けた。次の朝、突撃砲2両、Ⅲ号戦車3両と歩兵1個大隊からなる小さな戦闘団が編成され、零下50度の酷寒と凍えるような吹雪をついて出発した。戦闘団はヤクーシキノまで到達し、撃破されたドイツ軍車両約30両がある集落西方へ突進した。北方と西方からソ連軍の砲火が迎撃する。

戦闘団は北方から反撃して敵を森林へ撃退し、その後、高速道路に沿ってなおも西へと進んだ。

味方戦車1両が命中弾を受けて擱座したが、攻撃は続行されてさらに進んだ。突破作戦中に戦闘団の突撃砲2両はソ連軍対戦車砲1門と高射砲1門を撃破し、歩兵の損害は軽微のままこの包囲網を突破することに成功し、しばらくして味方の突撃砲中隊に出くわした。この中隊はフランスから輸送されてスモレンスクで下車し、西側からソ連軍包囲網を突破するため前進して来たものであった。突撃砲は、包囲網前面において敵の集中砲撃を浴びながらも踏みとどまった。

この激しく犠牲の多い戦闘の後、大隊は1942年2月に戦線から引き揚げられ、再編成のためボリーソフ戦区に移動した。そこから中隊毎に本国休暇のため列車で帰還した。

中央戦区前線の比較的穏やかな状況は、1年中続くと思われた。6月にはミンスクの赤十字の看護婦4人と共に、ミンスクの教会でお茶とケーキで午後の一時をくつろぐことができた。しかし、この日の午後の間に大隊へ出撃命令が出され、南方および南東に進撃を開始することとなり、翌朝、ブリャンスクを経由してクルスク戦区への行軍を開始した。プローツコ～ブクレーエフカで宿営した後、ここで大隊は古い短砲身型車両を譲渡し、強力な48口径7・5㎝戦車砲（KwK L／48）を搭載した車両に装備改編された。

6月末、第201突撃砲大隊／第1中隊は第78突撃師団戦

区へ移動し、その他の部隊は第24戦車師団へ配属となった。

これによりこの突撃砲大隊は、南方および南東に突進するため南方軍集団へ配属されることとなった。

第192突撃砲大隊 カルーガ～ヴャージマでの冬季戦闘

カルーガ戦区での冬季戦闘においては、第192突撃砲大隊もまた一歩一歩後退するより他はなかった。強力な寒波に見舞われ、故障により次々と突撃砲は脱落して行き、整備中隊の兵士達の負担は最高潮に達した。常に最後の一瞬になってわずか数両の突撃砲が可動状態となり、これが歩兵の防御戦闘を援護し、突破したソ連軍戦車の悌団を食い止めることができたのは、これらの傑出した兵士達の賜物であった。

この冬季戦は、大隊に所属するすべての兵士にとって忘れることができない戦闘であった。1942年3月の攻撃の際には、指揮戦車が敵戦車4両を屠った。再三再四に渡って第192突撃砲大隊は、歩兵の防御戦を援護し続けた。1942年3月21日、ハーモン大尉が敵前面においての数々の勇敢な行動により、ドイツ黄金十字章を授与された(＊28)。

大尉が生きてこの栄誉を賞されたのは、煙草一包みのおかげであり、2月末、この煙草によって彼は命拾いをしたのであった。以下は、この時の出来事を記した報告書である。


『1942年2月26日、彼の突撃砲が深く凍った穴に嵌って行動不能となったため、大隊が所属する師団から牽引器材を借り受けようと、自ら道を急いでいた。突撃砲は夜間のうちに再び回収しなければならず、さもないと翌日にはソ連軍の砲撃によりやられてしまう可能性があった。

ハーモン大尉が村に到着して師団本部が宿営していた家に入って見ると、本部に押し入ったソ連兵約25人とはちあわせした。その刹那、ドイツ軍将校を見た敵兵は飛び上がった。大尉は3歩で小銃と機関銃2挺が立てかけてあるストーブ脇へ突進した。手に汗を握る一瞬だ。

ハーモン大尉は身振りで立ち上がった敵を再び座らせ、椅子を引き寄せるとストーブと武器とを遮るようにテーブルに座った。彼は外套のポケットを探ると、4発装塡されたピストルと煙草1包みをテーブルへ置いた。ソ連兵の煙草に対する物欲しげな視線を感じた時、彼はこの切迫した状況を克服できるのは、ただ二つの事以外にないことを悟った。すなわち、鋼鉄の意思と煙草の包みである。

彼は落ち着きを払って、もっともそれは多分に表面的ではあったが、口笛を吹きながら嬉しそうに手を伸ばすソ連兵へ順番に煙草を配り始めた。沈黙が部屋を支配し、誰もしゃべる者はいなかった。緊張でほとんど耐えられそうもなかったが、時は刻々と過ぎて行った。そのうち、数人のソ連兵は寝るために藁の上に寝転がり、残りは煙草を吸いつづけた。煙草の包みは残り少なくなり、１００gの煙草は長くはもちそうもなかった。

突然、ドアが開けられ、小銃を肩に掛けたソ連兵二人が入り口に立った。もう終わりか？

ハーモン大尉は煙草包みを差し出した。すると信じられないことが起こり、二人は武器を置いて煙草を楽しみ始めたのである！

とうとう夜が明けた。我慢できなくなった最初のソ連兵が家から出ようとした時、再び緊張は沸点に達した。煙草はすでに空であり、ハーモン大尉はピストルを手に取ってしまい込むと、しっかりとした確かな足取りで家から出た。誰も止めるものはいなかった。外に出るやいなや、彼は脱兎のごとく森目指して走った。

ソ連兵も呪縛から突然解放され、ハーモン大尉の背後から撃ってきた。しかし、もうすでに彼は安全な遮蔽物があるところまで達しており、大尉は戦友のところへ帰還した。突撃砲は、結局１時間後に救出された。』

３月末、第１９２突撃砲大隊は戦線から引き揚げられ、１９４２年４月４日にトロイエンブリーツェンにて解隊された。大隊は第６４０突撃砲中隊と共に、機甲擲弾兵師団【ＧＤ】に配属となる初の師団固有の突撃砲大隊である突撃砲大隊【ＧＤ】として編成されることとなった。

虎の頭《ティーガーコップフ》―第２１０突撃砲大隊
ケーニヒスベアクラインからミンスクへ

第２１０突撃砲大隊も、東部戦線中央戦区には１９４２年に数ヶ月だけ配属されたが、結局、南方戦区へ移動となった。

ケーニヒスベアクラインでの戦闘において、損害によって大隊はほとんど歩兵戦闘に投入されており、危機的状況はさらに悪化しつつあった。それにもかかわらず、大隊は歩兵と一致協力して防御戦を戦い抜き、ソ連軍の突破を度々防ぐことができた。ノヴォ・ドゥーギノの拠点の例では、大隊は高速道路北方において過酷な陣地戦に投入された。ここで大隊は包囲され、東方や南方、そして北方からの敵の攻撃を防がねばならなかった。可動状態の数少ない突撃砲は、次々に来襲する敵戦車を撃破した。もはや戦闘の目的は、ただ生き延びるためとなっていた。

４月初め、大隊は前線から引き抜かれ、休養のためミンスク近郊のチェールヴェンに移動した。これがロシア侵攻以来、第２１０突撃砲大隊にとって初めての休息であった。

６月末まで大隊はこの地域に留まり、この間に装備は完全に新しく改編され、大隊兵士は南方戦区へ投入されることを知った。

注
（＊28）訳者注：公式発効日は１９４１年12月26日である。

第177突撃砲大隊 ヴィテブスクにおける都市防衛戦

1942年2月にデーメンスコエ峠においてフォン・ファーレンハイム大尉から指揮を引き継いだケプラー少佐は、第177突撃砲大隊を率いてヴィテブスク近郊にあった。しばらくしてからソ連第4突撃軍が攻撃を発起させたが、大隊は防御戦闘の中心となって再三に渡って突進してくる敵突撃部隊を撃退することができた。この後、大隊は都市防衛のためヴィテブスクへ移動した。市街外縁に構築された陣地で、大隊は歩兵と共同で敵を阻止することに成功した。整備中隊はひっきりなしに突撃砲を修理し、前線に送り続けた。

大隊は常に最前線にあり、防御線の防波堤となってソ連軍の攻撃はその前面で砕け散った。

3月初め、大隊は最終的にヴィテブスクから引き揚げられ、モギレフへ移動した。そこで最後の短砲身型を他の大隊へ譲渡し、次の週に大隊の再編成が行なわれた。到着した新型突撃砲は長砲身（48口径）7・5cm戦車砲を搭載しており、T-34に匹敵するもので、突撃砲のチャンスが飛躍的に増大することを意味していた。新型車両は熱狂的な歓迎を受けながら貨車から下ろされて受領された。帰休兵が補充兵と共に帰還し、大隊は再び完全な戦力定数を充足するに至った。

1942年5月2日の朝、第177突撃砲大隊は鉄道輸送でオルシャ～スモレンスク～ロースラヴリ～ブリャンスク、そしてオリョールを経てベールゴロドへと行軍した。ここで大隊は第6軍戦区の第40戦車軍団に配属された。この大隊も〝ブラウ（青）〟作戦時には南方へ進撃する計画であり、このため中央軍集団戦区を離れることとなった。

第202突撃砲大隊 第78突撃師団における〝マーダー(貂)〟大隊

新大隊長マルティン・ブーア大尉の指揮の下、大隊は1942年の新年から夏の間、比較的穏やかなヴォールホフ戦線で戦った。ここではソ連軍の挺身隊を撃退したり、威力偵察を行なう以上のことは起こらなかった。

1942年秋に大隊は第78突撃師団に配属となり、ここに激しい過酷な戦闘が始まった。なお、この時期までに第202突撃砲大隊は、敵戦車500両を撃破していた。

ヴァージマの戦闘においては、アムリング曹長が傑出した働きを見せ、彼の照準手であるブルーノ・グスコフスキー軍曹は、48時間の間に敵戦車42両を撃破した。2日2晩ぶっとおしのドラマチックな戦闘を、大隊は辛くも生き残ることができた。12月5日付けでアムリング曹長は、これにより第202突撃砲大隊の兵士として初めて騎士十字章を授与されている（＊29）。

数日後の１９４２年12月21日、第１中隊のリヒャルト・シュラム上級曹長も、敵戦車30両を撃破して騎士十字章を授与された（＊30）。この戦闘においては、中隊長のゼップ・ブラントナー中尉も、特別に表彰された。

この後、大隊はオリョール屈曲部へ移動し、ハリコフ攻防戦に参加した。緊急に作戦投入された大隊は、ここでもソ連軍のドニェプル河への突破を見事に防ぐことができた。

この戦闘で大隊は大戦果を挙げたが、損害もまた大きく、ハリコフ南方のスームィ付近で休養するために撤収し、ここで個々の突撃砲と小隊がパルチザン掃討戦に投入された。

行方不明となった第202大隊のリヒャルト・シュラム上級曹長

第２０９突撃砲大隊
ある消耗戦の事例

この大隊は１９４１年９月にユターボク付近のツィンナ村で編成された。指揮官はラウンハート大尉であり、副官はフィッシャー中尉、各々の中隊長はコブ中尉（本部中隊）、トルクミット中尉（第１中隊）、ドゥシュル大尉（第２中隊）であるが、第３中隊の中隊長の名前は明らかではない。中隊付将校はグラーフ少尉、ダイスト少尉およびゲッパート少尉であった。

最初の作戦開始時期は９月初めを目途としていたが、器材の供給は恒常的に遅延したため、この期限を守ることはできなかった。１９４１年11月15日になって、ようやく大隊はツィンナで編成された。

トラックと乗用車とオートバイが受領され、突撃砲が最後に到着した。これにより、まず戦闘訓練の条件が整い、各中隊単位と大隊単位による実弾訓練が行なわれた。

１９４１年11月15日に、第２０９突撃砲大隊は列車に積載された。最初はどこに行くのか誰にもわからなかった。ポーゼンを過ぎ、ブレスト・リトフスク近くのベラ・ポドリャー

注
（＊29）訳者注：公式発効日は１９４２年12月11日である。
（＊30）訳者注：公式発効日は１９４２年12月23日である。

第209大隊のヴォルフラム・ヨーン中尉

スカへと向かった。ここですべての突撃砲戦闘中隊は下車することとなったが、その他はトルクミット中尉の指揮の下、新たな輸送部隊が編成され、さらに東方へと向かった。残りのすべての部隊は、ともかくミンスクまで行軍してそこで作戦命令を受領することとされた。

そこで待っていたのは、『第209突撃砲大隊は中央軍集団の直轄とする。直ちにスモレンスクまでの行軍を開始し、可能な限り速やかに到着するものとする。突撃砲は鉄道輸送にてヴィテブスクまで輸送され、そこからスモレンスクへ向けて路上行軍する。』という命令であった。

この行軍は気象状況により、兵士と車両に特別な配慮を必要とした。数日もしないうちに、大隊は零度から零下43度までの温度差を克服しなければならなかった。さらに40cmの積雪も加わった。兵士には暖かい冬季用器材が支給されていたが、車両は冷却水用不凍液や適切な潤滑油、エンジンオイルやグリスを全く装備していなかった。行軍の間にガソリンパイプが再三に渡り凍結して閉塞し、トーチランプで暖めなくてはならなかった。それでも装輪式車両は、行軍2日目の夕方にはスモレンスク地区へ達した。

ラウンハート大尉は先行して軍集団司令部に報告のため出頭し、スモレンスクの北西15kmの高速道路付近に大隊の宿営地を確保し、そこでヴィテブスクから路上行軍してくる突撃砲が到着するのを待つこととした。

突撃砲群とは翌日に合流することができたが、第1中隊は途中のヴィテブスクで下車した際にある歩兵軍団が独断で自分の軍団へ編入してしまい、軍集団司令部も翌日にはこの処置を追認した。このため、大隊はまだ最初の作戦投入の前に分割されることとなった。

こうして作戦初期段階において、大隊の統一した指揮権は大隊長の手から離れてしまった。中隊がバラバラに作戦投入されることに加えて、大隊本部は近隣の雑多な部隊、すなわち馬匹獣医部隊、パン焼き中隊、砲兵段列、警備隊および騎兵1個小隊と連絡をとり、軍集団司令部とスモレンスク北方からデミードフ、カスプリャ湖までの地域、並びにスモレンスク西方約30㎞の地点を、北方の無人地帯から突進して来る優勢な敵から防御せよ、との命令を受けた。指定されたスモレンスク北西15㎞の地点から大隊本部の宿営地までの地域には、敵はいないとのことであった。

この命令はラウンハート大尉の責任と指揮において、優れた作戦と絶え間ない挺身攻撃により達成された。大隊本部はこの地点に1942年3月中旬まで踏みとどまり、ヴィテブスク北方10㎞の地点に移動し、その後、ヴィテブスクの市街へ移動してそこに駐屯する軍団へ配属となった。

ここでも任務は似たようなものであった。すなわちヴィテブスク周辺地域の防衛とデュナ河北方地域への進出であり、9月までここに留まった。この期間、ラウンハート大尉は自分の突撃砲中隊を統括して指揮することは不可能であり、自分自身の走行ですら軍集団や軍団の許可が必要であった。では、1942年夏に3個中隊はどこでどのような運命を辿ったのであろうか?

第1中隊は1月末にヴィテブスクで下車して、ネーヴェリを経由しウェリキエ・ルーキまで前進し、5日間かかってそこに投入された師団本部をコーヴェリまで護送するためにそこに留まった。

2月10日、中隊はヴィテブスクの歩兵連隊と共に、3週間の間包囲されていた防衛拠点ヴェーリシの救援作戦に参加した。グリュンバウム上級曹長の突撃砲は最初に敵の包囲網を突破し、敵戦車と対戦車砲に対して大損害を与えた後に、ヴェーリシの中央広場に達して歓呼で迎えられた。中隊の他の突撃砲2両もぴったり追従して来た。ヴェーリシは解放され、生き残ったジンツェニヒ大佐率いる1700名の兵士は、ホッと一息つくことができた。

中隊は5月までヴェーリシ地域に駐屯した後、ヴェーリシ西方のデュナ河を渡河してクラスレーヴィチ付近へ作戦投入された。

ソ連軍は大規模な攻勢によるヴェーリシの再奪回を図り、4月26日に強大な兵力で攻撃を加えて来た。翌日、グリュンバウムの突撃砲は単独でヴェーリシの野戦病院に投入され、乗員は180発の徹甲弾を発射し、敵はここで戦車数両と対戦車砲数門と歩兵多数を失って突進を阻止され、結局、4月30日までに敵は撃退された。

6月になると第202突撃砲大隊/第1中隊は、ドイツ2個師団の前線直線化とヴェーリシ東方からデミードフまでの地域を奪回するという大規模な作戦に参加した。

最初は大隊本部の近くであるヴィテブスク北方の高速道路北側に位置していた第2中隊は、3月末にスパース・デーメンスコエ地域へ作戦投入された。ここでは小規模な局地戦に終始し、中隊全体が出撃するようなことはなかった。大隊長の努力により、最終的にとりあえずこの中隊だけが大隊に帰還することができた。中隊はその後大隊本部と共にヴィテブスク地区にとどまり、敵の不活発な地域への偵察任務などを行った。

第3中隊はスモレンスクに到着してから、直ちに作戦投入された。与えられた任務は、ヴャージマへの高速道路の解放であった。これを解放して再び補給部隊が東方へ支障なく進むことができるようになるまで、各小隊は別々に分かれて高速道路の両側に分割投入された。この時、各小隊は浸透して来る敵を撃破するため、1日2回から3回も緊急出撃を行なった。この戦闘で中隊長は運悪く野戦病院送りとなり、新たな中隊長の指揮で中隊はルジェフへ前進し、中隊は他の突撃砲大隊へ配属となった。ここで中隊は再び小隊毎に投入されるはずであったが、大隊長の努力で中隊全体がまとまって作戦行動をとることができた。

中隊はルジェフ付近で何度も過酷な戦闘に投入され、対戦車戦闘で卓越した戦果をここで挙げ、12月まで大隊から離れて戦闘を継続した。

この間にラウンハート大尉は心臓障害のため入院することとなった。第209突撃砲大隊は、中央軍集団地区で秋にはルジェフ〜ヴィテブスク地域に引き続き作戦投入されたが、1942年の冬季については不明である。

第667突撃砲大隊
ヴャージマとホルムを越えルジェフへ

第667突撃砲大隊はツィンナにて第667突撃砲中隊から新たに編成され、〝まっすぐに突き進む一角獣〟が戦術マークであった。編成は1942年6月28日から開始され、大隊長はファゲデス大尉、最初の副官はハインツ・バウアーマン中尉で、後に第3中隊の指揮を執った。メッサーシュミット少尉が伝令将校で、各中隊長はランゲ中尉（第1中隊）、ツェトラー大尉（第2中隊）、ゼレ中尉（第3中隊）であった。

7月末、大隊はユターボクを出発し、鉄道輸送によりデュナブルクとヴィテブスクを経由してヴャージマ戦区へ行軍した。その後、第5戦車師団の部隊と共に、フレッペン橋頭堡の戦闘に初めて実戦投入された。

ソ連軍戦車がヴァズーザ河に沿って突進し、橋頭堡の後方を遮断しようとした時、歩兵部隊にパニックが起こり、第1および第3中隊の決死の反撃により敵の攻撃をようやく食い止めることができた。それだけはなく、突撃砲は跨乗した歩兵20名と共に、突破してきた敵に対して命知らずの突撃を敢行し、失った最前線の一部を取り戻すことに成功した。

ソ連軍との決闘は突撃砲に凱歌が挙がった。多数の敵戦車が命中弾により破壊され、19両を下らないT-34が突撃砲により撃破された。

この中央戦区における初陣の後、第667突撃砲大隊は北方軍集団の戦区へ輸送され、北方のホルム地域へ投入された。グレジャーキノとホルムの激しい戦闘において、大隊は再びその真価を発揮した。ルジェフ、スーリツォフの戦闘では、新たな強力なソ連軍戦車部隊との激しい過酷な対戦車戦が発起した。8月29日と30日の2日間に第3中隊の中隊長であるクラウス・ヴァーグナー中尉は、自身の突撃砲により敵戦車18両を撃破した。8月31日に国防軍公報は、次のように述べている。

『ルジェフ付近の激しい防御戦において、わが方の突撃砲1個大隊は、昨日、大隊単独で敵戦車38両を撃破した。』

このことが周知された同じ日、大隊はさらに30両の敵戦車を撃破し、この戦果は再び9月1日の国防軍公報によりその戦功が称えられた。

この戦闘で第3中隊長のヴァーグナー中尉は重傷を負い、騎士十字章候補者に推挙された。バウアーマン中尉が後任となり、中隊の指揮を執った。大隊は、中央軍集団の北方の要であるルジェフ地域の戦闘期間中に敵戦車83両を撃破した。

ソ連軍戦車部隊に対する激しい戦闘は、絶えることなく継続した。9月9日には、再び突撃砲対戦車の過酷な戦闘が繰り広げられた。敵はT-34約50両の戦車悌団をもって第3中隊に襲いかかり、中隊の可動状態の突撃砲5両すべてが投入された。しかしながら10倍の兵力を持ってしても、敵は中隊を打ち破ることはできなかった。

2時間継続したこの非情な戦闘により、突撃砲5両のうち4両が失われ、バウアーマン中尉の中隊長車のみ撃破を免れた。ドイツ軍の撃破された4両により、33両の敵戦車が炎上し、その一部は戦場で誘爆を起こしていた。

戦闘開始からその戦闘期間中に唯一発起された攻撃において、バウアーマン中尉は自身の突撃砲と共に戦場にあった。半身不随の突撃砲を率いて、彼はカノン砲をあらん限り撃ち続け、新たな命中弾を被りそれが沈黙するまで戦い続けた。最後にはソ連軍の歩兵が津波のように押し寄せたが、中隊長車は単独でこれに立ち向かった。バウアーマン中尉は、突撃してくる歩兵群の真中に榴弾を射ち込み、機関銃が銃架に組み立てられ、その銃声が轟き渡った。そして数の上では敵が圧倒的に優位にもかかわらず、中隊のまだ可動する部隊を連れ戻すことに成功した。

第667大隊/第3中隊はこの戦闘でほとんど消耗し尽くし、休養拠点で〝休猟〟に入った。しかしながら、ルジェフ地域の戦闘はこれで終わったわけではなかった。すなわち1942年9月15日、新たな1両の突撃砲が優勢な敵に立ち向かったのである。

この朝、ソ連軍の戦車悌団がドイツ軍の主戦線へ攻撃を開始し、突撃砲の外で偵察任務を行なっていたフーゴ・プリモ

第667大隊の卓越した指揮官プリモツィック曹長の突撃砲

ツィック曹長は、急いで彼の突撃砲へ戻った。その数秒後、彼は出撃命令を受け取った。

「小隊は出撃準備陣地から前進！」

鉄道土手と河に挟まれた戦場には、昨日撃破された敵の戦車が切り株のように辺り一面に擱座しており、敵砲兵の榴弾が繰り返し周囲を掘り返していた。今、ソ連軍戦車は再びここを攻撃して突破し、ルジェフ付近の戦闘において熱望している戦局の転換を図ろうとしているのだ。

プリモツィック小隊の突撃砲３両は前進し、目立たないように茂みが生い茂る低い丘を通って迎撃陣地へ向かった。まだ敵は見えない。

プリモツィック曹長の突撃砲が最後の茂みにさしかかったとき、彼は停止を命じた。他の突撃砲２両とも、40ｍの間隔で横一線に停止した。

フーゴ・プリモツィックは降車して、苦心して歩兵陣地まで前進した。彼は再び敵戦車の姿を捉えると、数え始めた。8両まで来たところで、彼は味方陣地に着弾した榴弾のために塹壕へ退避しなくてはならなかった。ソ連軍の砲火が数百ｍ移動し、プリモツィックが側面からの戦車砲の音を聞いて味方の前線近くに位置する敵の砲塔を見た時、彼の決心は固まった。

ここを突破されないためには、彼は敵戦車を迎撃しなければならないのだ。彼は一目散に小隊へ戻ると、自分の突撃砲によじ登ってヘッドホンと伝声装置の送話器を装着し、前進命令を出した。

突撃砲は、敵戦車のアルマダ（無敵艦隊）めがけて前進を開始した。視界が開けた場所へ達したところで、プリモツィック曹長の照準手は最初のT-34を見つけた。それと同時に物凄い音がして、すぐ隣の突撃砲に砲弾が命中した。破片が彼の突撃砲の側面に音を立てて叩き付けられる。

「距離800m—12時！」砲長が叫ぶ。

砲声が鳴り響き、照準されたT-34から空へ火柱が立ち昇り、大音響の爆発と共に敵の砲弾が空中へ四散し、巨大な鋼鉄の塊が砕け散った。

次のT-34はすでに戦車砲を突撃砲に向けて旋回していたが、照準手に素早く捕捉されて2発目の砲撃で撃破された。

その他の小隊の突撃砲2両も砲撃を開始しており、それらの鈍い砲撃音がプリモツィックの突撃砲に伝わってきた。と同時に、突撃砲に対して1挺の機関銃が射撃を開始し、彼らは褐色の軍服を着た人影に気づいた。それはT-34の後方にある無人の丘の上に現れ、ひたすらドイツ軍主戦線を目指していた。

「榴弾射撃！」

ソ連軍に対して最初の榴弾が咆哮し、地面に炸裂して攻撃軍の人波の中にぽっかりと穴を開けた。その後数発の榴弾を射撃した後、新たな敵戦車が有効射程に入ったため、再び徹甲弾を装填した。低い丘を越えて次々とT-34が現れて、3両の突撃砲の射程圏内に前進してきた。

再び敵戦車1両から火の手が上がり、続く2両目は射撃により擱座した。徹甲弾が付近に弾着し始めた時、プリモツィックは射撃位置を左側に変えるよう命令した。操縦手は素早くシフトレバーを入れ、突撃砲はそこで旋回して急いで前進した。砲弾は空の陣地へ飛来したが、もしそのままとどまっていたら突撃砲は命中弾を被っていたところであった。

走行中に装填手は次の徹甲弾を砲身に装填しており、照準手はすでに彼の目標を探していた。操縦手が突撃砲を停止し、がくんという衝撃が響いた時、向こう側に敵戦車の完全な一個群がいて、味方戦車から300mも離れていない正面には52t戦車（KV-1）1両が位置していた。

「砲塔基部を狙え！」曹長は叫んだ。砲弾が突撃砲の正面装甲に命中し、跳弾となってうなりを上げて空へ弾かれた。味方の砲弾もKV-1には有効ではなく、弾き飛ばされた。プリモツィック曹長の新型長砲身から、2発目が撃ち出された。KV-1は命中弾を受けてがくんと身震いして動きを止め、ばたんと開いたハッチから煙が立ち昇った。

なおも2両のT-34が側面から進んで来ており、3両の突撃砲は矢継ぎ早に発砲した。最初に照準されたT-34は砲塔を撃破されて横たわり、2両目は急に方向転換すると丘の後方へ隠れた。

しかし今や、ドイツ軍の突撃砲は発見されてしまった！　４００ｍ前方のライ麦畑から砲撃を受ける。突撃砲の正面装甲へ命中弾を被って車体が揺れ動くまで、この敵には全く気づかなかった。戦闘室内で炎が噴出し、煙が立ち昇る。「全速、ただちに前進！」突撃砲は進み始めた。照準手がライ麦畑にいるこの敵を捕捉した。突撃砲が停車して２秒も経たないうちに砲弾が砲身から送り出され、敵は1発の命中弾で沈黙した。

引きも切らずソ連戦車は現れた。こんどは52ｔ戦車（ＫＶ-1）だ。密集しないでグループ毎に丘を越えて前進してくる敵を、３両の突撃砲は順番に砲撃した。

この９月15日の日、プリモツィックの突撃砲は彼一人で24両もの敵戦車を撃破した。彼の小隊の突撃砲２両も同じように、敵戦車すべてを撃破した。１９４２年９月15日に発起されたソ連軍の戦車攻撃は、このわずか3両の突撃砲により食い止められた。

９月25日にプリモツィック曹長は騎士十字章候補者に推挙され、敵前での勇敢な働きにより上級曹長へ昇進した。軍集団特別命令の中でモーデル上級大将は、第６６７大隊ととりわけフーゴ・プリモツィックについて、特別な賞賛を与えた（＊31）。

ソ連軍はルジェフ地域での突破作戦のために多数の戦車を失い、１ｍも前進することはできなかった。

重傷を負ったヴァーグナー中尉も、授与された騎士十字章を入院先のルジェフで受け取ることができた（＊32）。

前線後方の休養営舎で完全に再編成された第６６７大隊／第３中隊は、11月に数回に渡って突破して来る敵戦車悌団を迎撃した。ある時は、投入可能な突撃砲がたった1両のこともあった。それはバウアーマン中尉が、彼の突撃砲ただ1両で突破した戦車悌団に対して出撃した時の出来事であった。勝ち目のない絶望的な情況で、戦闘に臨んだバウアーマンの前に敵戦車16両が現れた。彼はその一群を撃破することができたが、もし付近にいた第２０２突撃砲大隊の数両が戦闘に介入して援護してくれなかったら、彼は数発の命中弾を受けて自ら車両を爆破がことになっていたであろう。

バウアーマン中尉は、ドイツ黄金十字章を授与された（＊33）。

１９４２年12月11日にソ連軍の大攻勢が開始され、強力なソ連軍戦車悌団が前線を突破したため、第６６７突撃砲大隊がこの侵攻に対して投入された。真っ先に挙げられるべきはファゲデス大尉の働きである。12月13日の夕方まで続いたこの戦闘で、ファゲデス大尉は命中弾を受け、彼の乗員と共に戦死した。死後、彼の名前は陸軍武勲感状に銘記され、武勲感状徽章を授与された（＊34）。

前回の作戦で戦ったプリモツィック上級曹長は、再びここで戦闘を行ない、１日で7両のＴ-34を屠った。12月末までにこの突撃砲の乗員は、実に60両以上の敵戦車を撃破したのである。

彼はドイツ国防軍の１８５番目の兵士として、１９４３年1月25日付けで柏葉付騎士十字章を授与されることとなったが、このような高位な叙勲は陸軍の下士官としては初めてのことであった。

彼の突撃砲の全搭乗員は、この大戦果に多大に寄与したとしてドイツ黄金十字章が贈られた。１９４３年1月31日にフーゴ・プリモツィックは、ＦＨＱ（総統官邸）において柏葉を授与されて少尉に昇進した。また、この日はモーデル元帥の主賓として第９軍司令部へ招かれた。

フーゴ・プリモツィックは突撃砲兵における最初の下士官として騎士十字章を授与された

東部戦線の北部および中央部戦区における４ヶ月の作戦期間の間に、第６６７大隊は未曾有の戦果を挙げたのであった。わずか21両の突撃砲で、この期間中に敵戦車４６８両を撃破したのである。

ファゲデス大尉の死後、ツェトラー大尉が大隊の指揮を執り、わずか数日でそれはリュッツォー大尉に引き継がれた。彼は第６６７突撃砲大隊の指揮権を継承した最初の中隊長となった。ユターボクにおいて、ホフマン＝シェーンボルン少佐は彼にこう言ったと言う。

「リュッツォー、貴官は前線にある赫赫たる武勲に輝く突撃砲大隊を継承するのだ。」

１９４２年は第６６７大隊にとって偉大な戦果の年であったが、１９４３年には彼らの身に何が起きるのかは、今はまだ星占いの範疇でしかない。

注

（＊31）訳者注：騎士十字章の公式発効日は１９４２年９月19日である。

（＊32）訳者注：ヴァーグナー中尉は１９４２年９月４日付けで騎士十字章を授与されていた。

（＊33）訳者注：バウアーマン中尉は１９４３年４月16日付けでドイツ黄金十字章を授与された。

（＊34）訳者注：ファゲデス少佐（特進）は１９４３年７月28日付けで武勲感状徽章を授与された。

突撃砲大隊【グロースドイッチュラント】ルジェフ戦区の戦闘

東部戦線南部戦区での夏季作戦の後、【GD】歩兵師団と突撃砲大隊【GD】は、1942年8月15日より東部戦線中央戦区へ帰還した。そのおかげで、大隊は犠牲の多いコーカサス方面への突進やカルミュック平原を延々と1500kmもかけてスターリングラードへ行軍し、最後にヴォルガ河で大包囲網に陥ることから免れたのであった。

しかしながら、後述する報告書のように、ルジェフでの作戦もまた同じように犠牲は多かった。

師団の一部はルジェフ市街南方に、持ち堪えるべき有効な防衛線を構築した。ルジェフは、ドイツ軍最高司令部により常にモスクワへの新たな攻勢の発起点として考えられていた。突撃砲は、【GD】師団の一部歩兵部隊と共に市街南部へ投入された。敵をわずかばかり押し返し、味方が奪回して前線の弱点を解消するため、1942年9月10日に師団は、敵が占領しているチェレマーソヴォへの攻撃命令を受領した。

しかし、師団はこの地点を奪回することができず、それ以降防御に転ずる他はなかった。

この地区で初めての攻撃に参加した突撃砲は、翌日、チェレマーソヴォの墓地の丘付近で、強力な敵の反撃を阻止するため戦闘に介入した。午前中の戦闘で、敵戦車19両を撃破し、対戦車砲13門と野砲2門が破壊され、戦闘二日目ではさらに敵戦車15両がドイツ突撃砲の餌食となった。

そして、歩兵連隊【GD】第1／第II大隊は、敵戦車の反撃に遭遇した。突撃砲がこれに対して前進し、戦友達は打って出た。彼らは再三に渡って中隊単位で攻撃し、突破して来た敵戦車を殲滅した。

ルジェフ地区の戦闘は、過酷で損害も多かった。9月30日に歩兵師団【GD】は第72歩兵師団と協同して、「秋風」作戦という名称下で限定的な目標を攻撃することとなった。しかしながら、大損害を受けた師団はこの攻撃には弱体過ぎた。

師団長のヘアンライン少将と歩兵連隊【GD】第2の連隊長であるガルスキ大佐は、再三に渡って師団が休養するのに適した地点まで前進するよう上層部の説得を試みた。そして、それは認められた。

その日の朝、歩兵と協同して突撃砲は攻撃を開始した。最初、攻撃はスムーズに進行したが、そのうち段々激しくなる敵砲火を浴び始めた。この戦闘でフランツ大尉も、3回目の負傷を受けたが、大隊に留まった。

負傷により指揮が不可能となったシェパース少佐に替り、アダム大尉が大隊の指揮を継承した。1942年11月30日の早朝、大隊は突破してきた敵戦車に対して迎撃するよう命令を受けた。第9軍の情報によれば、敵はボゴロージツコエの風車小屋付近において、少なくとも戦車20両と共に仮設橋を渡って来ており、師団のローレンツ戦闘団を森林地帯に追いやって包囲しているとのことであった。すなわち、敵は北方のオレーニン方向にある第9軍の生命線たる高速道路を、今にも切断しようとしていたのである。

フランツ大尉は早速この方面への偵察出動を懇願したが、アダム大尉はこれを拒否した。彼は自ら前進して、報告された20両の敵戦車がどこへ向かっているのかを確かめたかったのである。

そこでアダム大尉は、情況を偵察するためにキューベルヴァーゲンで前進した。ベールィ北方のオレーニン方向の高速道路上において、大尉は突破してきた敵戦車数両により砲撃を受け、2000mの距離から放たれた敵砲弾が命中して車両は完全に破壊され、アダム大尉と彼の操縦手はそこで戦死した。このショッキングな知らせは、オートバイ伝令によって大隊本部へもたらされた。

レムメ大尉が大隊の指揮を受け継ぎ、フランツ大尉が早々に第1中隊の出撃可能な突撃砲4両と共に、敵に脅かされつつある地区へ急行した。彼は1943年1月1日の夜になって突入し、前進する間に2両の敵T-34を撃破した。擲弾兵達はこの4両の突撃砲によって必要なバックボーンが得られ、自信をもって翌日の1月2日を迎えることができた。

この2日と1943年1月3日まで継続した戦闘において、残りの突撃砲は危険な個所に全て投入された。

第I大隊の擲弾兵達が居たヴェレイスタの集落に対して、戦車の支援を受けた敵が突破攻撃を行なったが、突撃砲に阻止された。攻撃してきた敵戦車14両のうち13両が撃破され、この激しい戦闘でナーゲル軍曹とベージング上等兵が戦死したが、さらに敵戦車4両を撃破することができた。

ベールィ南東のドゥブローフカの包囲陣を形成する戦闘において、突撃砲は第1戦車師団のヴィータースハイム戦闘団に配属され、ソ連戦車軍団を含むこの包囲陣を完成させた。

この後すぐ、レムメ大尉は負傷して後送され、フランツ大尉が大隊の指揮を引き継いだ。

その後、突撃砲大隊【GD】は師団の大部分と共に再びハリコフ戦区へと移動した。東部戦線南部戦区への行軍は1943年1月5日に開始され、ハリコフ周辺の戦闘において、この大隊は再び損害の多い作戦に投入されることとなった。

第226突撃砲大隊
ドン河からカメンカへ、ディエップから東部戦線北部戦区へ

ベアクマン大尉の指揮の下、第226突撃砲大隊は1942年6月上旬にクルスクへと前進を開始した。大隊は〝ブラウ（青色）作戦〟に参加することとなり、コーカサスとスタ

ーリングラードへ行軍することとされた。

第226大隊はヴォロネジ方向への攻撃を開始し、ソ連軍によって堅固に防衛されている街を奪取するために協力した。しかしながら、差し当たりまだその段階ではなく、まずヴォロネジへのドン河橋梁が奪取され、市街に突撃する足場として橋頭堡が築かれた。

6月18日にはヴァリスハウザー軍需管理官とベアクマン大尉が、そこからドイツへと向かった。

6月26日に擲弾兵連隊【GD】第1の歩兵と共に、大隊全部隊はカメンカ方面へ突進してこれを占領した。橋頭堡に帰還した後、ここから大隊は1942年7月5日の早朝、ヴォロネジ市街への攻撃を実施した。歩兵連隊【GD】第1の歩兵達は突撃砲に跨乗し、駅まで突破した。ここで前進は停止し、突撃砲は歩兵もろとも帰還命令を受けた。

その2日後には、市街の西地区が占領された。

7月6日にヤコブ砲兵監察官が突然大隊を訪問し、7月9日には大隊へ帰還命令が出された。第226突撃砲大隊は前線を離れ、スパース・デーメンスコエへ移動し7月13日に下車した。さらにヴァージマ~ドロゴブーシュおよびスモレンスクを経由し、ヴィテブスク、デュナブルクを経てコーブノへ向かった。

1942年7月19日の夕方、大隊はトロイエンブリーツェンに到着し、そこで全員が休暇となった。中隊群は二分され、片方は新型長砲身の突撃砲に装備改編され、新生第226大隊として再編成された。もう片方は、新編成の突撃砲大隊の母体となった。

これでこの部隊における1942年夏季の東部戦線での戦歴は、終わりである。全く新たな戦歴については、それが短期間でしかも別な戦線であるため、次の章で述べることとしたい。

ディエップにおける第226突撃砲大隊

新たに再編成された第226突撃砲大隊は、1942年8月11日にトロイエンブリーツェンで積載され、ヴッパータル、デュッセルドルフとアミンを経て、フランスのドーバー海峡沿岸のモッテヴィルへ移動した。

8月19日にカナダ軍部隊がディエップへ奇襲上陸し、大隊に出撃命令が出された。しかしながら、この上陸作戦は速やかに粉砕され、第226突撃砲大隊がそこへ投入されることはなかった。

9月9日に大隊はモッテヴィルで積載され、ドイツ本国を横断して新たに東部戦線へと向かい、北部戦区のヤースノフ付近に到着した。

１９４２年秋季および冬季における東部戦線北部戦区での戦闘

ヤースノフから移動した第２２６突撃砲大隊は、最初の作戦として広大なレニングラード戦線の南西外縁にあるシャープキ～ヴィースチノ付近に投入された。この作戦で大隊は大損害を蒙った。突撃砲16両が撃破され、その大部分が全損であり、大隊の兵士42名が戦死した。

大隊が帰還したセーヴェルスカヤには、第18軍司令部があった。またちょうどこの時、ここにはクリミア半島から呼び戻されたフォン・マンシュタイン元帥（＊35）の第11軍の司令部も設営されていた。この第11軍の師団群はセヴァストーポリ要塞を攻略したばかりであり、さらにレニングラードも攻略することになっていた。しかしながら、ソ連軍によるラドガ湖大攻勢が発起されたため、レニングラードへの攻撃は行なわれることはなかった。

ムガ地区に移動した第２２６突撃砲大隊は市街東方５kmの出撃準備陣地に入り、ソ連軍第２突撃軍の撤退を遮断し、その補給源を断つために第５山岳師団と第１７０歩兵師団と共に北方へ突進するよう命令を受けた。

ヴォールホフを通り過ぎて突進している第２突撃軍の目標はムガであった。しかしながら、突破地点の北方には、チョールナヤ河沿いのゴントヴァヤにヴェングラー大佐指揮の部隊が防御拠点を確保しており、一方、突破地点南方のトロロヴォも確保されていた。第２突撃軍の後方で包囲網が閉じられた時、第２２６突撃砲大隊は再びムガへ呼び戻され、第３山岳師団と共に包囲陣内を掃討せよとの命令を受けた。

ブラウナイゼン少佐に率いられた大隊は、出撃準備陣地から発進し、１９４２年９月20日に攻撃を開始することとされた。

この日の朝の７時12分、突然、ソ連製15cm迫撃砲が炸裂した。

攻撃は８時30分に開始された。山岳猟兵と共に突撃砲はソ連軍の塹壕線を突破した。最初にまず、事前の集中砲撃で啓開された原始林を進んだ。湿地や自然に密集した木樹は迂回せざるを得ず、トーチカは直接射撃で粉砕された。突撃砲は前述した山岳猟兵と共に、北方へ方向転換し、古い林道をゆっくり前進した。突撃砲２両が地雷を踏んだ。すると林道から最初の敵戦車が姿を現し、突撃砲〝ツェーザー(カエサル)〟はT-34・２両を撃破した。〝ツェーザー〟はその直後、命中弾を被ったが、乗員は軽傷で脱出することができた。突撃砲自体は、翌日の朝には整備中隊により再び可動状態となった。

１９４２年10月２日、このガイトーロヴォ南方における包

注
（＊35）訳者注：上級大将の誤記である

囲戦は終了した。

さらに第２２６大隊は、第１７０歩兵師団戦区であるネヴァー河戦線のゴロドクへ移動した。ここで、10月10日には第２２６大隊／第３中隊長のメッツガー中尉が、プロト付近の〝血の橋〟で戦死を遂げている。

この戦区の戦闘は、１９４２年12月まで続いた。１９４３年1月2日にベアクマン大尉は転出し、後任にはシュレブルク中尉が任命され、さらに最終的には1月４日に、バウシュ中尉が大隊長となった。

１９４３年1月12日、温度が零下28度まで下がって寒風吹き荒む中、大隊は氷結したネヴァー河を渡河した。７時頃、ソ連軍はネヴァー河の土手が12ｍの高さもあるゴロドク南方に集中連続射撃を開始し、砲撃は2時間継続した。そして、ソ連軍はネヴァー河の氷の上を越えて攻撃して来た。この攻撃は成功して敵は遥か北方まで突破し、これによりポセロク（集合住宅）５付近にあった大隊の突撃砲が包囲された。大隊残余と共にヒューナー少将率いる第61歩兵師団がシュリッセルブルク方面へ突進し、その前面に横たわる敵の戦線を突破したが、部隊後方が再び遮断された。シュリッセルブルクをもはやこれ以上維持することは不可能となり、包囲された部隊には脱出命令が出された。

脱出作戦は１９４３年1月18日に開始された。突撃砲は歩兵のために道路を啓開し、全ての負傷者と戦死者は一緒に運ばれた。後衛部隊がポセロク５に到着した後、この防御拠点からも撤退し、生き残った突撃砲兵はシニャーヴィノ付近の丘へ達した。このような危機的情況の１９４３年1月18日、ここで新しい大隊長としてカイスラー少佐が部隊に合流した。１９４３年1月末までに第２２６突撃砲大隊はレニングラード前面で敵戦車88両を撃破した。これにより、大隊の１９４１年６月22日からの戦果は、戦車撃破数３０９両に達した。

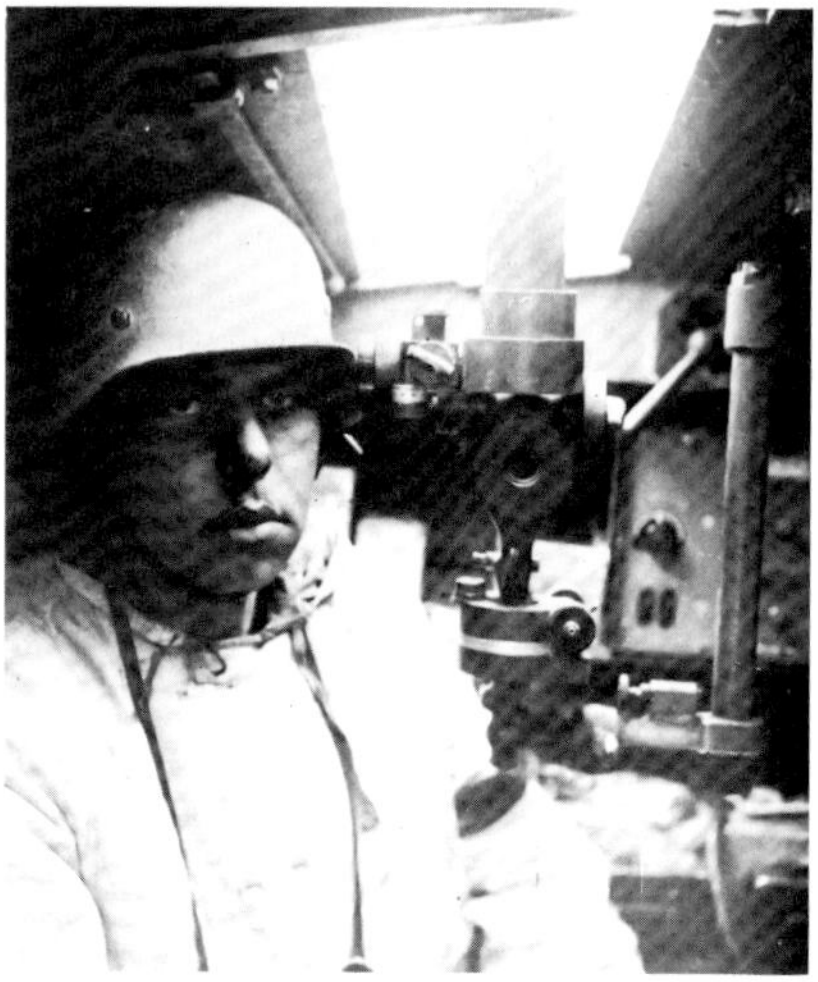

第226大隊のグリムリング曹長

1941年から42年にかけての冬、擱座して回収される突撃砲

1943年1月、ラドガ湖で凍結固着した第226大隊の突撃砲

1943年1月ムガにおいて作戦中の幅広の冬季用履帯を装着した突撃砲

1943年1月12日、第226大隊において第二次ラドガ会戦が発起された

シニャーヴィノ方面で攻撃準備を行なう第226大隊／第2中隊

ムガから再三に渡り出撃する突撃砲

1943年1月、第226大隊第2中隊の補給部隊は、新型突撃砲の長砲身G型を受領した

ここで突撃砲は（整備されて）再び戦闘可能状態となった

第二次ラドガ会戦で激しい戦闘が演じられたシニャーヴィノの教会

第二次ラドガ会戦時に第226大隊に撃破され燃え尽きたT-34

第二次ラドガ会戦において第226大隊／第2中隊により牽引される擱座鹵獲されたT-34

1942年　南方軍集団

東部戦線における南部戦区の状況

南方軍集団は、ヒットラーにより三つの主要目標が与えられていた。すなわち、アゾフ海の東端にあるロストフを奪取し、ドニェツ地域を占領してクリミア半島を手中に収めることである。

１９４１年末の時点でこの目標は概ね達成され、南方軍集団の北方にあるベールゴロド、同じく南方のハリコフは第６軍により攻略された。南に隣接する第17軍（フォン・シュトゥルプナーゲル歩兵大将）は第１山岳師団によりスターリノを攻略し、第３戦車軍団をもってミウス河を通ってロストフまで突進して市街を占領した。第11軍はリッター・フォン・ショーベアト歩兵大将の死亡事故の後、フォン・マンシュタイン上級大将（＊36）が率いており、セヴァストーポリを攻略するため、ペレコプ地峡を越えてクリミア半島を北方から南方へ横断した。しかしながら、セヴァストーポリは世界最強の要塞であり、あらゆる攻撃を跳ね返していた。同時に第11軍の第42軍は南東および東方へ方向転換し、クリミア半島の東端であるケルチに達した。

誰もが、第11軍は手を伸ばせば獲得できる輝かしい勝利にまっしぐらであると考えていたが、１９４１年12月29日に敵による先行した上陸作戦が行なわれ、ついで２月25日と26日にはケルチとフェオドーシヤ付近に強力なソ連軍が上陸し、ドイツ軍防衛部隊を圧倒した。

サラブース集落にあったフォン・マンシュタイン上級大将の本営では、第11軍の司令部により戦況地図が検討され、その後、彼は東からのセヴァストーポリ攻撃を中止し、そこに配置された第１７０歩兵師団を前線から引き抜いて、フェオドーシヤ付近に上陸した敵部隊に対して投入するよう命令を下した。

フェオドーシヤに上陸したのは、ペルヴーシン大将率いるソ連第44軍であった。それより数日前には、リヴォーフ大将率いるソ連第51軍の師団群がケルチへ効果的な上陸作戦を敢行していた。

１９４１年12月31日、フォン・マンシュタインは北方からのセヴァストーポリ攻撃も断念した。

１９４２年新年の状況はこういうことであった。

南部戦区の突撃砲大隊群にとって、新たなる年はどのような事が待ちうけていたのであろうか？　彼等はどのようにして戦ったのであろうか？

注（＊36）訳者注：大将の誤記である（上級大将は１９４２年３月７日より）。

1942年12月東部戦線の戦況図（出典：カレル『焦土作戦』）

第190突撃砲大隊〝野雁狩り作戦〟

第190突撃砲大隊の兵員は、バフチサライの果樹園の渓谷で新年を迎えた。そこで大隊は、最初は小規模な対パルチザン戦闘に投入された。1942年1月15日、カルデネオ中尉指揮する突撃砲3両を有する1個小隊は、第72歩兵連隊のノヴォ・ペトローフカへの攻撃を支援するため出撃した。集落のほんの300m手前でT-26B型2両と交戦し、突撃砲はこのソ連軽戦車を撃破することができた。しかしながら、彼らは突然ソ連軍の7・62cm砲兵中隊による直接照準射撃を浴び、フォン・ハルニーア少尉率いる先頭車両が、〝ラッチェブム〟による直撃弾を被った。少尉と照準手は戦死した。残った突撃砲2両は敵砲兵中隊を殲滅したが、その後、撤収せざるを得なかった。

第190突撃砲大隊のヘルムート・シュヴァルブ大尉は、敵に占領された集落への反撃作戦において対戦車砲4門、敵戦車40両以上を撃破した

フォン・ハルニーア少尉は本部付将校として、たっての願いでこの攻撃に同行したのであった。イスラーム・テーレクに、彼は彼の照準手と共に埋葬された。

この同じ小隊は、今度はダマン少尉の指揮下で、1月17日にソ連軍戦車部隊の出撃準備陣地の真ただ中へ突入し、ヴラジアラヴォフカ南西の丘陵地帯においてT-26B型16両、対戦車砲1両および多数の迫撃砲、機関銃を撃破した。

その前日、ネーター中尉がドイツ黄金十字章を授与された。全ての突撃砲兵は、彼のペット犬である〝クロ〟と共にこの叙勲を祝った。

さらなるパルチザン掃討戦が行なわれ、1942年3月1日にはツェーザー中尉とカルデネオ中尉が大尉に昇進した。次いで3月8日、第3中隊の古強兵であるシェートリヒ上級曹長が、最初の大隊の下士官として、同時に全突撃砲兵における最初の下士官としてドイツ黄金十字章を授与された（＊37）。

さらにドイツ本国から到着した補充兵器により第190大隊は装備を一新し、パイツ大尉は1942年4月1日に完全な出撃準備態勢となったことを報告することができた。3月23日、大隊はフェオドーシヤへ移動してケルチ攻撃作戦に参加することとなったが、ソ連軍の攻撃もまた覚悟しなければならなかった。

4月9日、案の定、ソ連軍部隊はここを攻撃した。ケルチへの攻撃作戦のために大隊に配属されていた第30軍団のＩａ（作戦参謀）は、報告されたソ連軍戦車攻撃を阻止するため、突撃砲をストッパー（轍止め）として投入した。しかし、ソ連軍戦車は来なかった。同じ日、ネーター中尉は大尉に昇進し、それから11日後に遠隔結婚した（＊38）。

4月10日、ヴァーグナー少尉の小隊は、敵戦車3両を撃破したが、そのうちの1両は44ｔ戦車であった。

ケルチ攻撃の〝野雁狩り〟作戦が公示され、おりしも新型7・5㎝長砲身（ＫｗＫ Ｌ／48）搭載の突撃砲6両が到着し、その配分を巡って兵舎事務所内で激しい論争が燃え盛ったが、結局、ここでも第190大隊が勝利を収め、短砲身型突撃砲6両が第197大隊へ譲渡された。

1942年5月8日早朝、大隊は砲兵の援護射撃と共に、3時37分に前進を開始した。まず、第28歩兵師団（自動車化）の部隊と共に、第3中隊が先鋒となって進んだ。この攻撃は思いのほか進み、パイツ大尉は第2中隊にも即時攻撃を命じた。7時になり、両中隊は敵のパルパチ陣地へ突入した。この突入を突破拡大するために、大隊長により予備として留まっていた第1中隊が投入された。全大隊が、砲撃しながら敵陣地の中の一本道を突き進んだ。

敵はあらゆる手段を用いて、突撃砲を食い止めようと死に物狂いになった。強力な戦車部隊による反撃が行なわれ、両者は入り乱れて戦車対突撃砲の死闘が行なわれた。戦場には二とおりの鉄の嵐が吹き荒れ、砲撃や弾着の炸裂が雷鳴のように轟き、そこには炎上、誘爆を起こしているソ連戦車24両が横たわっていた。この激しい戦闘で、ブリュックナーの突撃砲が失われただけであった。

1942年5月8日のこの戦闘は、発起からその戦闘過程において、重点目標の決戦兵器として、大隊長の指揮の下にすべての突撃砲が集中投入された代表的な事例となった。第49連隊（第28歩兵師団（自動車化））のシュレージジェン猟兵達は、この突破を勝利に結びつけた。

その次の日、突撃砲はすべての重要地点で戦闘を継続した。5月11日の夕方、第1中隊のヘニングス少尉は、アビゲーリ攻撃の際に迫撃砲により重傷を負った。3日後、フュアンシュース少尉は、突撃砲4両をもって第391歩兵連隊のケルチへの攻撃を援護した。この4両の突撃砲は外縁地区で敵の大歩兵部隊に包囲され、機関銃、手榴弾、拳銃と榴弾で戦った。少尉とレステル上等兵が防御戦闘で戦死し、残った全て

注

（＊37）訳者注：公式発効日は1942年2月28日である。

（＊38）訳者注：新郎不在のまま花嫁のみで結婚式を行なうことで、第二次大戦中ドイツ本国で大流行した。

の乗員は負傷した。それでもなお、彼らは突撃砲を持ち帰ることができた。その少し前には、ヴュストナー曹長が砲撃により重傷を負っている。

さらにその翌日も、ケルチ攻略のためには大きな犠牲を払わねばならなかった。5月15日の正午頃、カルデネオ大尉は対戦車ライフルにより重傷を負った。第1中隊の指揮はレーファー中尉（博士）が引継ぎ、フュアンシュース少尉とレステル上等兵は、スタールィ・クルィムの軍人墓地に埋葬された。

5月20日までに、精錬工場とケルチ市街外縁地区の掃討戦が行なわれた。そしてついに、ケルチ東方に位置する小さな半島での戦闘は終了した。大隊は〝野雁狩り〟作戦で次のような戦果を得た。

◎戦車80両、スターリン・オルガン（カチューシャロケット砲）6両、砲102門、高射砲14門と対戦車砲42門、トーチカ7個所と対戦車ライフル13挺。

5月23日、敵前での勇敢な戦闘によりヴュストナー曹長は上級曹長へ昇進し、フュアンシュース、ヘニングスおよびダマン少尉は一級鉄十字章が授与された。

数日の休養期間が与えられたが、その時にはすでにセヴァストーポリ攻略のための〝チョウザメ漁〟作戦が検討されていたのであった。

セヴァストーポリの攻略

1942年6月7日の早朝、第190突撃砲大隊は出撃準備陣地から出撃した。第1中隊は4時になだらかな丘に達したが、強力な地雷原となっていた。工兵の支援がないことから、突撃砲兵はこの地雷を自ら啓開した。ここでレーファー中尉（博士）が頭部貫通銃創で戦死し、エビンガー中尉が第1中隊の指揮を受け継いだ。

第2中隊も地雷原手前の丘の中腹で足止めを食っていたが、第3中隊は激しい戦闘の後にベルベーク北方のソ連軍陣地を突破した。しかしながら、電信道路の出口でこの中隊は大損害を受け、突撃砲3両が失われた。

レーファー中尉（博士）の死は、大隊にとって大きな衝撃であった。［ルイトポルトおじさん］は、ユーモアと少年のような新鮮さにより、他のすべての人々の心を常に明るくしていた。バフチサライの戦没墓地に彼は埋葬され、パイツ大尉が不在のため、プロプスト少尉（博士）が弔辞を述べた。

6月11日にはエビンガー中尉も彼の装塡手クネース上等兵と共に戦死し、テプファー少尉が中隊を継承した。数時間後、強力な敵砲兵の直接照準砲撃を受け、テプファー少尉の突撃砲も命中弾を被り、乗員全員が負傷した。テプファー少尉はパイツ大尉から一級鉄十字章を手渡されたが、5日後に重傷により死亡した。これにより、再び第1中隊は指揮官不在となってしまった。

6月13日は第2中隊にとって、輝かしい日となった。中隊は跨乗した工兵と共に午前1時に突撃開始地点であるメルツ峡谷を出撃し、スターリン保塁へと向かった。この保塁は一種の要塞を形成しており、同時にセーヴェルナヤ湾北方の重要地点であったが、5時30分に突撃砲兵が手中に収めた。戦場において第22歩兵師団長のヴォルフ中将からツェーザー大尉へ、一級鉄十字章が手渡された。次の日、中隊は国防軍公報により、その名前が挙げられた。

6月17日、第2中隊は第65歩兵連隊に配属され、「シベリア」保塁を攻撃した。中隊は全力を挙げて〝GPU〟(秘密警察本部)地点の側面攻撃を行なった。歩兵攻撃が停滞し、突撃砲は一旦後退した。パイツ大尉は午後に個人的に中隊を率いて新たな攻撃を行なったが、再び敵の強力な砲撃を受けて頓挫した。

これと並行して第97歩兵連隊に配属された第3中隊は、616、617、615および614地点を攻撃した。中隊は621地点まで攻撃を進展させたが、目標の手前でここでも敵砲兵による集中射撃によりこの攻撃は阻止された。しかしながら、第97歩兵連隊長からは、ネーター大尉に対して深い感謝が述べられた。

6月20日に突撃砲は〝レーニン〟保塁の侵攻に成功し、突撃部隊が保塁全体を占領した。652地点の沿岸保塁も攻略された。この保塁の装甲砲塔は、突撃砲の徹甲砲弾により撃破された。北方保塁もまた奪取された。重病となって絶対安静の指揮官に代わり、ここでツェーザー大尉が大隊の指揮を引き継いだ。

6月30日に突撃砲群は、セヴァストーポリへ侵攻を開始した。13時に最初の突撃砲が〝パノラマ〟保塁に達し、ここに帝国旗を掲揚した。14時に大隊の中隊群はセーヴェルナヤ湾に達し、任務から解放された。

この日、没後のドイツ黄金十字章がレーファー中尉(博士)へ贈られ、レットガーマン中尉へは一級鉄十字章が授与された(＊39)。ネーター大尉およびエビンガー中尉はドイツ陸軍武勲感状に名前が挙げられ、武勲感状徽章(留め金)が授与された(＊40)。

セヴァストーポリは攻略され、この要塞を巡る無慈悲な犠牲の多い戦闘は終了し、第190大隊は兵舎へ帰還した。

ツァー(ロシア皇帝)の館や笠松林が点在する「ロシアのリヴィエラ」と称されるヤルタ、アルーシタ、グルズーフおよびアループカなどで、疲れ果てた兵士達は休息を楽しんだ。クリミア軍の戦勝祝賀会は、1942年7月5日にリヴァデ

注
(＊39)訳者注：公式発効日は1942年6月26日である。
(＊40)訳者注：武勲感状徽章については、ネーター大尉の公式発効日は1942年8月14日、エビンガー中尉の公式発効日は1942年7月15日である。

ィアで催された。その前日、タトイェ上級曹長はドイツ黄金十字章が授与され、この祝賀会に招待された（＊41）。7月22日から、第190突撃砲大隊はクルスク東方の第2軍戦区へ移動した。ここで大隊は、新しい長砲身搭載の突撃砲を受領し、ホーハイゼル中尉が新たに部隊の指揮を執ることになった。

第190突撃砲大隊のフリッツ・タトイェ少尉は1942年10月24日*に騎士十字章を授与された（*訳者注：公式発効日は1942年10月21日である。225頁参照）

第197突撃砲大隊
ケルチ半島におけるスターリン攻勢に対する防衛戦

1941年12月17日の最初のセヴァストーポリ攻撃から参加していた第197突撃砲大隊は、1942年1月と2月に休養期間を与えられた。何よりもシャフラネク軍需管理官率いる整備中隊のおかげで、大隊は速やかに戦闘力を100％取り戻すことができた。

第1中隊はすでに1942年1月2日に、他の中隊の車両と兵員が補充され、トラック輸送でジャンコイへ移動した。そこで、新しい突撃砲8両を受領することになっており、もう隊員達はソ連侵攻部隊が上陸したフェオドーシヤとケルチへさらに進むことを予期していた。

そしてそれは遠い話ではなく、1942年2月28日に最初の新しい突撃砲が中隊の下に到着したが、中隊員はその間にセヴァストーポリへ移動していた。それは6両の突撃砲であり、アフリカ迷彩が施されていた。クリミアの歩兵部隊に重装備の支援兵器を与えるため、それはアフリカへは運ばれずにここへ遥々運ばれて来たのである。

第3中隊はすでに1月に、ソ連軍に奪取されたフェオドーシヤへの反撃作戦に投入され、戦果を挙げていた。

2月27日の夜明け、ソ連軍はパルパチ戦線とケルチ地峡で、

第197大隊のヨハン・シュピールマン中尉

圧倒的な兵力をもって〝スターリン攻勢〟を開始し、これによりクリミア半島全体を一気に奪回することを目論んだ。

第197大隊は、第1および第2中隊の突撃砲合計11両が可動状態にあり、第46歩兵師団、後に第170歩兵師団、最終的には第213歩兵連隊に配属されて防衛線へ投入された。

1942年3月1日の日曜日の朝、第197大隊／第1中隊はフェオドーシヤ街道上をスタールィ・クルィムまで前進した。そこからさらに、イスラーム・テーレク、そこからジャンコイ近くのサイート・アッサンへとさらに進んだ。やがて中隊は、ケルチ半島の最も狭い地点に達した。ここでは、上陸したソ連部隊がドイツ軍の主防衛線を押し破ったのである。防衛戦が開始され、ソ連軍の突撃部隊は撃退され、敵戦車の一隊は撃破された。

3月13日および14日のソ連軍大攻勢時、シュピールマン少尉は自らの突撃砲を率いて先頭に立ち、14両のT-34を撃破した。ザイツ少尉の突撃砲は、クラッチ装置の故障により爆破せざるを得なかった。1942年3月15日付けの国防軍公報は、次のように報じた。

「ケルチ半島の戦闘において、シュピールマン少尉指揮の突撃砲1個小隊は、3月13日および14日に敵戦車14両を撃破せり。」

4月11日付けでヨハン・シュピールマン少尉は中尉に昇進する一方、騎士十字章を授与された（＊42）。

最も戦果を挙げた大隊の突撃砲指揮官（砲長）の一人がシュレーデル上級曹長であった。彼も3月13日に敵戦車多数を撃破した。彼は自身の突撃砲をもって単独で突破して来た敵戦車悌団を迎撃し、重戦車3両を撃破した。シュレーデルはこの3両の重戦車を、向こう見ずな突進と巧みなキャスリング（＊43）により粉砕したのであった。

さらに彼の突撃砲からの命中弾を受けた5両の敵戦車が誘

注

（＊41）訳者注：公式発効日は1942年7月2日である。

（＊42）訳者注：公式発効日は1942年3月27日である。

（＊43）訳者注：チェスのポジションチェンジのこと

爆を引き起こし、粉々になるか炎上した。3月16日付けの国防軍公報は、次のように報じた。

「3月13日の戦闘において、某突撃砲大隊の砲長シュレーデル上級曹長は、敵戦車8両、そのうち3両は重戦車を撃破せり。」

シュレーデル上級曹長はドイツ黄金十字章を授与された（＊44）。

しかし、この小隊長と砲長の戦果は、これに止まらなかった。3月15日の日曜日にシュピールマン少尉は再び敵戦車7両を撃破することに成功した。次の日、彼はまたしても旧陣地で敵の歩兵攻撃を阻止し、戦車11両を撃破した。第2中隊は第1中隊の戦区に投入された。

3月17日にシュピールマン少尉は、旧陣地にあった。午後、中隊長が来た際にシュミット先任曹長が戦車攻撃が差し迫っているという連絡を持って行こうとして、榴弾破片により負傷した。

3月18日にまだ可動状態にあるすべての突撃砲が再び旧陣地まで前進したが、敵は見当たらず不意に沈黙が戦場を支配した。

次の日から部隊は再び激戦に投入された。52t戦車（KV-1）4両の攻撃を含む一連の敵戦車攻撃は、大出血を部隊に強要した。ツェーファー少尉の突撃砲は命中弾を1発被り、少尉と彼の操縦手は負傷した。装填手は野戦病院へ運搬する途中で死亡した。照準手は軽傷で済んだ。しかしながら、シュピールマン少尉は、再び11両の敵戦車を撃破することに成功した。この日の夕方現在、可動状態の突撃砲は第1中隊2両、第2中隊4両であった。

3月20日の金曜日、再びシュピールマン少尉は旧陣地にあった。第2中隊の突撃砲4両をもって、第28歩兵師団歩兵大隊のトゥルミチャークへの攻撃を支援した。同時に第22戦車師団が、側面攻撃で突進することとなっていた。

だが、この攻撃は失敗し、3月22日に大隊は旧陣地から撤収してシンフェローポリ方向へ進んだ。

この過酷な戦闘の終了後、第197突撃砲大隊は国防軍公報で名前が挙げられ、1942年4月4日に次のように報じられた。

「第197突撃砲大隊は、東部戦役開始以来、敵戦車200両を撃破せり。」

犠牲多き、過酷な、しかし輝かしい大戦果を揚げることができた作戦は終わりを告げた。大隊は休養のために宿営地域のウクライナへ撤収し、ここで再び完全な戦闘力を整えた。そして〝野雁狩り〟作戦準備のため、ホフトウレンへ移動した。

クリミアの再奪回とセヴァストーポリの攻略

1942年5月8日、〝野雁狩り〟作戦による突破作戦の開始と伴に、第197突撃砲大隊（第3中隊を除く）は、第50歩兵師団に配属されて前進した。第197大隊／第3中隊は第170歩兵師団へ配属された。

攻撃開始直後、第1中隊長のリートケ中尉は重傷を負い、シュピールマン中尉が中隊を引き継いだ。激しい雨の中、泥の海と化した道をさらに前進した。

攻撃二日目、第3中隊は完全に動けなくなり、天候の回復と第22戦車師団による向こう見ずな攻撃により、ようやくいくらか前進することができるようになった。

大隊は一時的に、第28歩兵師団（自動車化）の進撃と第213歩兵連隊の攻撃を支援した。5月20日までにケルチ東地区の敵の抵抗は終焉した。第2中隊長のハーガー中尉がこの戦闘で戦死し、戦場でクンツェ中尉が中隊を引き継いだ。再び大隊は卓越した戦闘ぶりを発揮し、多数の大隊将兵が高位の勲功章を授与された。

しかしながら、大隊はさらに過酷な戦闘に従事することとされ、その作戦投入は目前に迫っていた。セヴァストーポリ要塞での戦闘である。

セヴァストーポリへの攻撃開始時、大隊は6両の新型長砲身搭載の突撃砲を支給され、6月7日に北東戦区において第50歩兵師団を援護した。地形が険しい上、この日は尋常の暑さではなく、突撃砲兵は参ってしまった。

それでも大隊は跨乗した歩兵と工兵を従えて、茂みと森林地帯を前進した。6月13日に国防軍公報は次のように報じた。

「セヴァストーポリ前面の戦闘において、騎士十字章拝領者で某突撃砲大隊中隊長であるシュピールマン中尉と某歩兵連隊中隊長フランク中尉の勇敢な行為は、特筆すべきものなり。」

次の日、第197大隊は第24歩兵師団の援護に投入され、〝GPU〟、〝モロトフ〟および〝ドニェプル〟などの保塁の攻略に決定的な役割を果たした。さらに突撃砲は、山の風隙まで前進し、その背後に陣取って精密射撃により敵砲火を沈黙させ、歩兵の進撃路を啓開した。

大隊は第50歩兵師団と共に6月26日にガイタニ高地を攻略し、チョールナヤ河を越えて橋頭堡を築いた。特に〝インカーマン〟保塁が大隊将兵の目の前で、ソ連軍によって守備隊と野戦病院もろとも爆破され、空中に四散した光景は彼らにとって忘れられない出来事となった。

最後にまだ可動状態にある大隊の突撃砲は、戦車壕を越えて第50歩兵師団のセヴァストーポリへの攻撃を援護し、7月1日に最終的な勝利を手にすることができた。

セヴァストーポリ戦役は終了し、大隊はこの戦区で賞賛すべき戦闘ぶりを示した。大隊長のシュタインヴァクス大尉は、

注（＊44）訳者注：シェーデレ上級曹長は1942年4月11日付けでドイツ黄金十字章を授与された。

ドイツ黄金十字章を授与された（＊45）。

短い休養期間の後、大隊はヴォロネジ地区へ移動したが、他の大隊のようにコーカサスやステップを越えてスターリングラードへ進撃するという作戦へは投入されず、第197大隊はしばらくして、東部戦線中央軍集団戦区へ行軍し、そこのオリョール付近の前線へ投入された。この戦線での大隊の戦況について、さらに紹介しよう。

ヴォロネジとオリョールの間

クリミアでの短期間の休養の後、第197突撃砲大隊は1942年7月30日にヴォロネジ地区へ移動して第7軍団に配属された。この戦区では、大隊は第340、第377および第387歩兵師団の下で何度も強力なソ連軍の攻撃を防衛し、敵戦車多数を撃破した。

ゲラルト・デ・ラ・レノティーレ中尉がドイツ黄金十字章を授与されたが（＊46）、その少し後の1942年8月14日に彼は重傷を負った。

8月17日、この地点でソ連軍は奇襲攻撃を発起した。時を置かず8月23日に出撃命令が下り、大隊はただちにオリョールへ移動してそこでクレスナー大将指揮の第53軍団に配属された。大隊は、ドイツ軍主戦線〝野外狩猟〟に急進して来るソ連軍戦車前衛部隊を阻止し、これにより味方歩兵部隊の安全を確保せよ、との命令を受領した。

すぐにシュタインヴァクス大尉が、新たな戦区の偵察を行なわせた。ここでレック少尉が彼の小隊を率いて、3日間で7両のKV-1を撃破した。これにより大隊の任務は果たされ、ソ連軍がこの地点で戦車攻撃を行なうことは二度となかった。

10月初め、大隊はスパース・デーメンスコエ地区に移動し、軍予備部隊として第56軍団の戦区に投入された。これは大隊のわずかな休養期間の一つとなった。1942年12月23日、第4軍司令官レッティガー大将は、大隊長宛の次のような命令を開封した。

「第197大隊の乗員部隊は、可能な限り速やかにユターボクへ移動し、重突撃砲を装備するべし。」

この1年間休暇を与えられなかった大隊にとっては、これはまさにクリスマスプレゼントの驚きであった。1943年1月に大隊は、第270突撃砲大隊と交替し、ユターボクへと向かった。しかしながら、大隊用の装備として指定された〝フェアディナント〟がまだ使用可能ではなく、すべての将兵が休暇となった。その後、将校、砲長と操縦手は、ザンクト・ペルテン近くのザンクト・ファレンティン工場で手ほどきを受けた。1943年4月1日をもって大隊全員が突撃砲兵科から戦車兵科に転換され、第653重戦車駆逐大隊と改称された。ギュンター・ホフマン＝シェーンボルン大佐が、

ティーガー（P）型駆逐戦車［フェアディナント］（編注：第653重戦車駆逐大隊が最初に受領した45両のうちの1両。フランスのルーアンに輸送され、同地で編成中の第654重戦車駆逐大隊へ支給された）

1943年4月14日の最後の厳かな呼集において、この功労ある突撃砲兵に対して惜別の言葉を贈った。

大隊はノイジードル・アム・ゼーへ移動し、45両の〝フェアディナント〟が装備された。〝フェアディナント〟は突撃砲の一種であったが、その後、大隊は戦車部隊としての道を歩むこととなった（突撃砲兵の兵装参照：下巻に収録）。

第249突撃砲大隊／第2中隊 ケルチ半島からセヴァストーポリへ

1942年1月10日にユターボクの〝アドルフ・ヒットラー演習場〟で第249突撃砲大隊／第2中隊が編成された時、すでに幾つかの突撃砲大隊が東部戦線南部戦区とクリミア半島にあった。ノッテブロック中尉指揮する新編成の中隊は、1月14日に宿営地のツィンナ村へ移動したが、この場所においてもわずかな戦車部隊しか残っていなかった。

操縦手の訓練とツィンナでの地形演習の後、トロイエンブリーツェンへ短時間のうちに移動した。そして1942年2月17日に中隊はそこからユターボクまで戻ったが、積載時間

注

（＊45）訳者注：シュタインヴァクス大尉は1942年3月25日付けでドイツ黄金十字章を授与された。

（＊46）訳者注：レノティーレ中尉は1942年7月28日付けでドイツ黄金十字章を授与された。

ユターボクにおける第249大隊の積載風景

ユタ　ボク駅にて

1942年2月、積載作業におけるエンゲルケ中尉とローマン少尉

クリミアで降車した第249大隊。写真右側には故障した突撃砲が見える

は2時間以内であった。

8日間の鉄道輸送はティギナで終了し、そこから陸路でオデッサへと到着した。ニコラーエフを経由してヘルソンに達し、3月2日に凍結したドニェプル河を横断した。そして、この日の夕方にようやく見えたチャープリンカが、最終目標地であった。

数日の休養期間中に整備中隊は損傷した突撃砲数両を修理し、その後、中隊はアルミャンスクとペレコプを越えてジャンコイに到着した。さらにシンフェローポリを経て、中隊はフェオドーシヤ西方8kmに位置するダーリニィ～バイグガに達した。

1942年3月14日が、中隊の初陣の日であった。ノッテブロック中尉は中隊を率いて、ソ連軍の攻撃を防ぐため前進した。サイート・アッサンおよびコイ・アッサン付近で敵と激しく交戦し、翌日には突撃砲はヴラジスラーヴァフカに投入され、コルペーチが戦闘の焦点となった。1942年3月15日、ノッテブロック中尉は彼の突撃砲内において榴弾の直撃弾により戦死し、エンゲルケ中尉が指揮を受け継いだ。

4月末まで損害が多い戦闘が継続した。パルパチ戦線の漏斗型の地形のため、擱座したり撃破された敵の火制下にあった突撃砲は夜間に牽引された。工場整備は重要な任務であり、関係する突撃砲乗員との協力関係で問題を解決しなければならなかった。中隊の補給段列は、戦闘の開始から5月初めまでナイマンに位置していた。

1942年5月2日の夜は、中隊のすべての生き残りにとって、辛い苦痛に満ちた記憶を思い起こさせる夜となった。ダーリニィ～カムィシー鉄道の踏み切り付近でトーチカの建設工事に従事していた部隊がソ連軍の〝睡眠妨害機〟（＊47）により爆撃され、その爆弾数発が直撃弾となった。そして、中隊の兵士11名が死亡したのである。

1942年5月8日、重要拠点が1941年12月末に上陸したソ連軍により奪回されていたケルチ半島の2回目の攻略戦が開始された。ケルチへの攻撃はドイツ軍の爆撃を皮切りに、砲兵およびネーベルヴェルファーが連続砲撃を加えた後、ケルチへの攻撃は開始された。攻撃部隊の右側面に投入された突撃砲は、前進して敵対戦車砲を撃破した。ここで最初の突撃砲が失われた。中隊は撤退する敵部隊より早く進撃を続け、やがてケルチ市街に達した。そこで中隊はその強力な火力で制圧して突撃する歩兵を支援し、抵抗拠点を排除する任務に従事した。要塞周辺の戦闘、特に市街戦や強力に防御されたヴォイコフ精錬所付近の戦闘においては、突撃砲は卓越した打撃力を発揮した。

こうしてケルチは、その隅々まで敵の手から解放された。

注（＊47）訳者注：ソ連空軍による旧式複葉機などによる夜間爆撃のことで〝当直士官〟などの俗称で呼ばれ、たいがいは命中精度が悪く嫌がらせの効果程度しか望めなかった。

ノッテブロック中尉の墓標。1942年3月15日、クリミア半島のキート付近の25.3高地にて戦死

クリミアの弾薬貯蔵デポ

1942年7月、シンフェローポリにて降車した第249大隊／第2中隊

5月23日に第249大隊／第2中隊は、同じ様に戦線へ投入されていた大隊(残念ながらどの部隊かを記載した資料を、発見することはできなかった)と共にフェオドーシヤへ前進し、ビヴァーク煉瓦製作所に移動した。翌日の朝、中隊はカラスバザールとスタールィ・クルィムを越えて、さらにシンフェローポリへ向かった。精霊降臨祭の月曜日、曲がりくねった道をクリミアの南沿岸であるヤルタへと前進し、街の東方で野営陣地を張った。補給段列は、戦闘中隊がセヴァストーポリへ発進するまでのわずかな時間の間に、計画された戦闘力にまで突撃砲群を整備し、要塞までの突進に随伴するためニキターツムまで進出していた。

35日間にわたる戦闘の結果、第249大隊／第2中隊は大戦果を挙げることができたが、しかし損害もまた多かった。重武装された要塞地帯で、突撃砲は1m毎に戦い続けた。

ここでも補給車両部隊は、戦闘中隊へ糧秣、弾薬および燃料、スペアパーツなどを昼も夜も運搬した。

ここで数度に渡って特別な働きを示したクライメル中尉は、大隊で最初の兵士としてドイツ黄金十字章を授与したが(＊48)、彼はこの戦闘で重傷を負った。

ヤルタ近くのサナトリウムで、第249突撃砲大隊／第2

注

(＊48) 訳者注：クライメル少尉(当時)は1942年8月21日付けでドイツ黄金十字章を授与された。

降車作業は重労働

1942年8月、クバン方面へ前進する行軍部隊

1942年夏、ロストフからクラスノダールへの行軍途中の第249大隊／第2中隊

中隊は長い休養期間をとった。そして7月20日にシンフェローポリへ前進し、そこで7月23日に列車に積載されてスターリノを経由してウスペンスカヤへ輸送された。7月28日に中隊は到着し、そこから南への前進が開始された。

コーカサスへの進撃

1942年夏の暑い日々の中を、第249突撃砲大隊／第2中隊は南へと進んだ。

ロストフが最初の目標であり、ここで突撃砲と車両の最終的なオーバーホールが、突撃砲が編入される予定の前衛部隊が突進を開始される前に行なわれた。

弱体な敵は退却し、破壊された集落やコルホーズを通り過ぎた。広大な向日葵《ひまわり》畑の上を砂塵がもうもうと立ち昇り、前衛部隊は熱帯の暑さと塵埃の中でクラスノダールに到着した。この街の奪取に、突撃砲が投入された。それから部隊は、さらにコーカサスに向かって進撃したが、その最も高い山頂はすでに遠くに見えていた。

セーヴェルスカヤおよびホームスカヤ、アフトゥィルスカヤおよびセーヴェルスカヤ集落を通過した。クルィムスカヤを通過した。クルィムスカヤにおいて、ソ連軍は激しく執拗に戦った。「突撃砲、前へ！」歩兵の声がこだました。抵抗拠点は粉砕され、道が開けて中隊は最終的にノヴォロッ

ロストフ～クラスノダール高速道路での思いがけない出会い。突撃砲とソ連軍のI-153

クラスノダール付近での休息風景

シースクに達した。ここでは、この黒海の重要港を巡る戦闘が展開された。街の南縁にある集合住宅の〝スターリン〟や〝キーノ〟（映画館）、その東側の穀物貯蔵庫の丘で、突撃砲は歩兵の戦友達のために道を啓開した。

８月になってマイスナー中尉が中隊の指揮を執った。彼の負傷後はラインシュテドラー中尉が９月に指揮を執り、10月１日から12月31日まではローマン少尉が中隊長となった。

10月末、中隊はキーエフスコエにある良く整備された宿営舎へ移った。ここでは、長期間の過酷な行軍で消耗した車両と突撃砲を、再びオーバーホールすることができた。11月10日にアダグムの新たな宿営地に移り、ここで中隊は12月初めまで休養期間を得た。

12月10日も第２４９大隊／第２中隊は装甲列車を受領せよ、との命令を受けた。中隊乗員の半数が装甲列車の高射砲の訓練を行なった。そしてこの装甲列車は１９４３年１月６日には他の部隊へ配属され、中隊の兵士は自分の母隊に帰還してそこで新しい突撃砲を受領した。

ケスレロヴォの学校において、第２４９大隊／第２中隊はクリスマスパーティーを開催し、新年もこの集落で祝うことができた。こうして１９４２年という年は、第２４９突撃砲大隊第２中隊にとって比較的平穏に終えることができた。さて、１９４３年はどのような運命が待っているのであろうか？

コーカサス、そしてスターリングラードへ

〝青〟作戦

1942年3月28日の午後、ラステンブルクにある総統大本営（狼の巣）において会議が主催され、1942年の戦争遂行計画をどのようにするかが最終的に決定された。陸軍総参謀長のハルダー上級大将、ヨードル上級大将とカイテル上級大将ならびにその他の陸軍、空軍および海軍が居並ぶ中、ヒットラーが地図机に歩み寄って挨拶し、次いでハルダー上級大将に声を掛けた。

そして〝青〟作戦について細かい検討が加えられ、それは最終的な形にまとまって行った。この〝青〟作戦は、オリョール～クルスク～ハリコフ地区から南東へ南方軍集団が進撃するというものであった。目標は南方のコーカサスとずっと北方に位置するヴォルガ河に面したスターリングラードであった。

数時間の審議後、ヒットラーは次のような計画を承認した。

作戦第一段階：2個軍は「やっとこ」を形成し、クルスク～ハリコフ地区からの北側の腕は、中部ドン流域に沿って北東方面から進撃する。南側の「やっとこ」の腕は、同時期にタガンローク～スターリノ地区から真っすぐ東へ突進する。この「やっとこ」の両腕は、スターリングラード西方約100kmにおいて互いに方向転換し、ドン河とドニェツ河の中間地域に大包囲網を形成する。これにより、この地域の敵主力を殲滅させる。

作戦第二段階：二番目の南側先鋒部隊はコーカサス地区に進撃し、テレクおよびバクーの中間にあるソ連石油地帯を奪取する。

この計画は、国防軍参謀長のヨードル上級大将により作戦命令としてまとめられ、1942年4月4日にヒットラーへ具申した。ヒットラーは再びこの命令を修正し、1942年4月5日に最終的に「総統命令第41号」として公示した。これによれば、「なによりも肝要なことは、東部戦線の南方戦区での主攻作戦のために、南方軍集団がすべての兵力を結集することである。そしてその目標は、ドン河前面に位置する敵を撃滅し、コーカサス地区の石油地帯を奪取し、コーカサス山脈を横断することにある。」このため陸軍は、春季の泥濘期終了後、「空軍との協調の下、主攻作戦遂行に必要な前提条件を創り出すことが不可欠である。」

南方軍集団はこの北方から南方への夏季攻勢のため、下記の部隊を利用可とする：

・第2軍―クルスク地区
・ハンガリー第2軍―クルスク地区
・第4戦車軍―ハリコフ地区
・第6軍―ハリコフ南東方地区
・第1戦車軍―スターリノ地区

1942年夏、スターリングラードおよびコーカサス方面への進撃（出典：アレキサンダー・ヴェアト『戦時のロシア1931―1945年』）

・第17軍─スターリノ南東地区
第17軍と第1戦車軍の後方にある第2戦線には、
・イタリアロシア遠征軍第35軍団、後のイタリア第8軍
・ルーマニア第3軍

この作戦の前提条件としては、東部戦線全般における戦況の安定、並びにケルチ半島とセヴァストーポリ要塞の奪取であった。

南東への突進で最も重要な前提条件は、出撃地点であるヴォロネジの奪取にあった。この街は、ヴォロネジ河とドン河沿いに位置する重要地点であり、ここから南方方面軍、すなわちフォン・ボック元帥が作戦を開始することとされていた。

ヴォロネジへの攻撃は、ヴァイクスの第2軍、ハンガリー第2軍および第4戦車軍の作戦軍集団によって開始された。

同じ頃、その南方の第6軍はドン河方向へ出撃せよとの命令を受領した。

これにより、東部戦線にはターニングポイントが訪れた。ほとんど全ての戦闘可能な突撃砲大隊は、もしそこに居ない場合には南部戦線へ移動となった。

突撃砲大隊【グロースドイッチュラント】ヴォロネジとハリコフの間

1942年初めにシェパース少佐の指揮下となった突撃砲大隊【GD】は、48口径7・5㎝戦車砲（KwK L/48）搭載の新型突撃砲21両を受領した。各中隊の指揮官は、フランツ中尉（第1中隊）、アダム中尉（第2中隊）およびレムメ中尉（第3中隊）で、彼らはすでに突撃砲での実戦を経験し、各中隊も東部戦線での戦闘準備は万全で最良の状態にあった。

師団に大隊が合流した直後にヴォロネジ付近でのドイツ軍夏季攻勢が開始され、師団【GD】はチーム戦区へ配置された。第48戦車軍団の作戦初日の戦況報告は、次のとおりである。

『第48戦車軍団は、右翼に第24戦車師団、左翼に歩兵師団【グロースドイッチュラント】を配してシチグルィ東方の重要拠点を含む敵前線を突破し、ゴルシェーチノエを越えてヴォロネジへ突進するため、戦車部隊を投入して休む暇なくその日の目標であるヨフロシノフカ付近の陸橋まで前進した。』

1942年6月初め、歩兵師団【GD】はクルスク北西のファーテシ付近まで進出した。この間に大尉に昇進していたペーター・フランツは、1942年6月13日の朝に師団長から呼び出しを受け、トゥーラおよびオリョール撤退時の冬季

ペーター・フランツの突撃砲

突撃砲大隊【GD】／第1中隊指揮官のペーター・フランツ大尉は騎士十字章を授与された

師団長ヘアンライン中将から騎士十字章を受勲するペーター・フランツ大尉。1942年5月末ファーテシでの撮影

フランツ大尉の突撃砲搭乗員をねぎらうヘアンライン中将。称賛の意味で肩に手をかけているのはヴァーグナー上級曹長

戦における彼の決定的な戦果に対し、ヘアンライン中将自らの手により彼へ騎士十字章が手渡された（＊49）。

１９４２年６月28日に歩兵師団【ＧＤ】は、チームおよびヴォロネジ攻撃のため、クルスク東方のシチグルィ付近の命令された地点へ到着した。

フランツ大尉は彼の中隊と共に、鉄道に架かるチーム橋から東方３㎞に位置する木が生い茂った丘に対する威力偵察に投入された。

中隊と共にフランツ大尉は、まずスホーイ・フートルまで前進し、ここで作戦中の敵を側面の森林地帯から奇襲攻撃をかけてこれを圧倒した。第１中隊が移動している時、北方から突然砲撃を浴びて多くの兵士と将校８名が失われ、迅速に反転した突撃砲だけがそれ以上の損害を食い止めることができた。

７月２日のＴ-34に対する戦闘において、突撃砲大隊【ＧＤ】は再び撃破数を稼いだ。

師団の先鋒部隊として突撃砲大隊【ＧＤ】は、ヴォロネジ付近でドン河に達した。７月７日の夜、第24戦車師団の最初の部隊がヴォロネジへ突入した時、師団【ＧＤ】は南方へ方向転回した。大隊はさらにドン河下流に沿ってロストフ方面へ作戦を継続し、ロストフ西方のソ連軍の退路を遮断することとなった。しかし、突撃砲はもう１日だけここに止まり、第28歩兵連隊（第３歩兵師団（自動車化））の歩兵を跨乗させてヴォロネジへ突入し、この街の占領を支援した。

突撃砲を含めた師団の先鋒は、12日間かかってドン河下流のコンスタンチーノフスカヤに到達した。フランツ大尉の突撃砲は一路ラスドールスカヤへ突進し、敵は短期間の激しい戦闘の末に駆逐され、ここでドン河に架かる橋に到達した。

８月１日までに突撃砲はさらにマーヌィチまで突進し、ここで師団は軍命令を受領して１９４２年８月15日から鉄道輸送により南方軍集団戦区のスモレンスクへ移動となった。スモレンスクから師団は、防衛線が構築されたルジェフ地区へ前進した。街の南方に陣取った突撃砲は再び大きな試練を迎えることになるが、これは中央軍集団戦区における突撃砲部隊の章で紹介することにしよう。

ヴォロネジ戦区における第１９０突撃砲大隊

１９４２年７月22日に第１９０突撃砲大隊は、大陸から突き出たクリミア半島から第２軍の戦区であるクルスク東方へ移動し、大隊は〝青〟作戦に参加することになった。

この戦区での最初の作戦は、同じ地区にあった第２０１突撃砲大隊長の指揮下に入った。〝併合〟作戦は１９４２年８月８日に開始され、作戦初日に早くも第１中隊が敵戦車８両

注（＊49）訳者注：公式発効日は１９４２年６月４日である。

を撃破したが、味方の突撃砲2両が命中弾を被り撃破された。［心臓の森］や［中隊の林］において、激しい戦闘が繰り広げられた。この戦闘は数日続き、8月12日に第II中隊は、［砲兵の林］南方の窪地でソ連軍の攻撃を阻止することに成功した。わずか3両の突撃砲を率いるダムマン少尉は、突破して来たソ連戦車悌団を認めるや、遥かに優勢な敵に対して突進した。

最初の砲撃で3両の突撃砲は、各々敵戦車1両を撃破した。ダムマン少尉は、危険この上ない走行により敵戦車集団の真中へ突進した。彼の照準手が次の戦車を目標に捕らえ、再び長砲身用戦車砲弾が敵戦車へ飛翔し、このT-34は燃え盛る松明と化した。

鹿砦《ろくさい》と塹壕を越えて一度停止し、再び全速力でアクセルを吹かして敵の砲撃をかわし、自らは新たな敵戦車を次々と捕捉して連続砲撃を行ない、少尉の突撃砲だけで敵戦車6両を撃破した。この間に他の突撃砲2両の砲撃音がこだまし、爆発音が辺りを震わせた。［砲兵の林］一帯は、ブリューゲルの地獄絵図のような様相であった。砲撃の閃光がぴかぴかと光る。と、2両のT-34が同時にダムマン少尉の突撃砲を砲撃し、その1発が命中した。突撃砲は完全に破壊され、ダムマン少尉と彼の乗員全員は戦死を遂げた。さらにもう1両の突撃砲が失われ、戦線は危機的状況となったが、第2中隊が最後の瞬間に戦っている戦友のために駆けつけた。中隊は何倍も強力な敵に対して突進して敵戦車群を撃破し、戦友と橋頭堡を救援することができた。この戦闘において、合計22両の敵戦車が第2中隊によって撃破された。

8月18日に第２０１突撃砲大隊がここから移動となった時、第１９０大隊は再び固有の本部を設置することができ、ブラウン大尉とムルフィンガー少尉へ一級鉄十字章が授与された。

ヴォロネジ橋頭堡において、激戦はさらに続いた。8月28日にタトイェ少尉は病気のロート中尉の代わりとして第1中隊を指揮することとなった。さらに第3中隊長も重病に陥り、8月31日には野戦病院へ輸送された。このためアーモン少尉が中隊を引き継いだ。パイツ大尉は9月3日付けで少佐に昇進した。また、同じ日にセヴァストーポリ前面で重傷を負った第2中隊のブリュックナー上級曹長には、ドイツ黄金十字章が授けられた（*50）。

9月11日に大隊は48口径戦車砲搭載の新型突撃砲12両を受領し、これによって再び27両の突撃砲が可動状態となった。次の日、大隊はカジノに立てこもるソ連軍の橋頭堡への攻撃へ投入された。ここで9月17日に対戦車任務を引き継ぐことになった第3中隊は、煉瓦工場およびカジノに対する強力な敵戦車の攻撃を阻止することに成功し、T-34・17両を撃破した。この中隊は弾薬を使い果たしたため第1中隊と交替したが、同中隊は14時30分までの間に、さらに18両のT-34を撃破した。最終的に両中隊は弾薬補給を行ない、歩兵の支援のために［赤い家］、煉瓦工場とカジノへの攻撃を行なった。この攻撃は、ソ連軍の激しい防御砲火に曝された。

その他の日にも、ソ連軍はカジノから煉瓦工場までの地域で、攻撃を継続させた。

強力な戦車攻撃が煉瓦工場の北東で発起されたが、第1中隊により阻止された。この戦闘でムルフィンガー少尉が、迫撃砲弾を受けて戦死した。ツェーザー大尉、すなわちセヴァストーポリでの〝スターリン〟保塁攻略の英雄は、爆弾の破片により即死した。兵役前には科学者であったムルフィンガー少尉とツェーザー大尉の後任については、第2中隊の指揮はタトイェ少尉が引き継ぎ、ホーハイゼル中尉が第1中隊を引き継ぐこととなった。

次の4日間に、大隊は限定的な戦闘を行ない、さらなる戦果を挙げた。特筆すべき日は1942年9月22日である。

煉瓦工場付近のソ連軍突破地点を粉砕するため、第190大隊は第532歩兵連隊と共に出撃した。しかし、この攻撃は頓挫し、14時に第二次攻撃が始められた。ドイツ歩兵部隊の攻撃が敵戦車2両によって食い止められた時、タトイェ少尉は彼の突撃砲と共に味方前線の前まで前進し、この敵戦車2両に対して戦いを挑んだ。彼は物凄い勢いで突進して2両のT-34の砲撃を避けながら砲撃を行なったが、これと同時に、彼は敵対戦車砲や榴弾砲からも砲撃を受けた。タトイェ少尉が2番目の戦車を撃破したちょうどその時、彼の突撃砲に対戦車砲弾が命中し、少尉は重傷を負い、残りの乗員は全員戦死した。戦車撃破数39両を誇る彼にも悲運が訪れたのであったが、10月24日にタトイェ少尉は、野戦病院で騎士十字章が手渡された（＊51）。

この間、9月22日の17時に、敵の第三次攻撃が発起されていた。大隊はすでに夕闇が迫る戦場に踏みとどまり、敵戦車8両を炎上させた。

弾薬不足は深刻になり、9月26日まで大隊は［トランペットの森］で戦闘を継続した。アーモン、ウアバン、アダム、レンクおよびビショッフ少尉は一級鉄十字章が授与され、パイツ大尉は、ヴォロネジ橋頭堡とクリミアでの類い希な卓越した大隊指揮により、ドイツ黄金十字章が授与された（＊52）。

1942年1月1日から10月1日までの期間に、大隊の兵士8名にドイツ黄金十字章が授与され、46名に一級鉄十字章が、108名の兵士に二級鉄十字章が贈られた。さらに、148名には突撃章が授与された。また、戦傷勲功章はゴールドが2名、シルバーが14名、ブロンズが87名に上り、大隊の

注（＊50）訳者注：ブリュックナー上級曹長は1942年8月12日付けでドイツ黄金十字章を授与された。

（＊51）訳者注：公式発効日は1942年10月21日である。

（＊52）訳者注：パイツ少佐（昇進）は1942年11月12日付けでドイツ黄金十字章を授与された。

損害の多さを如実に表している。

　1942年11月、どうしても確保しなければならないヴォロネジ橋頭堡の戦線は強化された。この地点はすでに遠く東南方向へ作戦中である全ての部隊の出発点であり、押さえておかなければならない交通の要衝であった。

　ちょうど大隊の全中隊がクリスマスパーティーを開催していた時に警戒命令が出され、突撃砲はハンガリー第2軍戦区へ救援に向かった。中隊群は直ちに前進して、戦闘で燃え盛るこの戦区にちょうどよいタイミングに到着した。1943年1月17日にソ連軍がここで攻撃を開始した時、ハンガリー軍の戦線全体が崩壊した。ドイツ軍2個師団が大急ぎで駆けつけたが時すでに遅く、悲劇を食い止めることはできなかった。

　昼夜にわたり、ここで全ての突撃砲が作戦投入され、人員と器材を新たに形成された包囲網から西方へ脱出することができた。

　パルチザンにより支援されたソ連軍が、オストロゴーシスクのドン河橋梁を占領した時、大隊は一人取り残されなければならなかったが、ここで再びアーモン中尉が第3中隊の戦闘部隊と共に道を啓開することに成功した。その他の2個中隊も無事切り抜けることができたが、この戦闘でプリーバー少尉が重傷を負い、軍医の必死の努力も空しく死んだ。

　ちょうど休暇から戻って来たパイツ少佐は、自ら戦場において指揮を執るため、装甲牽引車を駈って大隊の作戦地域へ向かった。1月22日に少佐は重傷を負ってソ連軍に捕らえられたが、ここでもまた、アーモン中尉が第3中隊をもって攻撃し、重傷の大隊長を救出した。同じ日、大隊軍医のフォン・キューゲルヒェン博士が戦死した。

　突撃砲群は、ドイツ2個歩兵師団と共に1943年2月にオスコール付近で前線を安定することに成功した。切り裂くような酷寒の中で、戦闘中隊群はスタールィ・オスコール付近で戦っていたが、突然、次のようなテレタイプが届き、物凄い歓声が巻き起こった。

「第190突撃砲大隊は、直ちにユターボクへ行軍するべし。」

　これにより、要衝ヴォロネジにおけるこの戦闘期間は終わりを告げた。

　1943年2月20日には、早くも最初の部隊がトロイエンブリーツェンに到着した。今度が大隊にとって丸2年間の戦闘で最初の長期休暇であった。ここで各中隊は、初めて10・5cm口径の突撃榴弾砲2両から構成する1個重装備小隊を装備することとなった。

1941年8月、ドニェプル河渡河時の第243大隊の将校団。左から第243大隊／第3中隊指揮官ゼキルカ中尉（1944年5月、第301旅団長（少佐）として戦死）、第243大隊／第3中隊のヤイトナー少尉、大隊長のヘッセルバート中佐（東部戦線で行方不明）

第２４３突撃砲大隊 スターリングラードからカインまでの撤退

１９４２年６月28日に開始されたドイツ軍の夏季攻勢と共に、第２４３突撃砲大隊はヴォロネジ攻撃のために前進し、チーム河沿いのチーム付近のソ連軍陣地を第16歩兵師団（自動車化）の部隊と一緒に突破した。この戦区の攻撃序列は、北から南への順番で言うと歩兵師団【ＧＤ】、第24戦車師団と第16歩兵師団（自動車化）であった。

目標は約１６０km離れたドン河東方に位置するヴォロネジであった。作戦の焦点は第２中隊の地点で、多数の優勢な敵戦車部隊により突撃砲４両が撃破された。この戦闘で、強行突破を自身の突撃砲で援護していた第３中隊長のヘーファー中尉が戦死した。

７月５日にヴォロネジは陥落し、最初に市街に突入したのは第24戦車師団の突撃部隊であった。この重要な都市の陥落は、侵攻作戦の第二段階への号砲となった。

さらに第17軍はヴォロシログラード方面のアルチョーモフスク東方へ進出し、そして第１戦車軍がリシチャンスク北方からドニェツ河を渡河した。第４軍の快速部隊の大半は、ドン河に沿って方向転換することなしに、そのままヴォロネジに留め置かれた。唯一、第６軍の第40戦車軍団が、７月９日に第１戦車軍前面に位置する敵の背後のカンテミーロフカ付近にあった。

この軍団は、計画された［やっとこ］としての作戦行動を実施するには弱体であり、この理由から第4戦車軍は、ヴォロネジ地区から早めに出撃し、南方へ投入された。

ソ連軍はその間に、ドン河大屈曲部から撤退することを決定した。強力な後衛部隊は、押し寄せるドイツ軍を再三に渡って阻止した。

ヴォロネジ北西の防衛戦で敵は手強く防御しており、ソ連軍の圧倒的な戦車と歩兵兵力を食い止め、それを撃退するため、第243突撃砲大隊は様々な師団に配属された。ソ連軍は湖付近での反撃により、攻勢中のドイツ軍左側面を撃滅する意図を持っていた。

この戦闘で大隊は大きな損害を蒙った。ムラーフスキィ・シリャーフの第1中隊の戦没者墓地は、日増しに大きくなっていった。しかし、敵戦車の撃破数もまた多数に上った。7月9日に大隊は戦線から離脱し、他の部隊と共に急ぎ行軍して南方へ投入された。大隊はコーカサスへの進撃作戦に参加することとなったのである。

800km以上もあるステップ地方の行軍は過酷であり、ロシアの灼熱の夏は日陰でも温度は40度にもなる中、第243大隊は再三に渡ってソ連軍の低空爆撃機に攻撃されながら、ドン河大屈曲部に到達した。7月30日、大隊はドン河下流のツィムリャンスカヤ付近で渡河し、サール河方面へ進軍し、1942年8月2日にチェーホフに達した。何も遮るものがないステップ地方においては、戦闘は過酷を極めた。

8月3日に第14、第24戦車師団および第29歩兵師団（自動車化）は、クラスノダール～プロレタルスカヤ～コテルニコヴォ～スターリングラードに至る鉄道線に沿って進撃するべく方向転換を行ない、第243大隊はこれらの部隊に配置された。これにより、大隊の運命は決した。

合計1500kmのステップ地方の行軍と激しい戦闘を経験した後での、このドイツ3個師団と第243突撃砲大隊にとって、スターリングラードへの決定的な進撃は、この時点で新手の部隊であれば可能であったかもしれないが、もはやその任には耐えられなかった。従って、スターリングラードを南方からの攻撃で奪取するという大いなる希望は消え去ってしまった。

こうして、ソ連侵攻における過酷なそして血なまぐさいエピソードの一つが、進行することになったのである。

大隊のステップ熱病患者は、1942年8月6日にカルミュックステップ地帯の赤蕪畑が広がるオアシスのシュートフに集められた。この当時、大隊将兵の半数以上がこの赤痢のような熱病に感染していた。

第1中隊は、スターリングラードとシュートフの中間のステップにあり、突撃砲戦闘中隊の目標はスターリングラードであった。ここから中隊は北方へ行軍し、コシャラー、クリェシェフスキィ、プランタートル、ガヴリーロフカ、ペシチャンカそしてズィベンコなどの集落を次々と奪取した。この戦闘期間中、短砲身7・5㎝戦車砲を搭載する突撃砲は、T-34との対戦車戦を切り抜けることはしばしば困難になりつつあった。

大隊にとって、もちろん第2中隊にとっても幸運が舞い込み、戦線後方で48口径戦車砲を搭載する新型突撃砲が配備されることになった。

スターリングラード前面のヴォルガ高地において、すべての〝鋼鉄の騎士〟大隊の部隊が集合し、最後の素晴らしい秋の日を過ごした。不思議なことに敵は静寂を保ったままであった。

11月19日に243大隊は、ベーケトフカとクラスノアルメイスクへ前進するよう命令を受けた。クラスノアルメイスクには大規模な戦車工場があり、そこから全スターリングラード戦線へT-34を供給しているのだ。工場の占領に成功すると、敵の供給は途絶えることになる。

ここでは、専ら女性の手で操作されている敵の重高射砲中隊の砲火により攻撃は頓挫し、第243突撃砲大隊はズィベンコへ撤収した。

11月21日の夜に大隊は、歩兵の援護の下でヤゴーチン東方の125高地と128・2高地を攻撃し、これを占領した。しかしながら、翌日、大隊は彼らの補給部隊と切り離されて包囲され、危機的状況となった。

大隊長のヘッセルバート中佐は、この状況の中で突撃砲中隊の残余とメーダー中佐およびドレッパー中佐の歩兵戦闘団からなる戦闘群の指揮を執った。この損害の多い戦闘により大隊は、ついには可動突撃砲がわずか2両になる壊滅的打撃を受けた。大隊の残った将兵は歩兵として戦い続けた。

12月19日に包囲部隊は、新型突撃砲を装備した第2中隊を含む、まだ包囲されていない大隊の残余部隊が救援作戦を開始したことを知った。そして彼らはすでにあと30㎞までの地点まで来ており、明日にも救援が期待された。

しかし、この日は救援部隊にとっては暗黒の日となった。彼らはコテルニコウォの強力な敵の前で撤退しなければならなかった。包囲部隊の士気は衰え、食事はわずかな乾パンと馬肉となった。

1943年1月10日、スターリングラードと包囲陣に対するソ連軍の大攻勢が開始された。この日、第243突撃砲大隊の最後の突撃砲が、なおも119・7高地と［三つ塚］への反撃を実施した。さらに大隊の野戦指揮本部の前には、ブルニシュ曹長の突撃砲がただ1両頑張っていたが、この車両は走行不能であり、砲撃のみは可能という代物であった。

4日後、ソ連軍は某師団の残余と第243大隊が立てこもるザリザタルを攻撃した。この師団は、包囲陣奥側のスターリングラードへ撤退するよう命令を受けた。これを可能とするため、ブルニシュの突撃砲はヘッセルバート中佐から、味方歩兵がピトムニク、ゴンチャラを経てグムラクへ撤退することが可能となるよう、ソ連軍を可能な限り食い止めるよう命令された。

この任務が終了した後に突撃砲を第２４５突撃砲大隊の整備工場へ牽引するため、1台の18ｔ重牽引車両が用意された。この大隊も、同じようにスターリングラードで包囲されていたのである。

ソ連軍が２㎞まで接近した時、ブルニシュは砲撃を開始した。４時間の間、この突撃砲はここでたった1両で防衛戦を戦い続けた。ソ連軍は重火器を投入して来なかったので、ブルニシュは彼の任務を遂行することができた。多数のソ連軽戦車が撃破され、残りは方向転換をしたのであった。

歩兵が遠方へ充分に撤退したのを見計らい、突撃砲は牽引車両によってピトムニク飛行場の東方１㎞に位置する第２４５突撃砲大隊の整備工場へ牽引された。しかし、ここでもこの突撃砲は修理不能で、依然として走行不能のままであった。

それでもなお、ブルニシュ曹長はもう一度、壊れた突撃砲を防衛陣地に据え付けた。彼は1月14日にある大隊の指揮下に入ったが、それは生き残りの兵士14名からなっており、２㎞の戦線を防衛することになっていた。

1月14日よりヘッセルバート中佐は、他の第２４３大隊の兵士多数と共に行方不明となっていた。

ソ連軍は４日間費やしてカールポフカを占領し、ピトムニクもまた掃討された。しかしながら、ブルニシュ曹長率いるこの最後の突撃砲だけは、まだ陣地を放棄していなかった。ブルニシュとアケル先任上等兵が突撃砲の中で頑張っていた。他の乗員二人については名前がわかっていない。

1月20日の夕方、ブルニシュ曹長は彼の突撃砲からの離脱の際、首に重傷を負い、数時間後、1月21日の真夜中1時過ぎにブルニシュは膝の関節部分に二度目の負傷を受けた。

彼はスターリングラードから生還できたのは、ひとえに包囲陣内の二人のおかげだと感謝している。その一人は、彼を一台の１７０Ｖ（＊53）でグムラクまで送り届けた騎士十字章拝領者のリーデル少佐（＊54）であり、もう一人は勇敢な彼の戦友であるオットー・アケルである。

1月22日、激しい敵の砲火の下で、ブルニシュ曹長は18ｔ重牽引車両でスターリングラード中央飛行場に輸送された。その日の午後、１機のＨｅ１１１が着陸した時、激しいソ連軍の砲火を浴びる滑走路を、アケル先任上等兵は肩にかついで自分の戦友を運んだ。砲弾の弾着や機関銃射撃の轟音の中を、彼らは輸送機へ辿り着いた。ブルニシュ曹長は飛び立ち、彼は死の罠から逃れることができた。

こうして第２４３突撃砲大隊は、完全に壊滅したのであった。

第244突撃砲大隊
ハリコフからスターリングラードへ

ハリコフの戦闘は、ソ連軍がドニェプル河への冬季攻勢で奪回した街が、ハリコフ東方の戦線窪み部分となっており、これを除去するための戦闘であった。1942年5月8日にソ連軍は、戦術的突破を行なってハリコフを手中に収めるため新たな攻勢を開始した。

ソ連軍は、ティモシェンコ元帥がこの攻勢の指揮を執った。北方のベールゴロド～ヴォルチャンスク地区では、ソ連第28軍が10個狙撃兵師団、4個騎兵師団と3個戦車旅団をもって出撃し、さらに2個機械化旅団が増強された。

南のティモシェンコ軍のやっとこは、第6および第57軍で構成されており、26個狙撃兵師団、18個騎兵師団および14個戦車旅団を有していた。

このやっとこでパウルス大将率いるドイツ第6軍を撃破するべく、ソ連軍は5月12日にこれらの大兵力で攻勢を開始した。第6軍は北方のやっとこの腕をハリコフ手前20kmの地点で食い止めることに成功したが、イジュームのドニェツ河屈曲部から出撃した攻勢の左腕は、さらに進撃していた。

ハリコフの西方から100km以上もあるポルタワまでソ連軍の快速部隊は進撃し、南方軍集団司令部のすぐ前面まで迫り、激戦が展開されていた。

ハリコフおよび南方軍におけるこの戦闘の中で、第244突撃砲大隊は中心的な存在であった。第1中隊は何日もの間、突破して来た敵戦車悌団と防衛戦を展開した。バンツェ上級曹長はこの時までにすでに敵戦車を多数撃破していたが、ここではしばしば単独で戦闘を行ない、ある単独戦闘において彼は強力なソ連戦車群の一つを壊滅させた。彼の撃破数はこれにより24両に達した。しかし、もちろん大隊全部隊も粘り強く戦った。5月14日には少なくとも敵戦車36両が大隊により撃破され、5月15日の国防軍公報によりこの戦闘での功績が称えられた。

1942年5月13日から7月22日までの期間、大隊の第2中隊はシュティーア大尉に率いられて第113歩兵師団へ配属された。これらの兵士達は、10週間の間、再三に渡って類稀な勇敢さを示した。ハリコフ南方の包囲戦、すなわち、ドニェツ河を渡河して橋頭堡を奪取し、ドン河大屈曲部での戦闘でシュティーア大尉が負傷するまでに、第244大隊／第2中隊はKV-1およびT-34を66両撃破した。

注（＊53）訳者注：メルセデスベンツ170Vのことである。4気筒17OOCC38馬力の性能を持つ同車は、戦争初期に大量生産された。

（＊54）訳者注：ヴィリ・リーデル少佐は第524歩兵連隊第Ⅲ大隊長（大尉）として、1942年10月8日付けで騎士十字章を授与されており、さらにその後、包囲陣内の戦功により1943年1月25日付けで柏葉付騎士十字章を授与された。

冷静沈着かつ闘志溢れる戦士のローアバッヒャー上級曹長

第244旅団長*のフリートリヒ・グロースクロイツ少佐（*訳者注：大隊長の誤記である）

中隊は5月13日に第260歩兵連隊に指揮下に入った。連隊がハリコフ南方でソ連軍戦車多数に攻撃された時、シュティーア大尉は敵に向かって突進した。彼は単独で敵の防衛線の400m手前まで進出し、そこで敵戦車を捕捉し6両を撃破した。その他の2両は後退し、よろめきながら逃げ帰った。一人の経験豊富な突撃砲指揮官が、いかなることがなし得るかということを大尉はここに示した。彼は素早い位置の変更と砲撃停止時間を短くすることで、敵の砲撃を回避することができたのである。

その後、彼は第260および第261歩兵連隊の中間にある占領された高地へ前進し、ちょうどそこで展開されていた敵の攻撃を粉砕した。

師団が撤退した時、シュティーア大尉は彼の中隊により後衛部隊を構成し、数回に渡って迫り来るソ連軍の戦車攻撃を撃退した。

5月17日に中隊は第261歩兵連隊へ配属された。この日、シュティーア大尉は超絶しており、たった突撃砲4両で16両ものT-34を撃破し、自らもソ連軍戦車旅団の旅団長が乗車したKV-1を撃破した。その後の迅速に行なわれた反撃により、第244大隊／第2中隊のある突撃砲は、さらにT-34を2両撃破した。

〝雄牛〟（＊55）と兵士が名づけた中隊にとって、5月18日は再び大きな戦闘の日となった。敵の野砲多数が破壊され、その中には18㎝野砲1門や12㎝野砲2門が含まれていた。

7月1日にシュティーア大尉は、第２６０歩兵連隊／第Ⅲ大隊に配属された。リューディガー少佐が、彼の大隊における戦闘状況について、こう記している。

『7月1日にシュティーア大尉指揮の第２４４大隊／第2中隊が、我が大隊へ配属された。任務は敵の抵抗線の突破であり、その重要拠点にあたるのがストノヴァーロフ村であった。シュティーアは、鹵獲して乗員を配置したT-34で中隊を増強していた。作戦は、私が大隊主力をもってソ連軍陣地の右翼を攻撃する一方、シュティーアは左翼の弱体な歩兵戦力しか持たない敵を急襲する計画であった。彼の中隊は怒涛の進撃を行なってソ連軍戦車を排除し、大隊はこの絶大な支援の下で集落へ侵入し、敵からこの重要拠点を奪取することができたのである。』

7月26日に第２６０歩兵連隊は、クシレフ付近のドン河大屈曲部に投入された。ここへソ連軍が大兵力で攻撃をして来た時、シュティーア大尉は彼の中隊と共に敵に突進し、大戦果を収めたが、ここで彼は自ら砲弾破片により負傷し、野戦病院へ送られることとなった。野戦指揮本部においてラーデ中尉が中隊を引き継ぎ、ドン河大屈曲部への前進を指揮した。しかしながら、ドン河の渡河の際に彼もまた負傷した。

ヴォルガ河に向かってさらに進み、第２４４大隊はスターリングラードへと突進した。ここで大隊は大損害を受けた。［タタール人の城壁］や［赤い10月］工場での攻撃は、損害が多い戦闘であった。原隊復帰したラーデ中尉は再び負傷し、大隊を去らねばならなかった。９月18日にプフロイトナー上級曹長が騎士十字章を授与された（＊56）。ドン河大屈曲部の夏季の戦闘において、彼は何度も彼の突撃砲をもって焦点となる戦闘に参加し、敵戦車30両以上を撃破したのであった。

第２４４突撃砲大隊が編成された時に配属されていた21名の将校のうち、今はわずかに2名が残っているに過ぎなかった。残りの19名のうち15名は戦死し、4名が負傷していた。

スターリングラードは包囲され、第２４４突撃砲大隊は最後まで戦った。この戦闘で最後まで生き残っていた兵士は、１９４３年1月末に捕虜となった。なお、１９４３年1月26日に、ヨーゼフ・ガレ曹長がスターリングラードでの戦闘の功績により騎士十字章を授与され（＊57）、同じく１９４３年1月27日にエデュアート・ミュラー上級曹長がこの高位の勲章を授けられた。

そして同じ戦友の3人目として、大隊長であるグローガー少佐（博士）が騎士十字章を授与された（＊58）。（彼はその

注
（＊55）訳者注：Stier（シュティーア）は雄牛という意味がある
（＊56）訳者注：公式発効日は１９４２年9月10日である。
（＊57）訳者注：公式発効日は両者とも１９４３年1月25日である。
（＊58）訳者注：グローガー少佐は１９４３年1月25日付けで騎士十字章を授与されたが、５日後の1月30日に戦死した。

少し後に戦死した）

第２４４突撃砲大隊は、第２４３突撃砲大隊と同じようにスターリングラードで全滅した。

第２４５突撃砲大隊
運命のスターリングラード

第２４３および第２４４突撃砲大隊が、１９４１年５月から7月にかけてユターボクにて編成された同じ時期、砲弾に乗っている鷲の部隊マークで知られる第２４５突撃砲大隊もまた編成された。

ツィーレッシュ大尉の指揮の下、大隊はレンベアク付近のライヒスホフからタルノポリを経てウマン地区へ移動した。

そして大隊は、キエフ、チェルカッスィー、クレメンチューク、ポルタワおよびアレクサンドリーヤにおける東部戦線南方戦区での一連の包囲戦に投入された。

第２軍団に属した第２４５大隊は、第97、第１００および第１０１猟兵師団の下で戦った。第一次ハリコフ戦の期間、大隊はそこで戦闘を行ない、その後前衛部隊としてベチャラ～ログスナール付近に最初のドイツ軍の大規模な橋頭堡を構築した。アレクサンドリーヤとチェルカッスィー付近でドニエプル河を渡河して大隊はさらに前進した。

有為転変の激しい過酷な戦闘の詳細はもはや残されていないが、それらは大隊の将兵に刻み込まれた。

１９４１～４２年の酷寒の冬の間、大隊はイジュームの包囲陣内で戦い、死闘を続ける歩兵の援護を行ない、遥かに優勢な敵に対してこれを守り抜いた。

ドイツ軍の夏季攻勢において、大隊は攻撃軍に参加してタガンロークを占領し、キルギスのステップ地帯を横断してスターリングラードへ進撃を開始した。ドン河沿いの森林地帯は、大隊によって市街地に入る前に掃討された。

第２４５大隊の兵士は、１９４２年11月9日のラジオ中継の宣教拡声器によるミュンヒェンの市民ビアホールでのヒットラーの演説を耳にした。

『私はヴォルガまで行き、ある特定場所、ある特定の街を欲した。偶然にもその街は、スターリン自らの名前を冠している。私はその場所を奪取せんと欲し、皆さんご承知のとおり、我々はそれをほとんど手中に収めていると聞いている。もはや敵の手には極わずかな土地しか残されていない。なぜもっと迅速な戦闘を行なわないのだろうか？という意見もあろうが、私はそこを第二のヴェルダンにしたくないし、小規模な突撃部隊が攻撃するのが好ましい。この場合、時間は何の役にも立たないのである。』

しかし8日後、この推論は間違っていることが明らかになった。ソ連軍は１９４２年11月17日に攻撃を開始したのだ！

この２日後、イェレメンコ元帥率いる２個戦車軍団、９個

1944年8月、第245大隊（旅団）／第3中隊はブルク近郊で解隊され、ナイセの第300突撃砲補充大隊へ送られた

優秀な突撃砲兵の一人である第245突撃砲大隊のツィルマン先任曹長

狙撃兵師団が、ルーマニア軍が守るスターリングラード戦線の南側面を突破し、第6軍を南と西から包囲した。スターリングラードの北方の閂を外そうというドイツ軍の反撃も失敗に終わった。

まだ可動状態にあった第245大隊の突撃砲は、ソ連軍の突撃旅団群の突進を阻止するべく第16戦車師団と共に西方へ急ぎ行軍した。しかし、西への60㎞は深い雪に覆われており、すべてが遅すぎた。そこにはすでにソ連軍が来ていたのである。しかしながら、ドン河沿いのカラチ付近で、なんとか橋頭堡を築くことができた。これよりソ連軍は包囲を閉じることに成功し、ドン河西方に位置していた第44歩兵師団、第384歩兵師団とルーマニア第1歩兵師団は東岸へ撤収し、スターリングラード大包囲陣のドンおよびヴォルガまでの間に新たに西方戦線を形成した。

この包囲陣内で、第245大隊は第16戦車師団の部隊として戦ったが、残念ながらここでもその詳細については資料が残されていない。何年にもわたるソ連での抑留生活から帰還できた大隊のわずかな生存者は、第16戦車師団の戦区にあって戦ったと証言しているのみである。すなわち、包囲陣の西方にあるノヴォ・アレクサントロフスキおよび北方戦区の高地付近において、大隊は敵が占領した139・7高地への攻撃を援護し、敵の激しい防御砲火の中でそこで踏み止まっていた。その後大隊はスターリングラード市街へ撤退し、最後に残った2両と共に防衛戦を展開し、1943年1月28日にソ連軍が強力な歩兵および戦車部隊で攻撃を開始した際、最後の突撃砲が命中弾を被り撃破された。

第245突撃砲大隊は包囲陣に止まり、1943年1月31日、その前日にヒットラーにより元帥に推挙された第6軍司令官パウルスは、ソ連軍への降伏文書に署名した。

こうして第6軍はもはや存在しなくなり、スターリングラードの瓦礫の中で全滅したのであった。

第901突撃砲中隊 スターリングラード救出作戦

パウルス上級大将の第6軍がスターリングラード戦区で危機的状況に陥り、ソ連軍の包囲作戦が1942年11月中旬に開始された時、ユターボクの第2教導砲兵連隊（自動車化）は、至急、救出作戦用の1個突撃砲中隊を編成するよう命令を受けた。ただちに第8教導中隊長のアルフレート・ミュラー大尉が、自発的にこの危険な作戦に名乗りを挙げた。

彼の中隊は第901教導突撃砲中隊と改称され、全面的に車両、突撃砲そして武器が新たに装備され、デーベリッツから自動車輸送された第901教導歩兵連隊へ配属された。1942年12月15日に名称変更が実質的になされ、中隊の部隊マークは風車が選ばれた。ショルツェ大佐率いる第901教

アルフレート・ミュラー大尉のポートレート

導歩兵連隊と共に、中隊はドン河大屈曲部のスターリングラード周辺の戦術的重要地点へと電撃的に輸送され、しばらくしてそこでショルツェ連隊と共に激戦へと投入された。

スタロベーリスク付近の激しい冬季戦では、突撃砲は再三に渡って違う戦闘団に配属され、敵に向かって突進した。１９４２年12月31日に中隊は、ノヴォ・ストレルツォーフカ付近においてキューブラー少佐指揮の第９０１教導歩兵連隊／第２大隊の部隊と共に戦闘を行ない、数度に渡ってソ連軍の攻撃を撃退することができた。

この戦闘で、敵の１個戦車群が撃破された。中隊はしばしば、わずかな突撃砲でソ連軍の攻撃を撃退し、あるいは敵の突破を阻止して逆に包囲された敵を撃滅することに成功した。さらに中隊は、第19戦車師団の部隊と共にスタロベーリスク戦区で戦った。

第48軍団の撤退戦の期間、中隊は再びショルツェ連隊の指揮下となって苦しい後衛戦闘を行った。中隊は孤立し、最後の力を振り絞って自力で脱出し、そして包囲された味方戦闘団を救出した。

ミュラー大尉はこの激戦の期間、常に中隊の先頭に立って指揮した。いつも彼は突撃砲の指揮車両と共に激戦の最前線に位置しており、これによって彼は中隊全体の模範を示した。

ヴェールフニェエにおいて中隊は防衛戦を行ない、ベーラヤ・ゴラー付近では圧倒的に優勢で強力な敵の追撃部隊に対

ホフマン=シェーンボルン中佐の手により騎士十字章を授与される第901突撃砲大隊のアルフレート・ミュラー大尉

して後衛戦を展開し、決定的な数時間の間敵を食い止めることに成功し、これにより歩兵部隊が無事脱出することができた。

１９４３年2月20日、アルフレート・ミュラー大尉は、これらの戦闘の功績により騎士十字章を授与された。

維持しなければならない地点、橋頭堡を築かなければならない場所など防衛戦の焦点となる所には、必ず第９０１教導歩兵連隊と共に中隊の姿があった。１９４３年3月27日に教導歩兵連隊が、ドニェツ河を越えて攻撃して来た敵に対し、反撃して河の対岸へ追い返した戦闘の際には、中隊は再び突進した。３月末になると、ミュラー大尉は彼の中隊をラウシュ中尉へ引き継がなければならなかった。

４月末に教導歩兵連隊は前線から移動してドイツ本国へ帰還し、それと共に突撃砲も故郷へと向かった。中隊は第８教導中隊として再びユターボクへと帰還した。こうしてここで指導される砲兵や突撃砲兵は、この小さな突撃砲部隊の戦闘経験を充分得ることができた。

第１９１突撃砲大隊 テレク河を越えてクバン橋頭堡へ

モギレフで休養した第１９１突撃砲大隊の新たな戦闘は、１９４２年６月１日に〝水牛〟部隊にとってはクルスク戦区

コーカサスへの進撃

1942年末、第191大隊長ヴォルフガング・カップ少佐

への７００kmもの強行軍で始まった。新任の指揮官はフューア大尉であったが、その後すぐに、彼はクルスク〜ヴォロネジ戦区の戦闘中に戦死した。この戦闘では、大隊は様々な師団に配属されて援護任務を行なった。

さらに南、すなわちロストフの北東２００kmの地点へ大隊は移動し、１９４２年７月にカップ大尉が部隊を引き継ぎ、ドン河を渡河した後は第１戦車軍へ配属された。同軍の前衛突進部隊と共に、〝水牛〟大隊はカルミュック草原を横断して進撃した。トウモロコシと向日葵《ひまわり》畑の中をひたすら前進した。モズドーク付近で突撃砲群は、レープケ少将指揮の第１１１歩兵師団のためにテレク河を強行渡河し、大隊はしばらくの間ここに止まった。

ここはコーカサスへの入り口の山地であり、大隊は再三再四に渡る敵の攻撃に打ち勝たなければならなかった。12月になると戦闘は最高潮に達した。

この時、大隊はマルゴベーク南西20kmにある前線南東の先端に位置し、カスピ海からわずかに16km手前まで到達していた。双眼鏡を通して油田のボーリング用櫓（やぐら）を遠くに見ることができた。

１９４２年12月17日、ソ連軍はドイツ軍主戦線後方へ榴弾の斉射による探索射撃（＊59）を行なった。ある谷底の出撃

注（＊59）訳者注：攻撃前に敵の位置や距離を探るために行なわれる砲撃。

第191大隊の軍医殿が搭乗する突撃砲

コーカサスにおける第191大隊の軍医である
先任軍医ヴィリ・シュレーダー博士

準備陣地にあった突撃砲1号車は、その他の突撃砲と無線連絡を保ちつつ、迫り来る敵部隊に対して正確に砲撃を行なった。カップ少佐と共に新任の大隊付き軍医のヴィリ・シュレーダー博士は、朝の9時30分頃、ある歩兵大隊の野戦本部まで前進した。そのすぐ後、伝令が来て中隊長シュトラートマン中尉の突撃砲が撃破されたことを本部へ報告した。

ここで我々は、もう一度大隊付き軍医からこの戦闘の詳細を聴くことにしよう。シュレーダー博士は次のように書いている。

『突撃砲が出撃準備を行なっているカラホへと向かいましたが、ここではもう小銃弾が我々の耳元でヒューヒューとうなりを立てています。そこに着いた途端、霧の中から中隊長車が物凄い勢いで正面の斜面を下がって来るのが見えました。私は救急箱を取り出し、ハイベク衛生軍曹が待機します。突撃砲は低い石垣を遮蔽にして、我々の横にガチャガチャと耳障りな機械音と共に停止しました。

突撃砲の左側面には大きな孔が開いており、私はその中を覗き込みました。シュトラートマン中尉はもう死んでいましたが、無線手と照準手は負傷しており、すぐに治療して後送しました。操縦手は無傷でした。

孤児となった中隊の指揮はシュピンティング曹長が執り、最後に残った突撃砲が我々の車両の前まで来ると無線連絡を引き継ぎ、夕方に我々は前線後方4kmにあるニージニェ・ク

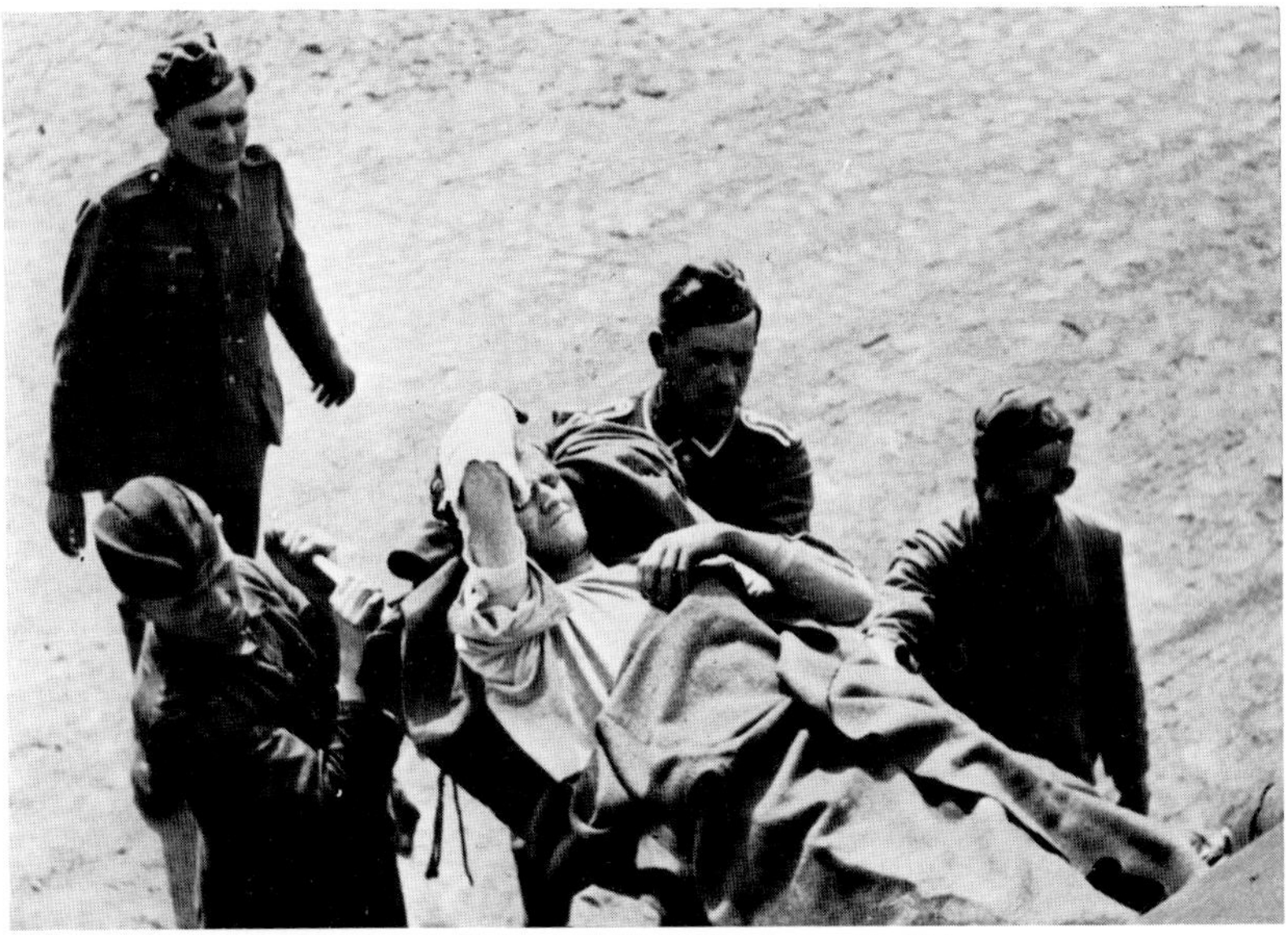

爆撃により70名の負傷者が出た日、治療にあたる先任軍医シュレーダー博士

第191大隊のシュヴィムヴァーゲン

エゴン（左）とヘルムート・パンテル。エゴン・パンテル中尉は第191大隊／第1中隊長として1943年7月22日に戦死した

コーカサスにおける第191大隊／第2中隊長のヘーベアト・ハインツレ中尉

ールプまで戻りました。』

シュレーダー博士の最初の報告は、これで終えることにしよう。

補給中隊のカルシュテン特務曹長は、全精力を傾けて補給を行なってくれた。

味方の大規模な攻撃がクリスマスイヴに発起され、敵は叩きのめされ大損害を蒙った。大隊は一人の犠牲者も出さなかった。大隊はこの時の目標だった［若木の森の丘］まで前進した。これが大隊にとって最後の大規模なコーカサスの戦闘となり、クリスマスの夜にカップ少佐は撤退命令を受領し、すぐにこれを隊員に伝えた。

ハインツレ中尉の第2中隊は、退却の間、第1戦車軍へ分派された。1週間後、中隊から2名の兵士が大隊に帰還し、その他はすべて残留することとなった。

機甲部隊として第191大隊の突撃砲は、後衛部隊の援護を一手に引き受けた。このような状態の中、エゴン・パンテル中尉がドイツ本国から新しい突撃砲を持って来てくれて皆を感激させた。これにより中尉は、大隊に大歓迎された。

ゲオールギエフスクを通過してプロフラードノエの街が見え始めた時、第191大隊／第1中隊は追撃して来るソ連軍の快速部隊を迎え撃った。街は巨大な石油備蓄施設が長期間にわたって燃えていた。撤退する最中に、その煙の中で大隊長と副官が突撃砲と接触し、二人とも重傷を負った。

コザリ運河における作戦時、勢ぞろいした12両の突撃砲

T-34が突破した時、そのうちの3両を撃破してこの突進を食い止めることができたが、この戦果はハールベアクの突撃砲の勇戦のおかげであった。

コーカサスからの撤退はさらに続き、1943年1月24日にはベシパギルに達した。その次の早朝、突撃砲はさらに進んだ。同時に軍医のシュレーダー博士は、医療器材をトラックに積み込むために数人の助手と共にここに残った。このような状態の時に、ソ連軍が突進して来た。

深い雪での走行により、トラックのエンジンは動かなくなった。整備部隊の運転手であるヴァイマーがフェンダーの上に座ると、それはガタガタと音を立てて動き始めた。こうして彼はトラックを走り続けさせるため、排気ガスと冷たい氷片が降り注ぐなかで、走行中ずっとフェンダーに座り続けた。この疑わしい作戦は、驚くべきことに成功したのであった。トラックはヴォロシーロフスクまで辿り着き、そこで大隊と再び合流したのである。

第3および第1中隊が後衛を引き受け、深雪が積もり凍った道を北西へとさらに撤退した。

4月2日にクロポートキンに達したが、街は一日中燃えていた。2日後、大隊はチフリースカヤに到着し、そこで走行不能となったものはすべて破壊せよ、との軍命令に接した。また、本国およびロストフから来た最後の帰休兵部隊もここに到着した。

第191大隊の突撃砲によって撃破された敵戦車

チフリースカヤにおいて大隊は分割された。負傷者は氷上ヨットにより運ばれ、この輸送を阻もうとするソ連軍戦闘機が飛来した。再びシュレーダー博士による日々の出来事の描写を通じて、この状況を見てみよう。

『1943年12月12日：我々は反撃を発起した。広い戦線に渡って、我々の突撃砲が進撃中の敵側面へ突進し、広い平野にいる敵を攻撃した。〝狙撃兵〟として私はトレッヒェ少尉の突撃砲の上に乗った。

ノヴォ・ゲオールギエフスカヤの鉄道駅では、未だ戦闘中。我々の突撃砲が突進し、すぐにこれを奪取した。ここで突撃砲1両が夕方の薄明かりの中で味方戦車と誤って交戦し、死傷者が出た。

1943年2月14日：出動命令が出される。ロシア軍は再び側面から攻撃し、マラヤに達したのだ。我々は敵を駆逐した。オートバイで先行したトレッヒェ少尉は、上腕部に貫通銃創を受け、運転手は戦死した。彼らはロシア軍の銃口の先までオートバイを走らせたのである。トレッヒェは裸足で駆け戻って来た。彼は外套を投げ捨て、身軽になって走ることができたのだったが、その後、彼は偶然にもその貫通跡がある外套を拾うことができた。

1943年2月24日：クラスノアルメイスカヤまでさらに撤退する。泥濘期が始まった。20㎞の距離を踏破するのに、補給段列は5日間を必要とした。道路の両側全体は、自動車

第191突撃砲大隊のヘアマン・レーム

ロルフ・ヴェアナー少尉（左）とルディ・レンツ少尉。どちらも有能な第191大隊の兵士である

第191大隊の中隊長コルベック中尉（1944年大隊長としてハンガリーにて戦死）

行軍途中の休止

クバンにおける第191大隊／第3中隊長のヴォルフ・テナー中尉

クバン橋頭堡における良く迷彩擬装された突撃砲

クバン橋頭堡で撃破された第191大隊の突撃砲

の墓場が横たわっていた。

1943年3月1日：早朝5時にスラヴァンスカヤに到着し、11時にペトローフスカヤへさらに行軍する。ここで大隊は1日の休止期間を与えられた。

3月21日、カップ少佐は参謀本部の養成コースのために離任することとなった。我々の大隊は名目上は3個戦闘中隊と1個本部中隊の構成であった。本部中隊の指揮官はコルセン中尉であり、第1中隊はプレンテル中尉が指揮し、第2中隊はフーベアト・ハインツレ中尉の指揮下にあり、第3中隊はヴォルフ・テナー中尉に率いられていた。』

3月26日に第191突撃砲大隊はクバン半島のヴァラニコーフスカヤ近くに到達したが、ここにはドイツ軍の物資集積場が設けられていた。その次の日、大隊はスヴィステルニコフで西岸へ渡河した。

ここから大隊は第17軍に配属され、クバン橋頭堡の戦いにおいて〝火消し役〟として作戦投入された。

第177突撃砲大隊 スターリングラードで全滅

スターリングラードで最期を遂げた四つの突撃砲大隊の最後として、第177突撃砲大隊の戦闘に関する報告を紹介しよう。モギレフで48口径7・5㎝ 戦車砲（ＫｗＫ Ｌ／48）搭載の新型突撃砲に装備改編した後、1942年5月初めに大隊は鉄道輸送にて南へ進発した。目標の駅はベールゴロドである。

ケプラー少佐の指揮の下（人員配置は添付資料参照：下巻に収録）、大隊は第6軍戦区に到着し、第40軍団に配属された。6月26日に第177大隊は、第168歩兵師団の後方にある出撃準備陣地に移動するよう命令を受けた。ブラウ作戦が間近に迫っていたのである。

6月28日の攻撃開始と共に、大隊は第417および第429歩兵連隊と協同で、スコロドノエの西方に位置する敵の堅固な防衛線に攻撃を開始した。トーチカや野戦陣地から、ソ連軍の防御砲火が突撃砲へ集中した。このような状況の中で、突撃砲は1発ずつトーチカに砲弾を撃ちこんだ。ここでは大型の新型野砲も確認されており、その射撃精度と貫通力は予想を遥かに越えるものであった。トーチカは一つずつ撃破され、大隊は敵の対戦車砲陣地を排除した。

長い戦闘の後、「フラー」という喚声と共に歩兵が突撃砲の間を駈け抜けて敵陣地へ突撃し、近接戦闘でこれを掃討し、再び次の塹壕群へ突進していった。突撃砲は歩兵と共に前進し、敵の抵抗拠点を砲撃により殲滅し、歩兵のために道を啓開した。6月29日の夕方、スコロドノエは陥落した。

それにしても敵の防衛陣地は堅固であり、この陣地も手間隙をかけて準備し装備したものであった。味方の戦線北方に

48口径7.5cm長砲身を装備した突撃砲

あるモローゾフ集落付近において敵の反撃が開始され、左翼部隊、すなわち従来から楔形に凹んだハンガリー第2軍との境界線に攻撃が加えられた。これは、第１６８歩兵師団の危機でもあった。

７月１日早朝、第４１７歩兵連隊／第Ⅲ大隊はモローゾフの南方から出撃した。敵の後方連絡を遮断し、前面に展開する連隊規模の敵部隊を撃滅するためである。

２個突撃砲中隊が同時に第４２９歩兵連隊と共にユーシコヴォに対して攻撃し、激戦の後にプガチーまで達した。スタールィ・オスコールへの街道の南方では、第４１７歩兵連隊／第Ⅱ大隊がオリハヴァートカ～メロヴォーエを越えてコーブリンまで前進した。この大隊は、第１７７大隊の第３中隊に援護されていた。攻撃部隊は再三に渡って敵により進撃を阻止され、そのたびごとに激しい戦闘が行なわれた。

第１６８歩兵師団のクライス少将は小規模な戦闘団を編成し、これをもって敵の後方側面まで前進し、敵を突破後にコーブリンまで突進してオスコール河に架かる橋を無傷で奪取する計画を立てた。

このため、ハイロヴスキー大尉指揮の第２４８偵察大隊に1個突撃砲中隊と1個工兵小隊が増強された。

この戦闘団はプガチーから発進して7月６日にクトゥーソヴォ集落から敵を駆逐し、ハイロヴスキー大尉は彼の戦闘団をもって奇襲攻撃によりコーブリンまで達した。７月７日の正午、突撃砲はそこでオスコール橋梁を渡河し、第248偵察大隊と共に橋頭堡を形成した。

　ここで部隊は、激しい戦車攻撃に晒されたが、敵は突撃砲の長砲身カノン砲で撃破された。この戦闘でハイロヴォスキー大尉は戦死を遂げたが、橋頭堡はしっかりと確保された。師団戦闘日誌において、カイス少将は中隊の戦闘についてこれを称えた。

　さらなる戦闘において第177大隊は、第417歩兵連隊と共にサルトゥィコーヴォを越えて進撃し、すべての敵の反撃をオスコーレツ河（オスコール河の支流）の対岸へ撃退した。ここでスタールィ・オスールの街へ撤退しようとするソ連軍部隊は、完全に包囲された。

　7月8日、大隊は第168歩兵師団と共に、前日陥落したヴォロネジへ前進を開始した。2日後、大隊は第30軍団を離れてフォン・ヴィータースハイム中将の第14軍（＊60）へ配属された。ここから第177突撃砲大隊は、第16戦車師団、第3歩兵師団（自動車化）や第60歩兵師団（自動車化）などへ交互に配属されながら、ドン河大屈曲部を横断してドン河南方へ突進した。しかしながら、この突進は敵の堅固に構築した戦車壕、対戦車砲陣地やトーチカを有する野戦陣地を突破するものであり、ここでも部隊は再三に渡って苦戦を強いられた。常に敵戦車悌団がこのドイツ軍の突進を食い止めようと攻撃したが、それは空しかった。

　7月26日、カラチの北方にあるオストローフスコエが占領され、敵は北方へ撤退して包囲を逃れた。大隊がクレーチカヤ南方地区のペシチャーヌィを越えて突き進み、ここで南方へ湾曲するドン河方向へ向かった時、敵の激しい抵抗に遭遇した。ここで敵はドイツ軍の進撃を食い止めるため、数回に渡って強力な戦車兵力で攻撃して来た。激戦が展開され、この戦闘により第177大隊は大きな損害を蒙った。

　7月27日、第1中隊長の突撃砲が命中弾を受け、マツァート中尉、照準手のティール軍曹とモルゲンロート上等兵が戦死し、コッホ中尉が中隊を受け継いだ。

　7月31日にはカンプフマイヤー中尉の突撃砲も命中弾を被って戦闘不能となり、彼を含めた乗員全て、すなわちビーゲルマイアー伍長、ハイデ上等兵とハルツ照準手が戦死した。

　8月17日、第3中隊はリスキーにおいて激しい突破戦を発起したが、ここで第177大隊第3中隊長コルフ中尉は、対戦車銃の側面からの貫通弾を蒙り戦死を遂げた。同じ日、ハレ上級曹長もオシンスキィ付近の戦闘で戦死している。

　この夥しい犠牲者は、大隊がザイトリッツ軍団に属して強引に敵戦線を突破した時に蒙ったものであったが、8月20日にはドン河からわずか数キロ手前のエヴランピエフスキィ集落を制圧することができた。

　しかし、第3中隊の目前には138高地があり、まずこれを奪取しなくてはならなかった。カウロック中尉指揮による中隊の突撃砲が先鋒となったが、よく偽装された戦車による砲撃で隊長車は被弾し、カウロック中尉は戦死した。

8月21日、第177突撃砲大隊の将兵の前にはドン河が横たわっていた。大隊は第76歩兵師団と第295歩兵師団と共に、運命の分かれ道であるカラチ北方で第6軍と合流してドン河を渡河し、アキーモフスキィ・ヴェルチャーチおよびルチェンスキィ・ペストコヴァートカの橋頭堡2ヶ所を築くことに成功した。ちょうど第2中隊が渡河している時、ソ連軍による低空攻撃が走行中の部隊に加えられ、あらゆる武器により空爆され掃射を受けた。高射砲が介入したが時すでに遅く、第2中隊の半分は河へ沈んだ。西岸にまだ残っていた第1中隊は、戦友が河の中に飲み込まれ、あるいは突撃砲と共に沈んでそこから脱出できなかったりするのを黙って見ているほかはなかった。

8月23日にスターリングラードへの最初の攻撃が発起された。第16戦車師団、第3および第60歩兵師団（自動車化）の装甲部隊および第177大隊／第3中隊は、まだ60㎞ほど距離がある街へ攻撃を開始した。ヴェルチャーチの橋頭堡から敵の陣地に対して進撃してこれを蹂躙した。この鋼鉄の楔は、左右に留まるソ連軍部隊を顧みることなく、ひたすらスターリングラードへ直進した。この日の夕方、部隊はヴォルガ河に達し、スターリングラードの北方郊外のスパルターコフカ、ルィノクおよびラターシンカを奪取した。

第1中隊および第2中隊の残余は、ドン～高地街道への突破の際、後続する歩兵の援護を行なった。124高地において部隊は敵戦車と交戦し、バルブーキン、ドミートリエフカおよびロッソーシュカでは激しく抵抗する敵を撃破した。

11月11日、第177大隊は第14戦車軍団に配属された。11月8日、スパルターコフカ付近の敵陣地に対して投入するため、OKHによってドイツ本国から派遣されたマイ中尉率いる15㎝重歩兵砲中隊到着し、大隊にとって思いもかけない嬉しい援軍となった。

この11月11日より第177突撃砲大隊は、第6軍直轄となった。

第177大隊／第3中隊は第94歩兵師団の側面を援護しながらスターリングラード郊外まで達し、再びスパルターコフカへ進撃したが、ここにはまだ敵が街の一部で抵抗を続けていた。

ゴロディーシチェにある大隊本部は、個々の中隊をできるだけまとめて投入するよう努力した。第177大隊／第2中隊はコトルバン駅付近で北翼の第113歩兵師団を援護しており、第1中隊はロッソーシュカ峡谷のラルブーキンに、すべての中隊の補給段列と共に予備として置かれていた。

11月12日、ケプラー少佐は重病となって野戦病院へ送られ

注（＊60）訳者注：「大将」および「第14戦車軍団」の誤記である。

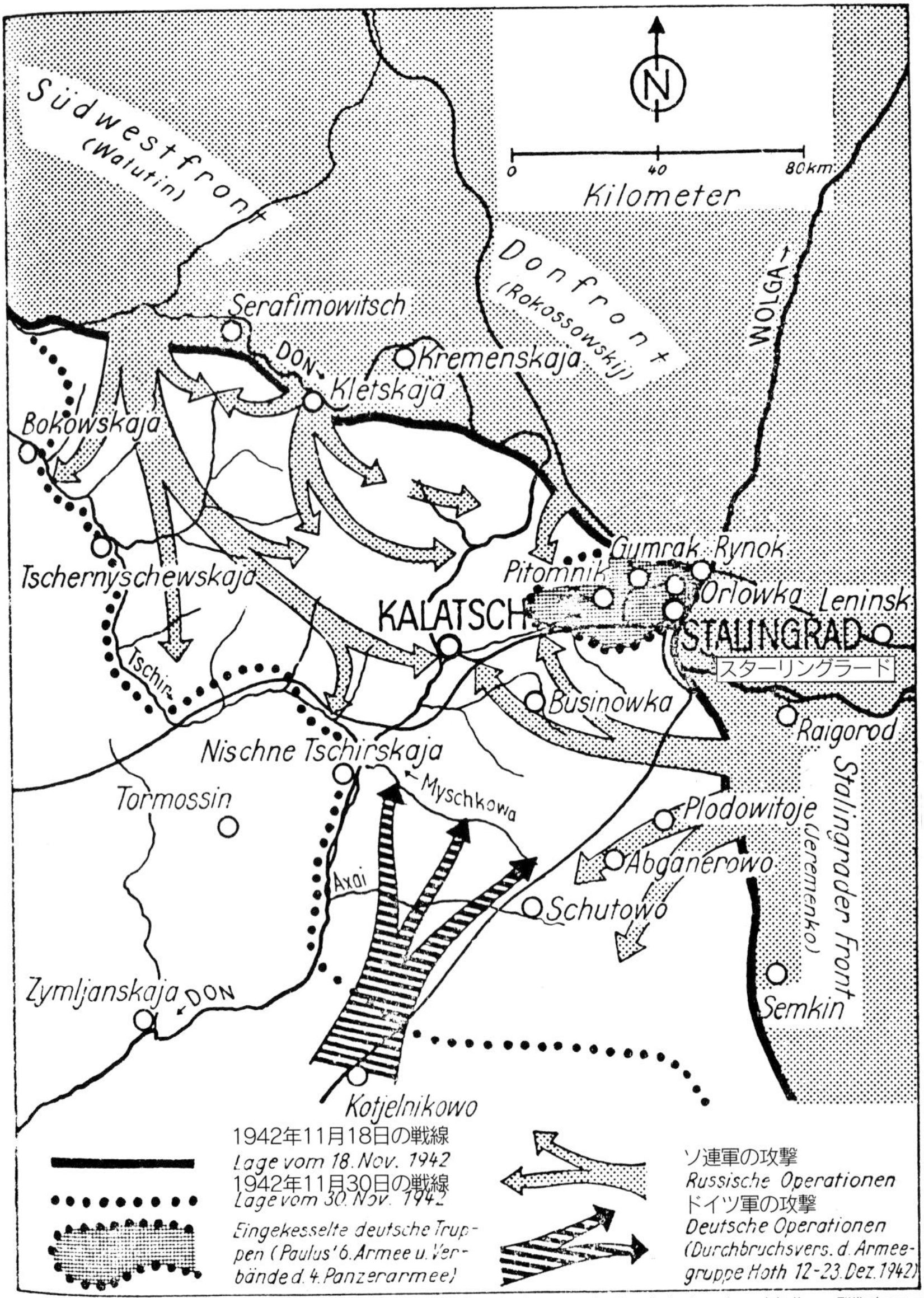

スターリングラードは包囲され、ホト軍集団は包囲網を突破することはできなかった（出典：『戦時のロシア』1941—1945）

ることとなり、大隊の指揮はボーフム少佐に継承された。大隊本部付将校のマイ中尉は、次のような日記を書き記しており、スターリングラード戦区における第177大隊のその後の様子を我々に示している。

『大隊はルーマニア第1騎兵師団、第376および第76歩兵師団の戦区において偵察を行ない、作戦投入の可能性を確認せよとの命令を受領した。最初に挙げた両師団はドン河西岸にあり、大隊本部はエヴランピエフスキィへ移動し、第2および第3中隊が後に続いた。』

マイ中尉は連絡将校として第6軍に派遣され、軍作戦参謀のエクレップ中佐の下で、有用な戦況判断を見聞きすることができた。

11月13日から17日にかけて、第2および第3中隊が作戦準備のため第376歩兵師団とルーマニア第1騎兵師団に配属された。これは、北方のクレーチカヤとスターリングラード南方のベーケトフカ付近において、敵が攻撃準備中であることが偵察報告により確認されたためであった。

1942年11月18日にソ連軍の大攻勢がスターリングラードで開始され、ソ連軍はクレーチカヤ南方においてルーマニア第1騎兵師団の前線を強引に突破し、11月19日の夕方までに第6軍は包囲された。第177大隊は第14戦車師団に配属され、クレーチカヤ南方へ投入された。11月20日、大隊は味方部隊を収容する戦線を構築し、退却して来た第376歩兵師団やルーマニア部隊の一部を収容した。同じ日にベーゲマン戦闘団が編成され、第1中隊が編入された。最初の7日間は大隊のすべての中隊は防衛戦にかかりきりとなった。11月21日に攻撃して来たソ連軍騎兵1個連隊は、反撃により撃破された。11月22日は、ほとんど見通しが利かない雪の中で、敵の歩兵攻撃を防御したが、11月23日にはヴェールフニャヤ・ブシーノフカを放棄せざるを得なかった。その後、オシンスキィを経由してゴロバタールに到着したが、そこには味方の新しい主要戦線が準備されていた。翌日、ヴェリャーチおよびペストヴァートカ付近のドン河渡河地点の方面へさらに作戦投入された。そこで大隊は第24戦車師団に配属され、その後、第44歩兵師団の部隊と共に11月25日にクーチェンスキィ付近でドン河西岸にドン河橋頭堡を構築した。ここでは第16戦車師団の戦闘団も配置されていた。

この橋頭堡に対して鬨《とき》の声を挙げて押し寄せた11月27日の敵の攻撃は、かろうじて防ぐことできたが、第3中隊のニーダープリューム中尉はドン高地街道上でT-34・5両を撃破し、さらに2両に損害を与えた。

11月27日、ドン河西岸にあるこの橋頭堡は撤収せざるを得なくなり、ドン河架橋は爆破され、ペスコヴァートカの高地からヴェルチャーチキィに至る防衛線が新たに構築された。

11月28日に第177突撃砲大隊は、ドン屈曲部からこの防衛線へ退却する第384歩兵師団を援護するため、ヴェルチヤーチキィ～キスローフへの移動を命じられた。翌日、新しい主要戦線、いわゆる包囲陣が形成され、少なくとも1週間は持ち堪えることとされた。大隊はバルブーキンに集結して第8軍団の第44歩兵師団に配属された。

11月30日から12月3日まで、大隊はようやく一時の休息を得ることができた。この期間は故障した突撃砲の整備に充てられたが、補給および兵站は包囲陣内で賄わなければならなかった。

12月4日に発起された第44歩兵師団の陣地に対するソ連軍の攻撃は撃退されたが、翌日の朝、敵軍はまたもや第44歩兵師団の陣地へあらゆる兵器をもって突進し、それは12月13日まで続いた。バルブーキン付近の包囲陣西方にあたるこの地点は124・5高地の中央にある重要拠点であり、大隊にとって休む暇もない戦闘が続いた。第177大隊の突撃砲は、この陣地で再三再四、敵の戦車攻撃を砲撃により殲滅し、敵戦車多数を撃破した。この戦闘で1両ずつ突撃砲は失われていったが、なおも大隊は突撃砲6両が可動状態にあった。

第177大隊を先鋒とする突進部隊を編成し、ソ連軍の包囲網を一気に啓開する包囲陣からの突破作戦が計画されたが、これは中止された。

1943年1月3日と4日にかけて、最後の突撃砲群は第44歩兵師団の第132および第134連隊の下で戦った。

パウルス上級大将への最初の降伏勧告が拒否されてから4日後、1月9日に包囲陣西方戦線は突破され、マイ中尉は最後の突撃砲4両と共に、深い雪の中をコトルバン鉄道駅へ前進した。すでに残存6両のうち2両は撃破されてしまっていた。マイ中尉以外の3両はキルシュ少尉および曹長2名が指揮していたが、後の2名の名前については今もって不明である。彼らは押し寄せる敵に対して大損害を与え、第384歩兵師団の決定的な崩壊を食い止めることに成功した。

1月10日、さらに攻撃して来たT-34および装甲化された弾薬輸送車両が突撃砲により撃破された。曹長2名が指揮する突撃砲が直撃弾により失われ、乗員は車内で全員戦死した。

さらにマイ中尉の突撃砲が誘導輪に命中弾を被り、放棄を余儀なくされた。マイ中尉とその搭乗員は歩兵として戦っていた突撃砲乗員部隊に参加したが、その直後、マイ中尉は重傷を負い、野戦包帯所からボリシェ・ロッソシュカまで輸送され、1943年1月21日にグムラク飛行場から包囲陣を飛び立ち、ロストフ付近のズヴェーレヴォの野戦病院へ辿り着いた。

キルシュ少尉指揮の最後の突撃砲は、サモフヴァーフカのコルホーズ付近でたった一両で防衛戦を戦い、最後の目撃者の話によればT-34多数を撃破した。キルシュ少尉は直撃弾を被りながらも再三に渡って前進して砲撃を継続したが、この最後の突撃砲もついに命中弾多数により撃破されてしまった。

ソ連におけるドイツ側の宣伝ポスター

ドイツに対するソ連側の宣伝プラカード

大隊の生き残り約40名は、戦いながらスターリングラード中央部へ辿り着いた。彼らは最終的に［赤の広場］に集まり、1943年1月31日に捕虜となって長い年月にわたる囚われの身となった。オットー・ケアベルもこの一人であったが、彼は数少ない大隊を知る目撃者の一人であり、その記憶は大いに参考となった。スターリングラードで行方不明となった第177大隊の兵士174名の運命については、今もって明らかではない。負傷して包囲陣から空輸されたわずかな生き残りは、オーバシュレージェン／ナイセの第300補充大隊へ送られ、そこから新たに編成される第913突撃砲大隊のため森林地帯へ移動した。重病によりスターリングラードの包囲陣から後送されたケプラー少佐が、新しい大隊へ配属された。彼は、スターリングラードで壊滅した第177大隊を記念して第913大隊に第177突撃砲大隊と命名するようOKH宛に申願書を提出し、この提案は聞き届けられた。

第203突撃砲大隊
ロストフでの戦闘～コーカサスへの進撃

1942年6月25日に第203突撃砲大隊は、ボリーソフ付近のコーストリツィにある休養陣地において出撃準備を行なった。6月26日の夜明けに、大隊は積載のためボリーソフの鉄道駅まで前進した。次の日、列車はミンスクおよびボブルイスクを経由してジュロービンへ向かった。6月28日の日曜日、バフマーチおよびロモダーンに到着。少数の早耳（消息通）だけが、大隊の目標がロストフであることを知っていた。ドニェプロペトロフスクには6月30日に到着し、7月4日に大隊の全ての部隊はスターリノ地区に集結した。宿営地のカタリーネ宮殿において、大隊は真っ先に新型長砲身戦車砲を搭載する新しい突撃砲を受領した。

7月7日、戦闘中隊は最初の作戦のために前進し、7月8日に本部中隊がこれに続いた。大隊はアルチョーモフスクへ向かい、そこから新たな夏季攻勢を開始することとされた。攻撃開始早々に多数の突撃砲が地雷を踏み、そのうちの1両が全損となった。すでに戦闘初日には、ルーデル少尉が頭部銃創により戦死した。

リシチャンスクとプロレタールスク付近で、第203大隊は記録的な速さで工兵によって設置されたポントゥーン仮設橋によりドニェツ河を渡河した。この道程では大規模な戦闘は起こらなかった。そしてここからロストフへの進撃が開始されたが、それは容易なことではなかった。

第1山岳師団に配属された第1中隊は南方への攻撃に参加する一方、大隊の主力はカーメンスカヤ付近で二度目のドニェツ河渡河を行ない、7月22日にはアクサイスカヤに達した。このハリコフの周辺都市を巡る市街戦の死闘では、突撃砲が勝負を決した。

跨乗する歩兵と共に出撃準備中の第203大隊

給弾中の突撃砲

1942年夏、爆破されたロストフのドン河に架かる橋梁

7月23日、第203突撃砲大隊はロストフへと前進した。翌日、ノヴォチェルカースクまで行軍し、そこで7月27日まで留まった。大隊長のケーデル少佐は個々の中隊を良く掌握し、先任軍医のアルトファーター博士の傷病者に対する面倒見の良さは、模範的であった。

7月28日の朝にさらなる進撃が発起され、ノヴォチェルカースクおよびシャフトゥイを越えてドン河渡河点のラドールスカヤに達したが、これは無駄骨に終わった。ソ連軍がマーヌィチのダムを爆破したのである。船で渡ることは考えられず、第203大隊はロストフへ戻った。

8月1日の朝、ロストフ付近で再びドン河を渡河し、プロレタールスカヤ方面へ行軍した。そして、そこから南方のアルマヴィールを目指して進撃が開始された。

大隊はフォン・マッケンゼン騎兵大将率いる第3戦車軍団の前衛部隊として前進した。暑さでゆらゆら揺れる陽炎の中を南へと向かい、第203大隊は見渡す限りの穀物畑と向日葵《ひまわり》畑の真っ只中を、軍団の先鋒として突進した。

8月5日までにアルマヴィールに達し、ここで大隊は激戦に遭遇した。第203大隊/第2中隊の中隊長車が至近距離から側面へ直撃弾を受け、中隊長のドストレーア中尉が戦死し、コンラット少尉が指揮を受け継いだ。ヘン軍曹も同様に戦死し、シュトルツ上等兵も軽傷を負った。

8月6日に大隊は快速前衛部隊へ配属された。部隊の目的は、南方へ快速を利して突進してマイコプを奪取することにあった。この目標に達する直前で前衛部隊は敵の強力な機械化部隊と遭遇し、ここで激戦が展開された。コンラット少尉は、換気装置に戦車砲の直撃弾を被り戦死し、補助軍医のゲアトナーは榴弾の弾片により負傷した。これは8月10日のことであり、すでにその日の午前に前衛部隊の一部がマイコプへ進出した後になって惹起したものであった。

その次の4週間ほど、大隊はとある孤児院の庭で宿営した。全ての故障車両に修理が施され、新しい装備も前線へ届いた。ここで叙勲が行なわれ、大隊長ケーデル少佐に一級鉄十字章が、クレーマー少尉および先任軍医のアルトファーター博士にそれぞれ二級鉄十字章が贈られた。

ケーデル少佐は重病となって大隊を去り、ベーンケ大尉が指揮を継承し、ツォヤー少尉に替わって副官のフュアシュタイン中尉が第2中隊を引き継いだ。

9月16日に大隊は、コーカサスへの進撃を開始した。すでに朝もやの中からエリブルース山の二こぶの山頂が姿を現していた。その姿は常に見ることができ、今やそれは大隊のシンボルとなった。

ゲオールギエフスクを越え、山々がそびえる山脈へと向かった。ベーンケ大尉が名づけた〝登はん隊方式〟と名づけた戦術により、防御と攻撃任務が交互に繰り返された。アルトファーター博士がある戦車連隊へ転任した後、補助軍医のヴィレ博士と下級軍医のシュヴァルツフィッシャー博士が大隊の〝医療従事者〟となった。ツィンマー=フォアハウスおよびキュール両少尉は重病となり、入院を余儀なくされた。このため後任としてシュミット中尉、コッホおよびゼート両少尉が転任して来た。

ナーリチクへの攻撃は10月25日に開始された。街はソ連軍のエリート部隊が防御しており、10月26日にようやく突撃砲群はナーリチクに達した。その後、第3中隊はルーマニア第2山岳師団へ、第1中隊はドイツ軍の第1山岳師団に配属となり、第2中隊は第13戦車師団の下にあった。

家の一軒一軒から敵の防御砲火が大隊に降り注いだが、突撃砲はさらに前進し、10月27日までに攻撃は続行された。壊れた家並みを通り過ぎ、街の中央にある大きな交差点まで進出した。そこで突撃砲は駅の方向へ方向転換し、駅に沿って駅プラットホームまで前進し、ここに設けられた防空壕は破壊された。ルーマニアとドイツの山岳猟兵は突撃砲の後方から前進し、ようやく駅まで達してこれを奪取した。翌日、ナーリチク地域すべてはドイツ軍の手に落ち、突撃砲はナーリチク北方に位置する第13戦車師団と合流するよう命令を受けた。

第2中隊は次の日、第13戦車師団と共にオルジョニキッゼまで前進した。ここで中隊は第13戦車師団と一緒に包囲され、数日間の死闘の末にT-34・20両を撃破した。これにより、第203大隊/第2中隊は第13戦車師団と共に西方へ撤収することに成功した。

この時の損害は甚大であった。11月5日にデーラー少尉が心臓を射貫かれて戦死し、11月9日には戦友の撤退を自身の突撃砲により援護していた第2中隊のハーゼ軍曹が戦死した。突破することができたのは、彼らの方向へ突進して来たSS師団【ヴィーキング】のおかげであった。

中隊はアルドン方面へ撤退を継続した。11月29日にはオスタータータク中尉が、胸に対戦車砲弾が命中して戦死した。ナーリチクでの激戦において第3中隊を模範的に指揮したアンゲルマイアー中尉は、対戦車戦闘中に砲弾に貫通され弾片により負傷した。彼は野戦病院へ後送を余儀なくされた。ナーリチクではクレーマー少尉が対戦車銃の命中弾の弾片により負傷し、フュアヒテニヒト中尉とコッホ少尉は軽傷を負ったが、そのまま部隊に留まった。

11月22日にはメッツガー中尉が大隊を去り、ユターボクの砲兵学校へ教官として赴任することになった。これにより大隊編成からの古い基幹将校は、ベーンケ大尉とペーツ中尉のみになってしまった。

メッツガー中尉の後任としてレンプケ中尉が数日後に着任した。フォイアーシュタイン中尉に一級鉄十字章が、ロスバッハ中尉には二級鉄十字章が授与された。

12月中旬まで大隊はコーカサス地方にあり、12月13日に最初の部隊がプロフラードノエに降車した。そこからサーリスクを経由してレモントナヤの北方まで進み、ここで第２０３大隊は野営した。誰もがクリスマス祭の準備におおわらわであったが、しかしそれはついに催されることはなかった。というのは、12月24日の夕方、緊急出撃の警報が出されたのである。大隊はアクサイ地区のピーメン・チョールヌィ付近でのソ連軍の攻撃を防衛するために作戦投入された。大隊は１週間の間この地域、すなわちスターリングラード包囲陣の南縁で戦った。酷寒の中、12月25日から１月10日までの戦闘で、突撃砲搭乗員は最後まで全力を尽くした。この17日間におよぶ戦闘で第２０３突撃砲大隊は、重戦車44両、軽戦車９両、野砲14門、重対戦車砲11門と軽対戦車砲46門、重機関銃32挺と軽機関銃16挺、迫撃砲６門、対戦車銃39挺と雑多な車種の車両25両を撃破した。

この激戦はまた多くの犠牲を伴った。例えばガスザウアー少尉は、12月28日に地雷破片により負傷した。アンゲルマイアー中尉はようやく健康を回復し、12月中旬に野戦病院から退院し、古巣の第３中隊を再び指揮することとなったが、１９４３年１月11日に頭部銃創により再び重傷を負った。

コッホ少尉が第３中隊を受け継いだが、彼は数日間指揮を執ったに過ぎなかった。彼は１９４３年１月14日に頭部貫通銃創により戦死した。

この戦闘は１月10日まで続いた。１月27日にケーデル少佐は大隊へ復帰し、再び指揮を執った。ベーンケ大尉は１９４３年１月28日にユターボクへ赴任し、そこで新たに編成中の大隊の指揮を執ることとなった。

大隊はコテルニコウォとサーリスクを経由してロストフ方面へ移動した。突撃砲群は１週間の間、ロストフで押し寄せるソ連軍に対して戦闘を行なった。ソ連軍約６００人が駅に侵攻した時には、大隊は３日の間、休む暇もない戦闘に従事した。この戦闘により１９４３年１月13日付で一級鉄十字章を授与されたばかりのツィンマー＝ヴォアハウス少尉は、胸部銃創により戦死した。

２月８日に大隊は、ベーンケ大尉がコーカサスでの防衛戦の戦功により、騎士十字章が授与されたという報告に接した。

２月13日から14日にかけて、南方戦線の要地であるロストフは放棄を余儀なくされ、悪名高い撤退戦の中で大隊はさらに西方へ向かい、２月17日までに予定されたミウス河陣地へ達することができた。

ここで次の夜には、ソ連軍の突撃部隊が前線の２ヶ所を突破した。ドイツ軍部隊を包囲して、アゾフ海まで達する目論みである。この突破は突撃砲の救援により食い止めることができた。一日中戦闘は続き、突撃砲は多数の敵戦車を撃破し、突破して来た敵を休む暇なく迎え撃った。

２月23日にケーデル少佐は悲劇的な不慮の事故で重傷を負い、同日死亡した。フォイアーシュタイン中尉が大隊の指揮を継承した。戦線は静かになり、誰もがタガンロークでの１週間の休養を期待した。

しかしこの期待は、ハリコフへの移動のための積載命令により打ち砕かれた。１９４３年３月17日に新たな目的地に到着し、ここでベーンケ少佐が新編成の部隊の代わりに古巣の大隊の指揮を再び執るため大隊と合流した。

再編成のために１週間休養した後、第２０３大隊は再び戦線へと向かった。大隊はヴォーリヌィとグサーロフカ付近にあるドニェツ河の敵橋頭堡２箇所の攻撃作戦へ投入された。この戦闘で３月24日にベーンケ少佐の突撃砲は貫通弾を被り、腕を負傷した。３月29日にはツォヤー少尉が負傷し、数時間後にはロスバッハ中尉もまた負傷した。同日、ダニール曹長の突撃砲が対戦車砲の貫通弾を受け、曹長は戦死を遂げた。

ドニェツ河の戦闘は続いた。４月10日、４月８日に大隊に配属されたばかりのギースラー少尉が胸部銃創により戦死した。

この時期、フォイアーシュタイン中尉率いる大隊は、常に最前線で戦い続けた。１９４３年７月までに大隊はこの陣地に留まった。ハマーシュミット中尉ほか多数の兵士が戦死し、フォン・シュティンプフル＝アベーレ少尉が負傷した。

７月17日にデリャンコヴォ付近においてソ連軍の攻撃を阻止した後、大隊は７月25日にスラヴャンスクの灌木地帯に移動した。ここで大隊は７月27日に、第２０３大隊／第２中隊の人員を交替せよとの命令を受けた。７月31日、突撃砲は新しい人員に引き渡され、第２０３大隊／第２中隊の兵士達は本国へ帰還し、アルテングラボウで新編成の第２７８突撃砲大隊の基幹要員となったのである。

第２３２突撃砲大隊 スターリングラードへの救援、ミウス河およびドニェツ河での戦闘

１９４２年10月にユターボクの砲兵教導連隊において編成された第２３２突撃砲大隊は、指揮官としてガイスラー少佐を迎え入れたが、彼は１９４１年夏以来、第１８５突撃砲大隊の指揮官として活躍し騎士十字章を授与されていた。

１９４２年12月に編成は完了し、今や大隊はアフリカへ移動することとされていた。しかしながら、クリスマスの夕方に警戒警報が出され、積載されて東へと向かった。電撃のような速さで、大隊は鉄道輸送によりカルミュック草原へと急いだ。ザイリッツにて大隊は降車し、直ちに前線へ投入された。焦点はスターリングラードの第６軍であり、ソ連軍の包囲網を外から打ち破ることにあった。

この目的はしかし実現されず、大隊はここで最初の突撃砲を損失した。その後、大隊はドニェツ河およびドン河の中間

第232突撃砲大隊の向こう見ずな勇者リヒャルト・クレーマー少尉

地帯において防衛戦に参加した。1943年2月11日の夜、1個ソ連戦車師団がスターリノ北西にあるグリーシノ付近へ侵攻した際、多数のドイツ、ルーマニアおよびイタリア部隊、民間人や赤十字の看護婦ならびに約50名の女性通信補助員が敵の手に落ちた。1943年2月18日に【鞭（Gaissel）大隊】（＊61）は、歩兵大隊を跨乗させてグラースノ〜アルミャンスコエ〜グリーシノ地区を攻撃し、奪回せよとの命令を受領した。

誰もがたった一撃で突破することが、重要であることを知っていた。この任務には、ブロックシュミット中尉率いる第3中隊の突撃砲2両のみとされたが、夜になってから適切な判断によりさらに2両が前線へ前進した。

この決定は全く正しいことが明らかとなった。すなわち、攻撃を開始した次の朝に、ソ連軍はとてつもない多数の対戦車銃を使用して防衛戦を展開したのである。それにもかかわらず、ブロックシュミット中尉は、最初の一撃でグリーシノを占領することに成功した。

中尉の突撃砲が駅まで達した時、そこはソ連軍の激しい抵抗を示した。この戦闘の焦点に投入されたブロックシュミット中尉は、自身の突撃砲により全てのソ連軍の抵抗を打ち破った。敵は逃げ去り、捕虜として捕らえられていた将兵、赤十字の看護婦や女性通信補助員は解放された。

ブロックシュミット中尉は、直ちにさらに南方へと進撃した。敵戦車が突撃砲を迎撃したが、T-34・3両が撃破された。その他の戦車も炎に包まれ、ソ連軍の抵抗拠点は精密射撃により排除された。

これらの僅かな突撃砲に対して、集団によりグリーシノへ安易に突進して来た敵戦車は、全て撃破されてしまった。

この戦功によりブロックシュミット中尉は、ドイツ黄金十字章を授与された（＊62）。

さらに、前面に敵トーチカ群が待ち構える武装SS部隊の支援要請により、大隊はそこへ前進して30分間の砲撃戦により敵トーチカ群を撃滅した。

その前夜に突進して来た敵戦車数両は、再び撃破された。その後の反撃作戦により突撃砲群はルーグ集落を攻撃し、奇襲攻撃によりこれを奪取した。

この2日間続いた戦闘で、第3中隊は単独で敵戦車28両と多数の対戦車砲、高射砲、対戦車銃、トーチカおよび抵抗拠点を撃破した。

2月19日の正午頃、大隊へモロジョージノエの攻撃命令が下された。この攻撃は、集落の中心部に陣取るソ連軍の超重対戦車砲の前面で阻止され、ブロックシュミット中尉の突撃砲は直撃弾により撃破されたが、乗員は全員脱出できた。ブロックシュミット中尉はゴツシャーン大尉と話し合い、彼は他の突撃砲に乗り換えて攻撃を継続することとなった。2時間の戦闘の末、集落は占領された。

2月20日にソ連軍が強力な戦車兵力により突破作戦を敢行した際、この攻撃は突撃砲によって粉砕された。第3中隊は再び相当数の戦車を撃破し、ブロックシュミット中尉の突撃砲だけでT-34・9両を撃破した。

3月の間、ずっと第232突撃砲大隊はミウス～ドニェツ陣地にあって過酷な防衛戦を行なったが、その戦線の安定化において際立った働きを示した。

その後のドン中間流域の陣地戦において、大隊は常に南方軍集団の重要地点に投入され続けた。この戦闘は1943年7月20日まで続き、激しく攻撃するソ連軍を阻止し、迅速な限定的な反撃を行なうことにより失われた主戦線の地域を再び取り戻すことができた。

しかしながら大隊は激しく消耗しており、数日後には戦線から引き揚げを余儀なくされた。大隊は新編成を行なうためパーチコフへ撤収し、そして引き続き行なわれた退却戦に参加した。

残念なことに1944年の大隊（旅団）の戦闘に関する資料は残されていない。1945年になってからのドイツ本土における大隊（旅団）のドラマチックな戦闘については、また後で紹介しよう。

注（＊61）訳者注：指揮官のGaisslerに引っ掛けた俗称である
（＊62）訳者注：ブロックシュミット中尉は1943年9月20日付けでドイツ黄金十字章を授与された。

1943年5月の編成時の第236突撃砲大隊将校団。左からグラーフ中尉（戦死）、第236大隊／第3中隊長モーア中尉（戦死）、第236大隊／第1中隊長トーマ大尉（戦死）、ブレーデ大尉（大隊長）、第236大隊／第2中隊長シェーラー大尉、マルコ中尉、先任軍医クリューガー博士（戦死）

第236突撃砲大隊
1943年の東部戦線南部戦区における戦闘

１９４３年３月17日、第２３６突撃砲大隊はユターボクで編成された。編成基幹は第２３６大隊／第３中隊およびナイセの第３００突撃砲補充大隊であった。指揮官はロルフ・ブレーデ大尉であり、部隊ワッペンにはケンタウルスが用いられた。

編成完了後、大隊は東部戦線南部戦区へ輸送され、クーイブィシェフにおいてソ連軍戦車兵力と最初の戦闘を行なった。このたった1回の戦闘により、第２３６大隊の名前はこの戦区全体の知るところとなった。すなわち、大隊はわずか数日のうちに、数度に渡るソ連軍戦車とのドラマチックな対戦車戦闘により、実にT-34・１３９両を撃破したのである。さらに１９４３年７月27日、その敵戦車撃破数は１５０両に達したことが国防軍公報で報道された。

１９４３年８月初め、大隊はミウス河において戦闘を行なって第16および第23戦車師団へ交互に配属され、突破前進して来る敵戦車群を迎撃して戦線崩壊を食い止めた。その後、大隊は武装SS師団の【トーテンコップフ】、【ダス・ライヒ】および【デア・フューラー】（＊63）の下で任務を継続した。大隊はこの戦闘において、兵員および突撃砲に甚大な損害を蒙った。

8月中旬、大隊はスラヴャンスク地区へ移動し、ドゥブローヴノの東方において防衛戦を行ない、再び大きな損害を受けたが、激しく攻撃して来る敵をここでなんとか食い止めることができた。この戦闘のクライマックスはイジューム付近の戦闘であった。1943年8月26日、ここでソ連軍は戦車旅団多数を投入して攻撃を開始し、一日中、戦車戦が行なわれた。夜になるまでにブレーデ大尉率いる突撃砲群は敵戦車60両を撃破し、この戦果は1943年8月27日付の国防軍公報により公表された。

9月の間、第236大隊はサポロジェ橋頭堡での損害の多い戦闘に従事し、この橋頭堡内で危機迫る地点に投入された。突撃砲は多数が失われたが、10月14日の夜の時点でまだきっかり5両の突撃砲を有していた。

ソ連軍の冬季攻勢に対する防衛戦において、大隊はドニェプル河屈曲地帯で戦った。クリウォイローク、グリャイ・ポーリェ、ニコラーエフスカヤ、ナザーロフカおよびブズルークなどの街で、常に新たな戦闘による犠牲者が出た。1943年12月14日、第236大隊/第3中隊の中隊長であるシェラー大尉が騎士十字章を授与された。

こうして1943年は、苦しい防御戦闘と共に終わりを告げた。攻撃して来る敵を可能な限り長期間にわたって食い止めることに成功し、これにより南方軍集団は損害を蒙らずにドニェプル河大屈曲地帯から撤退することができたが、これは9月から指揮を執ったフォン・マンシュタイン元帥の功績でもあった。

独立中隊アフリカ チュニジアの戦闘

1942年秋にツィンナにおいて、アフリカ戦線に投入予定の1個突撃砲大隊が編成された。しかしながら、1942年10月末に第2および第3中隊は、アフリカへ行く代わりに東部戦線へ行軍投入された。ベンツ大尉指揮の第1中隊は大隊本部から次のような文面のテレグラムを受領した。

「第1中隊は本隊より分離される。大いなる戦果を願う!」

こうして独立中隊アフリカは誕生した。ベンツ大尉およびギルク中尉、ブレンデル少尉が中隊幹部であり、グロツケ上級曹長が彼らの〝相棒〟であった。中隊は48口径7・5cm長砲身装備の突撃砲6両を装備していた。

1942年11月初め、独立中隊アフリカは行軍を開始した。鉄道輸送によりブレンナー峠を越えてナポリへ向かい、そこからさらに船でシシリーへと輸送され、トラパーニで突撃砲はジーベル型フェリーに積載された。アフリカへの輸送の間、イギリス空軍襲撃機(ヤーボ)による空襲が頻発し、突撃砲

注(*63)訳者注:【デア・フューラー】はSS第2戦車師団【ダス・ライヒ】の機甲擲弾兵連隊名である。

2両と低床式大型トレーラー1両が海没した。

チュニス地区で中隊は、まず第90砲兵連隊に配属された。その後、その一部がチュニジアで戦闘を行なっているラムケ旅団の指揮下に置かれ、さらに後に降下猟兵連隊【バレンティン】へと統合された。

当初は大戦果を挙げた中隊であったが、イギリス第8軍およびアメリカ第1軍の挟撃作戦により友軍と共に包囲され、海岸に沿って北方へ撤退した。遅滞戦闘を行ないながら、中隊はボン岬まで退却した。

中隊はイギリス軍およびアメリカ軍の戦車多数を撃破することに成功し、アフリカのような環境の中においても1個、ましてや多数の突撃砲大隊をもってすれば、激戦中の歩兵のために有効な援護任務が可能であることを証明した。

1943年5月11日、この中隊の兵員はボン岬において短時間戦闘を行なった後、イギリス軍の捕虜となった。兵士達はメジェズ・エル・バブの捕虜仮収容所に護送された。中隊の一部は、イギリス軍から「人間40名または馬20頭」を使役のために提供するよう要求したフランス軍に引き渡された。すなわち、馬20頭がいなかったので、40名の突撃砲兵が差し出されたのである。カサブランカを経由して1943年7月末、彼らはアメリカへの捕虜生活の途に就いた。ノフォークからさらにテキサスのハンツヴィル収容所へ移動した。ここでエーム軍曹が懲戒のためオクラホマのアルヴァへと送られたが、アルヴァ収容所で彼は中隊の兵員数人と再会することができた。その中には〝相棒〟のグロツケ上級曹長も含まれていた。

1946年2月に突撃砲兵達は解放された。しかしながら、アメリカ軍の解放証明書が有効にもかかわらず、彼らはル・アーヴルにおいてフランス軍に拘束され、1948年12月末まで強制労働を強いられた。

第247突撃砲中隊
サルディニアおよびコルシカ島への投入

1943年春、第247突撃砲中隊はユターボクで編成された。中隊長はゲアハート・ホッペ大尉であり、小隊長はムッケ少尉、パウルス中尉およびエンゲルマン少尉の面々であった。48口径7・5㎝長砲身搭載の突撃砲10両を装備した中隊は、突然、鉄道輸送されてイタリアのリヴォルノへと輸送された。リグリア沿岸で短期間の駐留の後、チビタベッキアの港から3隻の輸送船によってサルディニア島へ渡ることとなった。

最初の2隻はテラ・ノーヴァに到着したが、最後の1隻は敵潜水艦の犠牲となってしまった。この船には1万3000個の機雷が積載されており、1本の魚雷を受けて爆沈した。船と共に突撃砲2両と大隊長用乗用車が失われ、この車両の乗員は死亡した。

港の近くで野営した後、第２４７中隊は南サルディニアのカンピダーノ平野へ移動した。出撃準備陣地は連合軍が制空権を握っているため、何回もその場所を変えなくてはならなかった。その後、ホッペ大尉は１９４３年６月に第２７９突撃砲大隊へ赴任することとなり、新しい中隊長はムッケ中尉となった。

サルディニア島の占領のため連合軍が島への上陸を開始し、突撃砲は敵との接触がないまま他のドイツ軍部隊と共に撤退し、１９４３年11月に海峡を越えてボニファシオからコルシカ島へ渡った。積載の時に突撃砲１両がフェリーから滑落して水没した。

武装ＳＳ兵士（＊64）との協同作戦により、中隊はコルシカ島の山地において対パルチザン戦に投入され、突撃砲１両がバスティアでの撤退戦において撃破された。

その後、コルシカ島も放棄することとなり、第２４７中隊は多数の高射砲フェリーに分乗してイタリア本土のリヴォルノへ到着した。11月末、中隊に対してリヴォルノからユターボクへの帰還命令が下され、そこに器材は残置された。人員は第３００突撃砲補充大隊の要員としてナイセへ移動し、そこからトゥールへ送られた。ここで中隊は他の二つの中隊、すなわちヴォルフ中尉とクロイツフェルト中尉が指揮する中隊と共に、第９０２突撃砲大隊として新編成されることになった。部隊はトゥールの西部編成司令部の直轄とされ、教導部隊としてカン・ド・ルシャー演習場へ移動となった。

注（＊64）訳者注：ＳＳ突撃旅団【ライヒスフューラーＳＳ】（後のＳＳ第16機甲擲弾兵師団【ライヒスフューラーＳＳ】）は、１９４３年９月８日に船舶輸送でコルシカ島の南端ボニファシオへ上陸し、そこで編成と教育訓練を行なっていた。

1943年
レニングラード〜"ツィタデレ(城塞)"〜ハリコフ〜キエフ

東部戦線北部戦区の状況

１９４３年の初めになっても、ロシア侵攻の第一段階での目標であるレニングラード攻略は、未だに達成されていなかった。ネヴァ河を望むこの街は、まだソ連軍の手中にあった。ヒットラーは、決定的な瞬間にレニングラード攻撃を中止したのであるが、それはこのロシアで二番目の大都市《メトロポール》を包囲により自壊させることができるという期待からであった。

ソ連軍のヴォルホーフ戦線は健在であった。１９４２年夏にヴォルホーフ大包囲陣内でソ連軍は一旦撃滅されたが、ソ連軍は相変わらずこの危険な地域へ後続の補充部隊を常に増強していた。１９４２年８月末、ソ連軍はヴォルホーフ戦線から包囲されているレニングラードへの解囲を行なうべく、新たな作戦を指向した。ガイトローヴォ付近で敵は第18軍の戦線を突破することに成功し、ムガの前面にまでこの攻撃は迫った。しかしながら、このラドガ湖における一連の会戦の最初の戦闘においては、クリミア攻略の後に再編成中であったフォン・マンシュタイン元帥（＊65）麾下の第11軍により戦線の突破孔は繕われた。ソ連軍は新たな戦闘、すなわち２回目のラドガ湖会戦のために、３段階の作戦を立案した。最初は１月12日から２月３日までを進撃期間とし、第２および第３段階は、２月10日から24日、３月19日から４月５日に実施予定の２段階の挟撃攻撃とされた。

主攻撃は、ノヴゴロドからヴォルホーフに展開する第38軍団に加えられる予定であった。この攻撃は、キーリシにある第28軍団および〝ウィーンの首〟に位置する第26軍団をも蹂躙し、さらにレニングラード戦線にある第54軍団と第３空軍地上軍団を、この戦闘により撃滅することとされた。

第18軍は、１９４３年１月にすでにこの攻撃を予期していた。おまけに最初はネヴァ河も凍結しているに違いなく、ソ連軍にとって戦車攻撃の邪魔になるものは何もなかった。

１９４３年１月12日、第二次ラドガ湖会戦が始まった。果たして突撃砲兵部隊は、この戦区に投入されたのであろうか？　１９４３年はどこで戦い、彼らにどのような運命が待っていたのであろうか？

第１８４突撃砲大隊
スタラヤ・ルッサとネーヴェリ戦区

デミャンスク包囲陣での激しく消耗の多い戦闘の後、第１８４突撃砲大隊は再編成のためエストニアへと移動し、１９４３年６月25日までハーニャに留まった。この日、大隊は再び戦線へと前進し、第２軍団に配属となった。部隊本部はボロジノに設営された。

ここで悲劇的な不幸な事故が発生した。対戦車近接戦闘の演習の際、ロスナー軍曹は歩兵に長砲身戦車砲の説明を行なっていた。その時、ちょうど歩兵の中尉が突撃砲内部で砲弾の説明を行なっており、突撃砲内部の兵士の一人が誤って非常射撃装置を叩いてしまったのである。砲弾が発射され、ロスナー軍曹と歩兵9人が粉々に引き裂かれた。

スタラヤ・ルッサ付近で、第1および第3中隊は過酷な防衛戦を戦った。第2中隊は当初は演習に派遣されていたが、やはり実戦に投入された。中隊は突撃砲9両をもって、1943年8月22日にスタラヤ・ルッサ方面は進出し、グリーゴロヴォおよびシーリナを越えて出撃準備陣地であるエアドマンスドルフ演習場へ到着した。

スタラヤ・ルッサでは、カザンカおよびスタンゲンの森林地帯において、突撃砲は数度に渡る死闘を通じて敵戦車を撃破した。9月15日まで突撃砲群はこの地に留まっていたが、全ての大隊部隊はボロジノへ移動となった。10月7日、第2中隊に緊急警報が出され、危機迫るネーヴェリ方面へ隊列を組んで進発した。そこではソ連軍が奇襲攻撃により戦線を突破し、ネーヴェリ市街を奪取したのであった。

サヴォールイおよびセレーナヤにおいて、ロットホイスラーとピンクルの突撃砲がT-34・2両を撃破し、11月13日にはピンクルはさらにT-34・5両を屠った。一方、ヴェルビーロヴォにあった本部中隊はルギへの攻撃準備を行ない、11月25日にルギは陥落した。ネーヴェリ戦が開始されてからこの日まで、第184大隊／第2中隊は敵戦車36両を撃破したが、ピンクル曹長は12月5日に負傷した。

12月16日より、ソ連軍は新たな強力な攻撃を発起した。この戦区の主戦線の形は袋状になり、軍団は前線を後方へ下げることを決心した。

12月29日にスモーリニッキ・ベグーノヴォを経由してリリィへ至る撤退が開始された。1944年1月11日まで大隊はカパチーロヴォにおいて休養をとり、その後、ティーブキ・ヴィーシニャヤ付近の166・4高地へ作戦投入された。ここで1944年1月18日、第184大隊／第3中隊の指揮官プファッフェンドルフとミオスガ軍曹が戦死し、シュルツェ少尉が負傷した。

二日後、シュミット曹長が戦死した。

このように第184突撃砲大隊にとって1943年は多大な損害と共に終わり、1944年も同じように大きな損害と共に始まるのである。

注（＊65）訳者注：上級大将の誤記である

第912突撃砲大隊
ツァールスコエとシニャーヴィノの間

1943年2月中旬、シュヴァインフルトの戦車兵舎において、第912突撃砲大隊の兵員編成が行なわれた。大隊長のクルック大尉は3月1日までに各中隊長と全兵員の編成を完了し、兵員部隊と共にユターボク近郊のツィンナへ移動した。そこで大隊は、兵器と諸器材が配備された。

1943年4月1日、第912突撃砲大隊は東部戦線へと鉄道輸送されたが、同じ日、東部戦線の北部戦区ではソ連第2突撃軍がヴォールホフで戦線を突破し、再三に渡って失敗したレニングラードへの決定的な救出作戦を発起させていた。目的地であるクラスノグヴァルディスク近くのガッチナ駅へは、4月6日に到着してそこで降車した。

大隊は直ちに軍の火消し役として作戦投入されるため、リンデマン上級大将麾下の第18軍へ配属され、第50軍団の指揮下へ入った。

4月9日、各中隊長、すなわちプロイサー中尉（本部中隊）、フォグラー大尉（第1中隊）、シュルツ＝シュトレーク中尉（第2中隊）およびシェーンマン中尉（第3中隊）が一堂に会した。

ここで偵察任務のことが話し合われ、次の日、レニングラードの第250スペイン歩兵師団、第215歩兵師団と第9空軍地上師団ならびにSS旅団の戦区が偵察された。

第1中隊は、最初にレニングラード西方にある第12空軍地上師団のオラニエンバウム包囲陣に投入された。この師団は同じように突撃砲を装備していたが、彼らが戦闘に投入される前に第912大隊／第1中隊により再度訓練を受けた。

第2中隊は第18軍および第16軍の境界線付近に配置されたが、そこはちょうどレニングラード～モスクワ鉄道線が走っており、敵歩兵部隊を目標とした数回の攻撃を実施した。

第3中隊はヴォールホフの北東方面へ投入され、一方、この戦闘期間中、本部中隊は大隊本部と共にトースノに位置していた。

この三つの戦区では小規模な戦闘が行なわれたが、概ね平穏を保っていた。なぜなら、ソ連軍は第三次ラドガ会戦の準備に余念がなかったのである。

1943年7月22日、ソ連軍は数時間の連続砲撃の後、北方の第67軍と東方の第8軍をもって攻撃を開始し、戦線の2ケ所、すなわちシニャーヴィノ高地西方にあるポセロク（集合住宅）6付近の〝鉄道三角地〟と、〝ラングーン〟駅からネヴァ河岸までに至る地点で突破に成功した。

全ての部隊に出撃警報が出され、第912突撃砲大隊はまとまってシュリッセルブルク南方9㎞の地点に到着した。ムガ、シニャーヴィノ高地にあるズニグリや〝鉄道三角地〟において、激しい防衛戦が展開された。エンゲルマン中尉は、

プロイスナー中尉の指揮車両操縦手のフランツ・ミッターマイアー上等兵

1943年東部戦線の第912大隊／第3中隊長ヴェアナー・プロイサー中尉（編注：10～11月）

プロイサー中尉の結婚式におけるシェーンマン中尉と令夫人

最初にT-34・3両を撃破した。シニャーヴィノ西方では第1中隊が戦っており、ハートトル＝クスマネク中尉指揮の第2中隊は、シニャーヴィノ高地で直接敵と戦闘を交えていた。

湿地地帯の中央にあった第3中隊では、苦戦を強いられた。ここで、この戦闘を記したシェーンマン中尉率いる第912大隊第3中隊の戦闘日誌の一部を紹介しよう。

『金曜日の朝4時、我々はノヴゴロドから鉄道により出発し、午後にムガのキールシノへ到着した。指揮官はすでに駅に到着していて、我々に対して宿営地を指示した。夕方から夜間にかけて、我々は第23歩兵師団の下で軍団予備として待機する予定であるズニグリを偵察した。

ソ連軍が前日に2ヶ所で突破した後、左翼戦区には第121歩兵師団が送りこまれていた。

7月24日午後、私は第II小隊と共に第9擲弾兵連隊へ師団予備として前進した。第1中隊は高速道路左翼へ投入された。夕方になって残りの突撃砲が後に続いた。

日曜日の夜、1943年7月25日の午前2時、第405擲弾兵連隊が5時に発起する攻撃を支援せよとの作戦命令を受領した。戦場偵察によれば、我々は高速道路から外れてはならないとのこと。しかし、攻撃は午後に順延された。第1中隊のモルデンハウアーが戦死したとの報に接する。午前中一杯は砲兵と〝スターリンのオルガン〟による物凄い砲撃。ソ連軍は我々の前衛陣地全体に集中砲火を浴びせ、攻撃を開始した。フォン・タッデンが突撃砲2両と共に前進し、オーバーシュタラーがT-34・1両を撃破した。歩兵目標についてて攻撃中。引き続き、私がミュールシュテーゲンとシュミットの突撃砲と共に前進する。両突撃砲はしたたかに砲撃されたが、歩兵目標に対して反撃。シュミットの突撃砲が爆弾跡に落ちて閣座してしまった。〝スターリンのオルガン〟の着弾により、ヴォルフとブレーダーが戦死し、ヴィルツが重傷を負った。第1中隊と交替。

夜間にフォン・タッデンが擱座した突撃砲を回収するべく努力したが、成功しなかった。オーバーシュタラーは、カルダンシャフトの故障で突撃砲と共に撤退しなければならなかった。

7月26日、ソ連軍が再び激しい準備砲撃と共に大規模な攻撃を開始した。私は前進し、中型戦車1両を撃破した。その他の突撃砲とティーガー（＊66）も防衛戦に参入し、侵攻して来たソ連軍を撃退した。』

次の日、戦闘は下火となったが幾つかの小隊は敵戦車数両を撃破し、7月29日にはリースケ小隊がT-34・4両を撃破した。7月31日の土曜日、〝鉄道三角地〟への味方の攻撃が開始された。第3中隊は高速道路とテートキノ街道に沿って突撃砲2両ずつを派遣し、この攻撃を援護した。第I小隊の突撃砲1両が、湿地帯で行動不能となった。攻撃は続行されたが、〝ブンカードルフ〟（＊67）は未だにソ連軍の手中にあ

第912大隊／第3中隊（後に第325旅団／第1中隊）のフリッツ・ツィートリヒ伍長

第912大隊／第2中隊の将校

った。

8月1日の夜、ソ連軍が〝ブンカードルフ〟の戦線の裂け目に侵攻した際、第3中隊の突撃砲が交互に投入された。濃い霧が立ち込めた8月2日の午後、新たな味方の攻撃が頑強に防衛するソ連軍の拠点に加えられたが、この攻撃はソ連軍によって撃退された。小規模な戦闘がひっきりなしに続き、9月10日まで第912突撃砲大隊は、シニャーヴィノにおいて戦闘を行なった。その後、大隊は前線から撤収し、オラニエンバウム包囲陣の南縁に移動した。本部と本部中隊は、ヴォーロソヴォまで行軍した。

10月中旬、大隊は再編成された。第3中隊は新たな突撃砲大隊や旅団を編成するための基幹部隊を形成するため、自分達の突撃砲を残置して兵員部隊としてドイツ本土へ帰還した。第912大隊／第3中隊の兵員はナイセに到着してから、フランスのトゥールで編成されることになっている第325突撃砲旅団の要員となることを知らされた。

新しく集成された第3中隊は過酷な支援や地上目標に対して投入され、大きな損害に苦しんだ。中隊長は戦死し、11月

注（＊66）訳者注：シュミット大尉率いる第502重戦車大隊は、1943年7月20日現在で、可動ティーガーI型36両、III号N型1両、III号長砲身型3両を有しており、レニングラード戦線の防衛力のバックボーンとなっていた。

（＊67）訳者注：トーチカ地帯につけた俗称（トーチカ村）。

北部戦区ヴァンゴ・スタロスタの部落通り。農家の周囲には良く擬装された第912大隊／第3中隊の車両が隠されている

ヴァンゴ・スタロスタにおける第912大隊／第3中隊の突撃砲群

末にシーサー大尉が新指揮官として赴任するまで、プロイサー中尉が中隊長代理として指揮を受け継いだ。

ガシーロヴァの半月状陣地において、大隊は10月に敵の強力な戦車攻撃を撃退した。第2中隊の小隊長であるエックハート少尉は、この戦闘で1日の間に戦車7両を撃破した。また、エンゲルマン中尉も再び戦果を挙げた。

10月19日にソ連軍が5個狙撃兵師団、1個戦車旅団をもって半月状陣地を突破しようと試みたが、この攻撃は撃退された。

そしてクルック少佐は、大隊全兵力を持って反撃を実施した。

この攻撃はドイツ軍のシュトゥーカ攻撃に遭遇し、味方の突撃砲が誤爆されてクルック少佐が負傷した。少佐の代わりにモアゲナー大尉が大隊を引き継いだが、その後しばらくしてから他の大隊指揮官として離任した。

激戦が続いた１９４３年の11月と12月の間、第９１２突撃砲大隊は再三に渡って過酷な防衛戦に従事した。１９４３年11月15日に発起されたオラニエンブルク包囲陣南部への攻撃において、キッカー大隊副官が戦死し、シュトゥンツ少尉が新しい大隊副官となった。

セーベシ戦区において第９１２大隊はクリスマス祭を祝い、ここで新指揮官のカルシュテンス大尉も着任した。

第９１２突撃砲大隊の戦闘に関する最初の章は、これで終了とする。

第２２６突撃砲大隊
１９４３年ガイトーロヴォからポーロックへ

カイスラー少佐率いる第２２６突撃砲大隊は、１９４３年2月と3月にムガの東方、すなわちガイトーロヴォおよびポセロク7の南方に位置する第２２７師団の下で、防衛戦を展開した。ポセロク7のヴェングラー・ブロックでは、マキシミリアン・ヴェングラー大佐率いる第３６６歩兵連隊が防衛しており、この戦区で大隊は４００両目の敵戦車を撃破し、１９４３年3月26日付のドイツ陸軍武勲感状に名前が挙げられた。そこには、こう書かれている。

『第２２６突撃砲大隊は、目下のところラドガ湖南方において、東部戦線の作戦開始以来敵戦車４１４両を撃破した。』

それ以降、シニャーヴィノ付近、ムガ北方の鉄道三角地やムガを直接巡る戦闘は、過酷なものとなった。ソ連軍は、この重要な交通の要衝を占領しようと躍起になっており、これによりレニングラードへのキーロフ鉄道を再び我が物にしようとしていたのである。しかしながら、すべての努力は無駄であった。ムガとシニャーヴィノ高地は持ち堪えたが、この防衛力の相当部分は、第２２６突撃砲大隊の突撃砲が担っていた。

1943年春、ムガ付近の森林にて。第226大隊はここから前進した

突撃戦闘章の受勲式の3名。左から第226大隊／第2中隊のニーマン上等兵、グロースアルト装填手、ヘッカー上等兵

損害は鰻登りであった。突撃砲の数量は日に日に消耗し、このためシュヴァインフルトの第200補充大隊から兵員中隊が鉄道輸送され、1943年6月上旬にムガへ到着して熱狂的な歓迎を受けた。第2中隊の兵員は故郷へ帰還し、新しい兵員がその古い突撃砲を引き継いだ。

オラニエンバウム前面の休養陣地において、若い突撃砲兵は日頃から前線に接して経験を積んで育成された。彼らが前線からムガへ帰還した時、この間に第226突撃砲旅団と改称（＊68）された部隊は列車に積載され、ソ連軍が新たな大攻勢を準備している兆候が見えるネーヴェリ戦区へ移動した。この攻勢は、1943年10月6日に発起された。

12月中旬まで突撃砲はここで防衛戦に投入されたが、幸いなことに損害は軽微であった。

年末に旅団はプレスカウ戦区へ移動した。それから1944年2月まで旅団はパンター陣地への撤退戦に投入され、突撃砲はペトローフスコエにあるオーストロフとプリョースコフの中間地点へと行軍した。

ソ連軍橋頭堡を排除するため、3月中旬に旅団はナルヴァへ移動した。そこは膝まで沈む湿地帯であり、陣地の奪取には成功したがこの橋頭堡の除去には失敗し、4月24日に攻撃は中止された。

1944年5月、ドゥーナ河沿いのポーロツク戦区へ移動した。ここでカイスラー少佐は、個人で直接指揮した反撃の際に負傷した。第200補充および教育突撃砲大隊が駐屯するシーラッツからの補充兵員と共に、新しい指揮官としてミヒャエル少佐が着任した。少佐は第226突撃砲旅団を、艱難辛苦の末最後まで指揮することとなる。

当時第1中隊は、ギーアケンス大尉によって指揮されていたが、その負傷後、ビンツ中尉が指揮権を継承し、フォン・アルニム大尉が赴任した。その後、大尉は1944年11月27日付のドイツ陸軍武勲感状に名前を挙げられ、武勲感状徽章を授与されている。

第2中隊は、1944年の初めにシュレブルク大尉と交替したシュミット大尉が指揮していた。第3中隊はハムケ中尉により指揮されていたが、中尉もまた1944年9月27日にドイツ陸軍武勲感状に名前を挙げられている。

第741および第742突撃砲中隊 北極での作戦

突撃砲兵として、短期間ではあるが北極へ作戦投入された2個の突撃砲中隊を忘れてはならない。

1942年末、ディートル上級大将は、フィンランド北部

注（＊68）編注：著者の誤解と思われる。大隊から旅団への名称変更は、1944年2月25日付OKH命令による。

に展開するラップラント軍を強化するため、突撃砲部隊の派遣をOKHに希望した。ディートルは突撃砲兵の突破力と前線の焦点において決定的な戦闘に関する報告を常に聞いており、この種の部隊により彼の軍を決定的に強化したいと考えたのである。

OKHは、ラップラント軍専属の突撃砲中隊を編成して使用する必要があるというディートルの意見を正当と認めた。

1943年1月にラップラント軍により突撃砲部隊の志願兵の募集が行なわれ、兵員部隊の編成は1943年1月30日に開始された。

新年のうちに志願兵はユターボクへ移動し、とりあえず全員共通の教育課程が実施された。教官はペーター・ネーベル大尉であり、突撃砲大隊の中隊長として1941年冬季にモスクワ前面で一躍有名となった経験豊富な将校であった。

この兵員から2個突撃砲中隊が1943年夏頃に編成され、それぞれ第741および第742の番号が付与された。第742中隊の指揮官はクライボルト中尉、その他の両中隊の将校は全てオーストリア人であった。

1943年夏、この両中隊は同時に海路によりゴッテンハーフェンを経て北部フィンランドへと移動した。降船した港はウレオボルグであり、ここから両中隊はクーサモ、すなわちラップラント戦線の北方戦区である″エタッペ″まで陸路、約240kmを行軍した。

残念なことに両中隊の突撃砲20両すべてが、このような長距離を首尾よく行軍するのはもちろん不可能で、数両はエンジンおよび変速機の故障により残置された。

軍団の戦区後方において、第741および第742突撃砲中隊（＊69）は火消し役として戦闘準備を整えた。修理部隊は不充分な器材しかなかったが、部隊の名誉にかけてすべての突撃砲20両を再び可動状態にすることに成功した。

当面、第7山岳師団およびSS山岳師団【ノルト】の下で作戦投入することが模索された。しかしながら、詳細に渡って地形や天候条件による評価が行なわれ、結局ここでの作戦投入は行なわれなかった。そして種々の試験を通じて、突撃砲は技術的にこの種の作戦には必要十分な条件を満たしていないことが確かめられた。

1943年秋に両中隊は再びドイツ本国へ帰還し、フランスのトゥールで編成中の突撃砲部隊の基幹兵員となった。

注（＊69）訳者注：両中隊は突撃砲20両のほかにオートバイ4台、サイドカー付きオートバイ3台、キューベルヴァーゲン3両、乗用車3両、軽トラック2両、トラック25両、FAMO製18tハーフトラック1両を装備していた。

1943年　中央軍集団における決戦の年

戦闘概況

ちょうど１９４３年の初めは、東部戦線の南部戦区の重要拠点において、ソ連軍の冬季攻勢をようやく食い止めたばかりであり、ドイツ軍最高司令部は戦争をこれからいかに継続させるか基本的な方針を決定する必要があった。

一つ目として、攻撃から防御への移行が挙げられた。使用可能な味方の戦力は、広大なソ連領土をカバーするには不充分であった。二つ目に必要なことは、戦線の縮小、すなわちルジェフのように戦線から突き出した部分からの撤退であった。

最終的にヒットラーはこれらの方針を承認し、１９４３年春の〝水牛〟作戦を認可しなければならなかった。

１９４３年の戦争指導の基本原則は、防御作戦を行なって可能な限り敵のさらなる弱体化を図り、同時に如何にして味方の戦闘能力を温存するかということを考慮しなければならなかった。

では、１９４３年初めの中央戦区における前線の様子はどうだったのであろうか？　１９４３年2月6日現在の中央軍集団の南翼戦線は、マロアルハンゲリスク～オリョール東方地区～キーロフであった。中央戦区の最も北には、遥か前方に突き出した前線突出部がルジェフ南方にあった。ヒットラーは、ドイツ軍29個師団が留まるこの大きな前線突出部から撤退することを決心した。撤退によって前線は直線化して22個師団が節約され、これらの師団は緊急に必要な前線の綻び、なによりも南部戦区の前線穴埋めに補填された。ＯＫＷはこの年に80万人の補充を必要としていたが、ドイツ国内では40万人しか召集できなかった。

ドン軍集団が後方から切り離される危機に直面し、中央軍集団が南から急速に迫り来る前線大崩壊というデモクレスの剣に直面していた2月に、ヒットラーは両軍集団司令官を呼び寄せた。

この作戦会議の中で、彼は南方のドン河戦区からの撤退とルジェフ付近の前線突出部からの撤退準備を承認したのである。

第６６７突撃砲大隊 〝水牛〟作戦における雄牛

新任指揮官であるリュッツォー大尉の指揮下で、第６６７突撃砲大隊は〝水牛〟作戦に参加した。泥濘期が終了した１９４３年3月1日、ドイツ師団群はレプティハとルジェフの間にある戦線北翼から南方および南西方向へ撤退を開始した。ルジェフからヴャージマまで、そしてドロゴブーシュからドニェプル河を渡河し、第６６７突撃砲大隊はこの20日間におよぶ撤退作戦において防衛戦闘を展開した。

ドロゴブーシュにおいて第3中隊は第39軍団に配属され、スイチョーフカ攻略戦に参加した。ヴャージマ南西の高速道路の防衛が大隊の次の任務となり、大隊は第20軍団第98歩兵師団へ配属となった。第667大隊は、ジュキの防衛戦において大戦果を挙げた。ここでヴァルター・オーバーロスカンプ少尉は、突破を意図した敵戦車群を自身の小隊をもって撃退したのである。空前絶後のこの戦闘で、わずかな日数の間に彼は単独で敵戦車40両を撃破した。これはソ連戦車旅団1個分に相当する戦果であり、1943年5月15日、少尉は騎士十字章を授与された(*70)。

第98歩兵師団長のガライス中将は、1943年3月23日付の作戦日誌でこう述べている。

『過去の幾多の戦闘で最強と評されている第667突撃砲大隊に対し、ジュキ付近の戦闘においてまた新たな名誉の花束が贈られることとなった。大隊の勇敢な指揮官であるリュッツォー大尉、過酷な戦闘に従事する鍛えぬかれた乗員並びに歩兵の大胆さがこの勝利を生んだのである。』

4月にリュッツォー大尉が負傷し、再びツァイトラー大尉が大隊の指揮を執り、第2中隊の指揮官はヴァーグナー中尉となり、第3中隊はヴェルフレ中尉が中隊長となった。

これ以降、大隊はエーリニャ、ロースラヴリとクリーチェフ地区において作戦投入され、1943年夏の間中戦闘を行なった。

1943年10月に大隊は第667突撃砲旅団と改称され、その後、モギレフからスモレンスクへ鉄道輸送された(*71)。すでに1943年10月29日、旅団は1000両目の戦車を撃破し、この事は1943年11月11日に国防軍公報により報じられた。

『1942年8月以来、東部戦線において作戦中であったツァイトラー大尉指揮の第667突撃砲大隊は、スモレンスク

第667突撃砲大隊のヨアヒム・リュッツォー大尉

注
(*70) 訳者注:公式発効日は1943年5月10日である。
(*71) 編注:著者の誤解と思われる。大隊から旅団への名称変更は1944年2月25日付OKH命令による。

西方方面において１０００両目の敵戦車を撃破せしめた。』

このニュースが伝わった時、すでに敵戦車撃破数は１１２０両に達していた。しかしながら、第６６７旅団の損害もまた著しく、新たな陣容の立て直しに迫られていた。すなわち、オーバーカンプ中尉が第２中隊、メッサーシュミット中尉が第３中隊を引継ぎ、第１中隊はビーナウ大尉、後にヴァントライ中尉に引き継がれた。

１９４３年７月より新編成の突撃砲大隊の基幹人員として、すでに経験豊富な第３中隊の人員が引き抜かれており、替わりにドイツ本国から来た人員によって補充されていた。

第１８９突撃砲大隊 ベレジナでの壊滅

第１８９突撃砲大隊は、１９４１年～２年の冬季ルジェフ北方の橋頭堡で過酷な戦闘を戦い抜いた。その際、ヴィルヘルム・フォン・マラコフスキー中尉は、幾度も卓越した功績を挙げ、１９４２年２月９日付けで騎士十字章を授与された（＊72）。大隊は、その年の間中続いたソ連軍の攻撃に対して戦闘を行なったが、ルジェフ付近においては少なくとも８回の大規模な会戦がソ連軍によって発起された。

１９４２年12月30日以来、大隊は第78突撃師団に配属され、東部戦線の突出部からの撤退作戦である〝水牛〟作戦の期間中もこの師団の部隊と共に戦った。

ルジェフからモスクワまではわずか１８０km足らずであり、ヒットラーはソ連の首都への新たな攻勢を発起することを望んでいた。しかしながら、スターリングラードの敗北と第６軍の壊滅後この夢は潰え去り、第９軍と第４軍の一部を投入している大突出部からの撤退を準備した。25万人以上の兵士が武器と器材と共に撤収するのだ。

29個師団が５段階に分けられた撤退作戦を開始し、第78突撃師団の部隊と共に第１８９突撃砲大隊は戦ってこの撤退行動を援護した。この撤退が成功したのは、突撃砲の働きによるところが大きかった。

１９４４年夏までに第１８９突撃砲大隊は、第78突撃師団の下で戦った。１９４４年６月、大隊はオルシャとミンスクの中間にあって、１９４４年６月22日に発起されて中央軍集団を飲み込んだソ連軍の雪崩のような戦車攻撃に対し、絶望的な防衛戦を展開した。ベレジナ付近で大隊は、圧倒的に優勢な敵戦車の激しい攻撃により完全に壊滅し、最後の突撃砲は味方の歩兵のために渡河点を確保しようと試みたが、その前に撃破されてしまった。

ベレジナ河を渡河して西へ脱出できた第１８９突撃砲大隊の残余は、新編成の第78突撃師団の第70戦車猟兵大隊へ配属された。これにより、第１８９突撃砲大隊はその短い歴史を閉じることとなったのである。

第185突撃砲大隊［ツイタデレ（城塞）］作戦

1943年初め、第185突撃砲大隊はモギレフにて休養・再編され、そこから5月にズミーエフカ～ボリソグレープスコエ地区へ移動した。すでにドイツ軍最後の攻勢である暗号名［ツィタデレ（城塞）］作戦が準備されており、この地区で強力な戦力を持つ大隊も作戦投入されることとなっていた。

1943年元旦の布告の中で、アドルフ・ヒットラーは東部戦線に対して従来以上の大量の弾薬と優秀な兵器の供給を約束していた。これは緊急かつ必須な事であり、1943年3月末、OKHはソ連軍のヨーロッパ戦線における兵力を399個狙撃兵師団、194個狙撃兵旅団、171個戦車旅団、81個戦車連隊、48個機械化旅団と27個騎兵師団と計算していた。

これらの部隊のすべては、11個〝戦線〟へ配備されていた。この11個〝戦線〟は、62個軍、3個戦車軍と20個戦車軍団、8個機械化軍団と7個騎兵軍団から構成されていた。

ソ連の戦車月産台数は1500両と目されており、この他にアメリカから1942年末までに戦車4600両と航空機3000機がソ連邦へ供与されたと推定された。

ルジェフの戦線突出部からの撤退を承認した裏には、泥濘期終了後に新たな攻勢を開始することがヒットラーの条件であったことは間違いない。この攻勢の目的は、強力なソ連軍部隊を撃滅し、防御に適した良好な戦線を構成することにあった。この他にヒットラーとしては、スターリングラードで被った冬季戦役での損害により発生した戦略上の不利益を、強力な攻勢により埋め合わせたいという決意があった。

ヒットラーは、中央軍集団における第2軍戦区の西方に張り出したソ連軍突出部～これは幅200km、深さ約120kmに渡ってドイツ軍戦線に食い込んでいた～を攻撃し、包囲撃滅することを決定し、南と北からの挟撃作戦を行なうこととされた。

北方のオリョール戦区では、このために中央軍集団により第9軍が動員された。南方軍集団戦区では、ハリコフの再奪回により北方への攻撃のための発起点が確保された。ここから攻撃軍はクルスク東方で、北方から進撃して来る第9軍部隊と合流する計画であった。

1943年3月13日付の作戦命令第5号［来月の戦闘指導指令］によれば、ドイツ東部軍は、泥濘期終了後に予期されるソ連軍の攻撃の前に、攻撃を開始する必要があるとしてい

注（＊72）訳者注：公式発効日は1942年1月30日である。ここでヴィルヘルム・フォン・マラコフスキーは、大尉に昇進して第189大隊長を拝命し、1943年3月6日には突撃砲兵としては4人目の柏葉付騎士十字章を授与された。

る。

1943年4月15日付の作戦命令第6号には、この大規模な攻勢のために中央軍集団と南方軍集団によって創案された各々の戦闘計画が示され、この指令の中でヒットラーは、「最良の兵器、最良の部隊、最良の指揮官と最大限の弾薬量」を投入するよう命令していた。

「クルスクの勝利は、世界にとって変革の狼煙となろう。」と彼は兵士に誓った。

最終的な目標が定められた。クルスク方面にある敵部隊を、南方のベールゴロド戦区と北方のオリョール戦区から進撃する2個軍により撃滅する。これにより迅速に短縮された新戦線を構築し、直ちに部隊、すなわち戦車部隊を次の必要な任務のために使用できるようにする。最も早い攻撃期日は、5月3日とされた。

この攻撃期日は数度にわたって変更された。最初は、ティーガーを含む新型戦車や突撃砲を大量に使用可能となる6月10日まで延期された。その後、攻撃は6月末になり、最終的に7月初めへと移動され、6月17日に最終的な攻撃期日として、1943年7月3日と公示された。

その直前に50kmの攻撃範囲を受け持つ北部部隊に属する13個攻撃師団は、出撃準備態勢となった。その他に2個予備師団と6個陣地（張りつけ）師団が用意された。

ハリコフ東方から東へベールゴロドを越えて北東へ攻撃するべき部隊は、第一線に15個攻撃師団を擁していた。4個陣地（張りつけ）師団と2個予備師団が、この他に南方軍集団が使用できる戦力であった。

南部部隊には戦車約1000両と突撃砲400両が準備され、北方の中央軍集団第9軍にもほぼ同じような多数の戦車と突撃砲があった。

第二次大戦の最も大きな会戦の一つにおいて、誰が勝利者になるのであろうか？

1943年7月3日、グリッフェル少佐率いる第185突撃砲大隊は、クルスク突出部北西のグラズノーフカの出撃準備陣地からマロアルハンゲリスク方面へ出撃した。［ツィタデレ（城塞）］作戦がよいよ開始されたのである。

初期の順調な前進の後、ドイツ軍の攻撃全体が行き詰まった。ソ連軍もまた同じように大規模な攻撃を準備しており、強力な攻撃部隊により反撃を開始したのである。そして、敵はオリョール戦区において、ドイツ軍戦線を突破することに成功した。第185大隊は危機に曝された陣地に投入され、激しい防衛戦に参加して甚大な損害を被った。

敵によって突破された戦線に第185大隊／第1中隊の3両が前進し、機甲擲弾兵の援護を受けてこれを封鎖した。夜になって擲弾兵が撤退した後、3両の突撃砲は翌日の朝まで単独でソ連軍の戦車攻撃を迎え撃った。

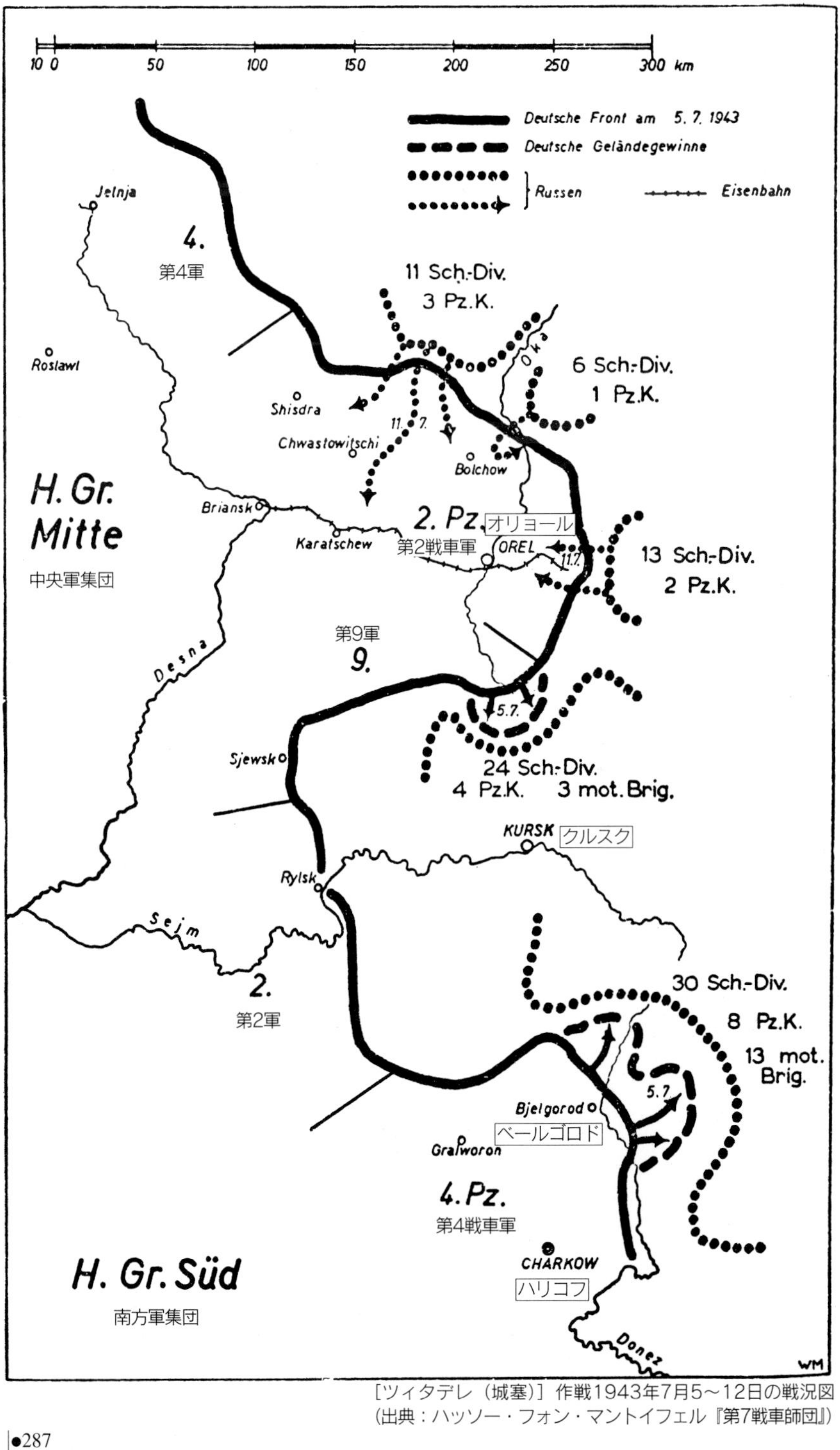

［ツィタデレ（城塞）］作戦1943年7月5〜12日の戦況図
（出典：ハッソー・フォン・マントイフェル『第7戦車師団』）

各3両の突撃砲は自らが撃破されるまで、多数の敵戦車を撃破した。2両が直撃弾を被り、乗員は戦死した。3両目の突撃砲も命中弾を受けて行動不能となり、乗員は負傷しながらも大隊本部まで辿り着いた。

オリョール屈曲部において大隊は大きな損害を被ったが、同時に大きな戦果を挙げることができた。部隊新聞の一つには、こう報告されている。

『第185突撃砲大隊の大いなる戦果！　この日、部隊編成3周年を迎えることとなった大隊は、ここに新たな大いなる戦果を打ち建てた。大隊はオリョール屈曲部において、今までに敵戦車102両を撃破し、そのうちの59両はたった1日で屠ったものである。これまでの大隊は編成以来、戦車549両、対戦車砲20門、野砲244門、トラック250両、装甲列車1両と燃料タンク貨車1両を撃破または鹵獲した。』

攻撃開始2日後、グリッフェル少佐は病気となり、中隊長であるゲアリング、トヴィートマイアーとヴィッケルマイアーが順番に部隊指揮を執った。

その後、スモレンスク～ヴャージマの高速道路、ヤールツュヴォ～ドゥホーフチナ付近において、大隊は新たに作戦行動を行なった。マーイスコエおよびエーリニャ付近での激しい防衛戦において、大隊は常に戦闘の焦点にあり、新たに敵戦車の一群を撃破した。オルシャ～ゴルキ方面での撤退においても、大隊は同じように部隊の後衛として戦闘を行なった。

1943年11月、大隊の名称は旅団に変更された（＊73）。旅団は包囲された歩兵部隊を救出し、退路を啓開して連れ戻すことができた。ここでグロスナー少佐が、旅団の指揮を執ることとなった。

ボブルイスク東方のロガチョフ橋頭堡で、第185旅団の兵士達は比較的平穏な冬を過ごすことができた。クリスマスイヴに発起された唯一のソ連軍の大規模な攻撃も、撃退された。

第270突撃砲大隊 1942～43年　オリョールとルジェフの間の唯一の機甲兵力

第270突撃砲大隊は、ナイセにおいて乗員部隊としてブーム大尉の下で編成が開始された。1942年10月から11月までに、ヘルマン・ヴォルツ中尉指揮の下で第270大隊／第1中隊の編成が行なわれた。この部隊は1942年11月末に鉄道輸送によりナイセを出発し—おそらくスターリングラードの悲劇が始まったために—中央軍集団と南方軍集団の中間地点へ移動した。

キエフからモギレフ、スモレンスクからエーリニャへと中隊は行軍し、そこではシュタインヴァクス少佐率いる第197突撃砲大隊が待ち受けていた。1942年～43年の年末に、ここで第２７０大隊／第１中隊は、ドイツ本国で再編成されるために帰還するこの大隊の装備を引き渡された。その間に第２７０大隊の残りの２個中隊も編成され、アレクサンドロフカで合流することができた。各中隊はヘルミッヒ中尉とテュアマー中尉によって指揮されていたが、後に第３中隊はグラーフ・コンスタンティン・ツー・ドーナ・スロビッテン中尉が指揮を執った。

大隊の指揮はベアクホルツ少佐が執ることとなったが、今や大隊は１９４２年〜４３年冬季においてオリョールとルジェフの間に位置する唯一の戦車部隊であった。１９４３年２月まで個々の中隊は、各々異なる師団野戦本部やその他の中央軍集団に属する部隊本部のために行軍進路の偵察を行なった。

２月になって第２７０大隊は、夜間行軍によってジーズドラ戦区まで移動したが、凍結して雪に覆われた道路での行軍は困難を極めた。２月22日にここで戦闘が開始され、それは１９４３年３月20日まで継続した。敵の攻撃は封じられ、大隊は戦車多数を撃破することができた。

精霊降臨祭の頃、オカ河を越えて幾つかの橋頭堡が形成され、ドイツ軍前衛陣地を包囲するため、敵はボールホフ東方のオカ河屈曲部へ攻撃を加えた。しかしながら、この攻撃は再三に渡って撃退され、敵は手痛い損害を蒙った。

初夏までの間、オリョール南方戦区の防衛は、第２７０大隊の双肩にかかっていた。

第270突撃砲大隊のハンス＝クリスチャン・シュトック少尉（戦死）は1943年8月27日*に騎士十字章を授与された（*訳者注：公式発効日は1943年8月22日である）

［ツィタデレ（城塞）］作戦が開始されると、大隊はここで軍集団予備となり、ヴォルツ中尉率いる第２７０大隊／第１中隊は、包囲されたゴルヴィッツァー大将の軍団司令部（＊74）救出のために作戦投入され、無事これを救出している。ハンス＝クリスチャン・シュトック少尉は、１９４３年８月27日付けでこの戦区での卓越した活躍により騎士十字章を授与された（＊75）。

オリョールからの撤退の際、第２７０大隊はオリョール市街の北東にあり、８月中はロースラヴリ方面まで撤退を行なった。

注（＊73）編注：著者の誤解と思われる。大隊から旅団への名称変更は１９４４年２月25日付ＯＫＨ命令による。
（＊74）訳者注：第53軍団のことである
（＊75）訳者注：公式発効日は１９４３年８月22日である。

った。ここで大隊は次々と突撃砲を失い、１９４３年９月および10月になると、たった１個中隊に集成される有様となった。この中隊はヴォルツ中尉に率いられ、ゴメリとモギレフの間で１９４３年12月まで戦った。

1944年2月、プリピャチ大湿地原で行軍休止する第270突撃砲大隊

その間に大隊は残りの両中隊と共に、ミンスク戦区へ移動した。12月末、残りの突撃砲を別な突撃砲大隊に引き渡したヴォルツ中尉が戦闘中隊と共に追及し、大隊と合流することができた。

１９４４年１月１日より第２７０突撃砲大隊は、シュレブリュッゲ大佐指揮の第１スキー猟兵旅団へ配属となり、新しい突撃砲と器材が支給された。大隊はスキー猟兵旅団と共に、１９４４年春、プリピャチ大湿地帯方面へ移動した。ここでヘアヴィッヒ・ビットナー少尉が、１９４４年２月11日付けで騎士十字章を授与された（＊76）。

注（＊76）訳者注：公式発効日は１９４４年１月18日である。

第270突撃砲大隊のヘアヴィッヒ・ビットナー少尉

1943／1944年の冬季、プリピャチ大湿地原に作戦投入された第270突撃砲大隊。冬季戦闘のために突撃砲は白い迷彩が施されている

プリピャチ湿地原に設置されたポントゥーン式工兵橋を通り、
今しも１両の突撃砲が渡河しようとしている

第270突撃砲大隊のケッテンクラート

履帯の重さは1200kgもあり、湿地帯における履帯交換は特に困難であった

1944年、雪解けの泥濘期

すでに前年12月17日には、ギュンター・ヘルミッヒ大尉が同勲章を授与されていた（＊77）。また、アルント少将率いる第293歩兵師団に配属されたヴォルツ中尉は、その第2中隊をもって1日に敵戦車26両を撃破し、同じく騎士十字章候補者へ推挙された。しかしながら、値するだけの勲功にもかかわらず授与には至らなかった。

春になると第270大隊は、スキー猟兵旅団と共にプリピャチ大湿地原へ作戦投入された。この地点、すなわちブレスト・リトフスクの南東方面で、大隊は戦線の南翼の30kmから60kmの範囲を防衛することとなった。この際、第270大隊の突撃砲と車両は、水と湿地の中で機動力の中心となった。

この後、大隊はオーバーホールのためブレスト・リトフスクへ移動した。これ以降の大隊の作戦行動は、第1スキー猟兵旅団と固い絆で結ばれ、カルパチャ山脈を越えてコーヴェリまで撤退した。ブーム大尉とベアクホルツ少佐の後、クルゼ大尉、フォン・ブッデンブロック大尉および大隊内から昇格したドライアー大尉が大隊の指揮を執った。

第177突撃砲大隊
"ツィタデレ(城塞)" 作戦~1943年ヴィテブスクとオリョールの間~ネーヴェリでの防衛戦

スターリングラードでの全滅後、1943年3月16日にヴィルトフレッケンにおいて、第913突撃砲大隊の兵員が編成された。旧第177突撃砲大隊の大隊長であり、スターリングラードから生還したケプラー少佐は、大隊の指揮官に任命された。少佐はこの命令を受けると、彼の旧大隊の生き残り、すなわち主に第300突撃砲補充大隊の病気や負傷によりスターリングラードから脱出することができた兵員を、新編成の大隊要員として要求した。こうして、1941年9月から第177突撃砲大隊と共に戦い抜いた、百戦錬磨の古強者であるホルツ中尉、ツィッツェン中尉、シュミット中尉、クラインクネヒト少尉、シュトッキンガー "ポルディ" 先任曹長、シュナイダー上級曹長、キーナスト上級曹長、ヴァイトマン上級曹長、グリーブ上等兵など、その他大勢が集められた。

さらにケプラー少佐は、スターリングラードで壊滅した古い大隊を記念して、新しい大隊に第177の番号を呼称するよう嘆願し、この希望はかなえられた。こうして、新生第177突撃砲大隊が誕生したのである。

1943年4月23日、大隊本部と3個戦闘中隊が東部戦線への緊急輸送により発進した。しかしながら、当面の間は戦闘には投入されず、1943年7月4日まで東部戦線の中央軍集団戦線のグレーボフスク市街に留まった。大隊は、第46、第47および第41戦車軍団を擁し、幹線道路とオリョール～クルスク鉄道線の間に展開する第9軍に属していた。

第9軍の将兵20万人は、［ツィタデレ（城塞）］作戦開始に際して、その攻撃のための出撃準備態勢に入った。第86歩兵師団の下で、大隊の各小隊は代わる代わる警戒任務に就いた。各中隊は、シュミット中尉（本部中隊）、フェアスト中尉（第1中隊）、ツィッツェン中尉（第2中隊）、グリュン中尉（第3中隊）によって指揮された。

1943年7月4日、防衛陣地内で敵の砲撃によりフォン・シュトム少尉が戦死した。少尉は新生第177大隊の最初の戦死者であった。

7月5日の夜、第1および第2中隊に警戒命令が下され、戦闘中隊はその補給部隊と共に第86歩兵師団戦区の出撃準備陣地へ移動した。

7月5日1時10分、ソ連軍砲兵は凄まじい勢いで激しい集中砲火を開始し、それは小1時間も続いた。3時30分、まず最初に計画どおりドイツ軍の砲撃がソ連軍陣地に浴びせられた。その後、［ツィタデレ（城塞）］作戦が攻撃部隊によって開始された。

第177大隊／第1および第2中隊は歩兵を伴って第2波として前進し、トーチカや対戦車砲陣地を破壊した。突撃砲群は機関銃陣地を一つ一つ潰し、歩兵の前進を援護した。第1中隊の中隊長車は重対戦車砲弾が命中し、照準手のヴントロウ軍曹と装填手のガウスマンが戦死した。

22時頃、ケプラー少佐は第78突撃師団戦区のクラーキノ駅付近にある出撃準備陣地に待機中の第3中隊に命令を下した。7月6日朝、この師団戦区での攻撃の火蓋が切られた。この攻撃は、第656重戦車駆逐連隊の〝フェアディナント〟重駆逐戦車12両によって支援されており、第177大隊／第3中隊の突撃砲10両もそこに加わった。

グリュン中尉は、253高地に対する攻撃のために中隊を率いて前進した。これに対して激しい防御砲火が浴びせられた。地雷原の後方で中尉が突撃砲の中から立ちあがって、部隊に展開の合図をした時、命中弾により瀕死の重傷を負った。

ヴァイトマン上級曹長の突撃砲は地雷を踏み、乗員は全員脱出した。キーナスト上級曹長は塹壕の角にはまって擱座し、戦闘中に牽引しなければならなかった。歩兵部隊は大損害を受け、夕方には最初に占領した塹壕へ退却した。

ヴァイトマン上級曹長の突撃砲は無人地帯に残置され、夜のうちにシュペヒト少尉の指揮により牽引回収されたが、部

注（＊77）訳者注：公式発効日は1943年12月20日であり、その当時は中尉である。

12口径43式15cm突撃榴弾砲を装備したⅣ号突撃戦車［ブルムベア］（編注：この車両は突撃砲ではなく、突撃戦車と称された。第216突撃戦車大隊に所属しポヌィリーの戦闘に投入された）

隊は帰り道に迷ってポヌィリーの入り口でソ連軍に捕らえられた。

ポヌィリーへの攻撃は、7月7日に開始された。第86および第292歩兵師団の戦区の右翼を、第1および第2中隊が前進した。リース中尉率いる第177大隊／第3中隊は、新たに253・5高地方面へ攻撃を加えた。

3個中隊すべてが攻撃に成功した。しかしながら、ソ連軍はポヌィリー駅へ立てこもり、昼頃にソ連戦車がセミョーノフカ付近のポヌィリーと前述の高地の中間に進出し、戦況は危機的状況となった。

第3中隊の1個小隊、すなわちシュペヒト少尉率いる突撃砲3両はそこへ前進した。彼らはちょうど間に合って、今しも味方歩兵が立て篭もる塹壕を蹂躙しようとしているT-34・3両を発見し、3両のT-34は全て撃破された。

この戦闘で大隊最初の戦車撃破が達成されたが、それはボーゼ士官候補生率いる309号車であり、照準手はスドゥン軍曹、操縦手はエッツィンガー軍曹、装填手はミュラー上等兵であった。

午後になってリース中尉が負傷し、シュペヒト少尉が中隊の指揮を引き継いだ。

7月8日、第2中隊は戦車多数を撃破した。［ツィタデレ（城塞）］作戦のこれらの決定的な日々の中で、若い大隊は旧大隊を凌駕する成長ぶりを示した。しかしながら損害も多く、

1943年、輸送途中の第197大隊（編注：第197突撃砲大隊は1943年4月に第653重戦車駆逐大隊に改称され、フェアディナント重駆逐戦車を受領した。写真は第177突撃砲大隊と同じ戦区で戦闘を行なったあと、オリョールで貨車に積載されカラーチョフへ撤退する第653大隊）

フェアスト大尉は罹病し、バルテルス少尉とゲオルグス少尉は負傷した。９日には、第３中隊を増強するために1個小隊を率いて第78突撃師団戦区へ向かったギュットマン中尉が戦死した。

ツィッツェン中尉は第2中隊全てを率いて、「突撃砲はポヌィリーへ進出せよ！」との命令を受けて発進した。しかしながら、このソ連軍戦線の要地の奪取には失敗した。第292歩兵師団の兵士は、その力をすでに使い果たしていた。ポヌィリーは、側面に位置して占領不可能となっているオリホヴァートカへ突進するためには、どうしても取らなければならなかった。５００m進んだところで、ソ連軍の逆襲が開始された。

フォン・ユンゲンフェルト中佐率いる〝フェアディナント〟を装備した第６５６重戦車駆逐連隊がこれに対抗し、第１７７大隊／第３中隊の突撃砲の突破が開始された。

しかしながら、２４９高地付近にあるポヌィリーからマロアルハンゲリスク、フョードロフカ西方への十字路で先鋒部隊は森林地帯から激しい砲火を浴び、この攻撃は頓挫した。

７月10日、ポヌィリー駅前面のトリスペル少尉の小隊と交替するよう命令を受けたツィッツェン中尉は、交替の際にトリスペル少尉から報告を受けた敵の戦車集結地点へ、直接突進した。数分間の間に、中尉は近距離からT-34・12両を撃破炎上させ、残りの戦車は敗走した。この戦功によりツィッツツェン中尉は、騎士十字章を授与された。

すべての中隊にとって、7月11日は大規模な戦闘の日となった。軍団戦区にあるすべての師団が反撃を実施し、いたるところで敵前線を突破することに成功した。

7月12日に突撃砲兵は悪い知らせを受け取った。すなわち、オリョールの北方にある第2軍前線をソ連軍が突破し、すでに敵はオリョールまで突進しているとのことであった。もしこれが事実であるとすれば、第9軍の背後が脅かされることとなる。このため、すべての戦車軍団は撤退し、危険な戦区へ投入された。

これに伴い大損害を受けた第292歩兵師団は、固有の突撃砲大隊を有する第10機甲擲弾兵師団と交替することとなり、第177突撃砲大隊はまとまって第78突撃師団へ配属された。

これによりケプラー少佐は、再び大隊を一つの部隊として作戦指揮することができるようになった。しかしながら、今までの中隊単位での戦闘の中で、各中隊はすでに突撃砲保有数の50％を失ってしまっていた。

攻撃作戦から防御戦闘へと戦況は推移し、7月13日と14日には大隊は数少なくなった突撃砲を率いて他の部隊を支援・救出するため、重要拠点の火消し役として前進した。

7月15日の朝、ブズルーク付近で丘陵地帯後方から強力な敵戦車梯団が前進し、急進撃によりポヌィリー北部地区を占領するべく、完全に廃墟と化したブズルーク付近にあるフォン・キットリッツ中尉率いる第1中隊の突撃砲へ襲いかかった。

わずか数分の間に、攻撃して来た敵戦車の半数以上が炎上し、同じ頃には第2および第3中隊も激しい防衛戦を展開した。

7月16日には、新手のソ連軍の戦車先鋒部隊がブズルーク付近に迫った。T-34は、フォン・キットリッツ中尉によって素早く編成変えした突撃砲群の砲身の目前まで前進して来た。この戦闘でT-34・10両が撃破炎上され、残りは敗走した。

7月17日、ケプラー少佐は中隊の数量報告を受領して憂慮していた。各中隊は、ようやく5から6両が使用可能な数であった。翌朝、歩兵部隊から「ヴァイオレット（すみれ色）」という暗号、すなわち「敵の戦車攻撃」を意味する警報が発せられ、第1および第3中隊の突撃砲が出撃した。前進の途中で、早くも先頭のT-34を確認した。全部で48両のT-34がドイツ軍主戦線へ向いつつあり、第3中隊のシュペヒト少尉率いる突撃砲6両はすでに迎撃態勢を整えた。

最初のT-34、すなわち1両の側面警戒用戦車が第78突撃師団本部とポヌィリーを結ぶ街道の右翼から姿を現したが、第3中隊の故障して動けない突撃砲により600mの距離から撃破された。しばらくすると、敵戦車の大群が第3中隊に襲いかかり、戦車対突撃砲の激しい近接戦闘が始まった。

砲撃するために、突撃砲はその地点で信地旋回を余儀なくされた。発砲と着弾の時間差はもはやなくなり、ほとんど同時であった。突然、T-34・9両の悌団が煙、硝煙と火炎の地獄の中から脱出して逃げ去った。第3中隊の戦闘地点には、39両の撃破されたT-34が横たわっていた。この他に先に撃破された側面警戒用戦車もあり、5両の突撃砲により実に40両のT-34が撃破されたのであった。

ザクセ曹長の突撃砲は破壊されてT-34の下敷きになっており、命中弾がその低いハッチ上部を貫通していて、ザクセ曹長と照準手のセバスチャン・ブヒナー軍曹が戦死した。

この間に、別な敵の戦車悌団が第1中隊の迎撃地点に殺到した。ここでもまた、激しい戦闘が繰り広げられ、フォン・キットリッツ中尉は次のように報告した。

「敵戦車36両を撃破せり」

こうしてケプラー少佐は、第78突撃師団へT-34・76両の撃破を報告することができたのである。もしこの戦車の無敵艦隊（アルマダ）が前線を突破していたら、数百人の師団兵士にとって、それは死を意味していた。

7月19日、今まで死守して来たポヌィリー北部地区の放棄を余儀なくされ、大隊は第10機甲擲弾兵師団に配属された。大隊は夜間にグラズノーヴォ〜ボルゼンキ〜クリヴィエ・ヴエールヒを経て、鉄道の西側を通ってマースロヴォの西方にある跨線橋まで進んだ。ここで第177大隊は分割されることとなり、第1中隊はそこからさらに西に位置する第86歩兵師団へ配属となった。

第177大隊／第3中隊の指揮を引き継いだシュミット中尉は、7月20日に第78突撃師団へ帰還するよう命令された。そこで、また火の手が上がったのである。こうして第10機甲擲弾兵師団に残ったのは、シュペヒト少尉とボーゼ士官候補生の突撃砲だけであった。この両突撃砲は10時頃、オチキー付近において攻撃して来たT-34に対して出撃した。しかしながら、迎撃する前にこれらのT-34は、飛来したシュトゥーカによる急降下爆撃により殲滅された。

ボーゼ士官候補生はシュペヒト少尉の突撃砲へと向う途中、突然姿を現したT-34・1両を撃破した。そこにはフェアディナント1両が来て位置に付いていた。

ここへ戦車攻撃の警報が発せられた時、側面警戒の敵戦車1両を撃破したものの、他のT-34・16両は射程外の距離を通過して、隣接する歩兵連隊の戦線を突破した。しかしながら、これらのT-34は、第2戦車師団の戦車猟兵大隊の〝勢子〟達が待ち構える対戦車陣地まで迷い込み、すべてが撃破された。

撤退が開始され、激しい戦闘の末に勝ち取った拠点は次々と失われていった。撤退途中で歩兵部隊や砲兵中隊が窮地に追い込まれると、突撃砲が前進して救出した。7月23日、鉄道線路で敵をようやく食い止めること成功したが、7月24日の朝、ソ連軍は鉄道線路を越えて突進してジェレーヴニャの集落を占領した。このため、第1中隊の戦車が反撃のために歩兵の随伴部隊を伴って出撃し、敵を線路から駆逐した。第2中隊の突撃砲8両はクラーキノ付近で戦っており、そこで歩兵を援護していた。第3中隊は可動状態の突撃砲は4両に過ぎなかった。

その後の2日間は、集落から集落へと遅滞戦闘を繰り返しながら撤退した。ドイツ軍の［ツィタデレ（城塞）］作戦期間中に開始されたソ連軍の反撃は雪崩のように押し寄せ、全ての中隊によって戦車の撃破報告がなされていた。

7月28日はハルトリーブ曹長にとって、特別な日となった。曹長が無人地帯を遥かに前進した際、アンネンスキィ・ローゾヴェツの村において、ちょうど給油中であったT-34約20両からなる戦車部隊と突如として出くわした。曹長は砲撃をすぐさま開始し、最初のT-34が炎上した。しかしながら、撃発装置が故障したため、ハルトリーブ曹長は煙幕投擲弾を数発発射して後退した。

7月30日、個々に作戦投入されていた大隊の中隊が再び一つに集まり、ケプラー少佐は大隊を統合指揮することができた。8月1日にはマーロエ・ルィシコに到着。8月2日のソ連軍戦車部隊の攻撃は、まだ可動状態にある出撃準備陣地の全突撃砲16両に向けられた。T-34とKV-1が前進し、その中に混じってアメリカ製戦車M3〝ジェネラル・リー〟も姿を見せた。この攻撃は数分の間に粉砕された。

敵は新手の戦車部隊をもって、次の日も再三に渡り撤退中のドイツ軍部隊に襲いかかった。8月5日には敵戦車の大規模な1個集団を撃破し、8月6日にはマリンスキィとグリンカ付近で敵戦車を殲滅した。

休みのない撤退が続けられ、止まる者は見捨てられた。8月8日付けで第177大隊／第2中隊の中隊長ツィッツェン中尉は騎士十字章を授与された（＊78）。その頃、第1中隊はマーリホヴォの南東にあって前進して来る敵戦車部隊を迎撃していた。先頭のT-34が撃破されると、残りの戦車は方向転換して敗走した。

大隊は8月16日までにスロボダーへ撤退し、8月17日には戦線から40km南東のブリャンスクで最終的に停止した。

ここで完全に消耗しきった乗員は、初めて休息を得ることができた。突撃砲は再び前線で使用できるよう修理され、無線技術者と武器係は身を粉にして働いた。後方に設けられた大隊整備工場は、敵の新たな攻勢に対して突撃砲を再び作戦投入できるように、昼夜の区別なく働き続けた。

しかしながら、ソ連軍も休むことのない追撃と日に日に受ける大損害のため、その戦力もまた尽きていたのであった。

8月29日に第3中隊は、ザクセ曹長の完全に破壊された突撃砲も含めて、全突撃砲が可動状態にあると報告した。そして、中隊は8月30日には早くも次なる作戦命令を受領した。

9月2日までオゴール、ゴロローボフカおよびウレメツにおいて、大隊は最初の戦闘を行った。9月3日にスタイキ付近においてソ連軍の突破が報告された時、第3中隊が出撃した。大隊はプラーヴリャまで突破して来た敵の無防備な側面を攻撃し、これを完全に全滅させた。

9月4日には、さらなる敵の突破が多数報告されたが、その時、第1中隊もまた再びブリャンスクのすぐ北方のツェメントヌィ付近で戦闘を行なっていた。ここで、イヴェアゼン曹長とファラント軍曹が戦死を遂げた。

ブリャンスク南方には第2中隊があって、ヴェルホポーリエ付近で防御戦闘を行なっていた。ブリャンスクを巡る戦闘は、決定的な段階を迎えていた。ケプラー少佐は、戦闘中隊の指揮権を自分の手に維持しようと、昼夜を問わず駆け回った。大隊は9月10日には第1中隊と共にブリャンスク高速道路にあり、第2中隊はすでにブリャンスク南方のデスナー河に、そして第3中隊はちょうど森林地帯を行軍中であった。大隊本部はセリツォー付近に位置し、そこには整備工場も設置された。

9月13日、広葉樹林の奥深くを通って撤退する途中、猛烈な銃撃が歩兵に加えられた。突撃砲は縦列で走行していたが、ただちに側面へ方向転換して森林地帯へ榴弾を発射した。敵は退却したがそれはコサック部隊であり、騎馬をもって撤退中のドイツ軍に追い着いて来たのであった。

この高木林を抜けた後、突撃砲は平地を進んだ。後方左手には廃墟と化した集落が横たわり、前方には平坦な丘が広がっていた。

突如として突撃砲は、丘の向こう側の繁みから敵の対戦車砲の砲撃を受けた。シュトッキンガー先任曹長の突撃砲が真っ先に撃破され、装填手は戦死し、シュトッキンガーは上腕を負傷した。さらにキーナスツ上級曹長の突撃砲がやられたが、乗員は全員脱出した。シュミット中尉は残った突撃砲に退却するよう命令した。中尉はひざの半月板損傷のためKfz.15野戦乗用車に乗車して走行しており、待ち伏せ攻撃を目撃して14個にも上る閃光を確認したのであった。

第177大隊/第2中隊は小さな包囲陣の中にあって激しい防衛戦を展開しており、一方、第1中隊は最後の突撃砲を伴ってデスナー河西岸へ撤退していた。

第177大隊/第3中隊は、対戦車砲陣地（パックフロント）を排除することに成功した。シュペヒト少尉は、彼の突撃砲を駆って左手にある廃墟の集落をぐるぐる回って塵埃を舞い上がらせ、その間に残りの突撃砲5両が対戦車砲陣地の側面へ殺到した。そして、対戦車砲の向きを敵が大急ぎで転換する前に、5両の突撃砲はその上を乗り越えて蹂躙するこ

注（＊78）訳者注：公式発効日は1943年8月4日である。

とができたのである。

9月15日と16日の2日間、大隊はこの地点に留まり、9月19日の早朝、突破作戦が行なわれた。敵が占領していた集落フォーキノを奪取し、大隊は敵の守備隊を追い散らした。しかし、その後の突進は食い止められてしまった。ボーゼ少尉が給弾のために走行中、ソ連軍の強力な部隊が側面警戒を怠って集結中であることを確認し、繁みで偽装して500mの距離まで接近し、榴弾砲撃を開始した。100発の榴弾が戦場全体で散布され、敵の出撃準備陣地は完全に殲滅された。

第5戦車師団は、包囲された第177大隊/第3中隊と歩兵のために脱出路を啓開するべく踏み止まった。同じく包囲された第2中隊から、ケプラー少佐は9月19日の夕方に無線を通じて次のような通信を受領した。

「夜になったら脱出する!」

ツィッツェン中尉が中隊を指揮して敵を蹴散らし、この日の夜には早くも第177大隊/第2中隊は、再び後衛部隊として自由に使えるようになった。

ケプラー少佐は、第1中隊の突撃砲2両、すなわちバルテン少尉とゲオルグス少尉の突撃砲を包囲された第3中隊へ潜入させることに成功した。第3中隊はデスナー河を渡河したところで次の脱出作戦の準備に着手し、部隊編成を整えて夜間に包囲陣の隙間をすり抜けて脱出に成功した。

「ツィタデレ(城塞)」作戦の焦点に投入された第177突撃砲大隊の戦闘の全容は、これらの報告書の範囲を遥かに超えており、その全てを記述することはとても不可能である。

9月22日、ケプラー少佐はチェリコフ付近のソーシ橋梁で、再び彼の第3中隊を出迎えることができた。大隊は今やまとまって南方のゴメリ方面へ行軍した。大隊の休養用宿営地は、パルチザン占領地区の真中にある村々からウサーの鉄道駅近くへ移された。1週間後、ウサーに再編成された第1および第3中隊が降車し、第2中隊と整備工場部隊も追及して来た。

ジュロービン、ボブルイスクとオシポーヴィチを経てモギレフに向かい、ここからオルシャを越えてヴィテブスク戦区に到着した。ヴィテブスクの北方では戦線が崩壊したという話であったが、いずれにせよそれは噂話であった。

ヴィテブスク北方30kmのゴロドク付近で大隊は貨車から降車し、第1中隊はただちに戦闘に投入され、北方のネーヴェリ方面へ出撃した。

第177大隊/第3中隊は、ルーガフスカヤ付近で最初に敵を迎え撃った。ソ連軍の行軍部隊は殲滅され、次の日には最初の戦車撃破が報告された。ボーゼ少尉はT-34・1両の砲塔を撃破し、KV-1・1両を成形炸薬砲弾により大破させた。

第2中隊はコーシキノ付近を防衛し、第3中隊はアチュート付近にあり、一方、第177大隊/第1中隊はまだヴィテブスク北東方面で戦っていた。

ヴィテブスクの東および北東における激しい防衛戦は、1943年11月15日まで続いた。こうしていつのまにか、雪が降り始めた。寒冬が始まり、再三に渡ってソ連軍はヴィテブスクを奪取しようと試みた。ここで反撃の際にヘアマン士官候補生の突撃砲が命中弾を受け、操縦手は戦死したがヘアマンは軽傷で済んだ。その他の乗員は脱出したものの、それ以降は行方不明となった。

11月18日にケプラー少佐は、ドイツ黄金十字章を授与された（＊79）。彼の指揮の下で大隊は、4ヶ月の作戦期間に900両以上の敵戦車を撃破し、味方の損害はわずかであった。

ボリショーエ・テチーロヴォおよびアプロスコーヴィチ付近において、大隊は1943年11月21日から12月7月まで戦闘を行なった。この戦闘でシュミット中尉とシュペヒト少尉は12月7日付けドイツ黄金十字章を授与された（＊80）。

ネーヴェリ付近の第二次防衛戦は終わりを告げ、12月7日に第177大隊はヴィテブスクへの行軍命令を受領した。全ての突撃砲は損傷しており、修理工場入りしなければならず、整備中隊は12月8日から22日まで大車輪で働いた。この休養期間にヴィテブスクにおいて、シュナイダー上級曹長がドイツ黄金十字章を授与されている（＊81）。

12月21日、第177大隊の戦闘力は90％までに回復し、前線へ再び投入された。敵はヴィテブスクへの攻撃を開始しており、激しい防衛戦が展開された。ツィッツェン中尉とシュミット中尉はそれぞれ大尉に昇進した。敵が突破するたびに突撃砲は反撃のために前進した。

プーシチャ付近において、ツィッツェン大尉の下で第3および第2中隊の突撃砲16両は、突破して来た敵の強力な戦車部隊を迎撃した。40両以上のT-34とKV-1が撃破され、この戦闘による突撃砲の損害は皆無であった。

12月24日、ツィッツェン大尉は対戦車銃により負傷し、グーデ下級曹長は牽引走行中にヴィートバ河に架かる橋梁が崩れ落ち、たまたま突撃砲の下敷きになって圧死した。

12月26日に第3中隊のリーベン中尉は命中弾により戦死したが、乗員は脱出して他の突撃砲により救出された。新しい中隊長はヒルガース大尉となり、12月30日に着任した。

戦闘は1944年の新年まで継続した。しかしながら、戦況は不利になる一方であり、敵砲兵だけが絶え間なくヴィテブスクを砲撃し続けた。1944年1月8日の朝、第1中隊の宿営地が直撃弾により崩壊し、カメカ曹長、ケレムケ上等兵とフィッシャー上等兵が死亡した。

1944年2月4日、ソ連軍の大攻勢が開始された。1時間にわたる連続砲撃の後、襲撃機、歩兵と戦車が同時に姿を

注

（＊79）訳者注：公式発効日は1943年11月1日付けである。

（＊80）訳者注：両者の公式発効日は1943年11月8日付けである。

（＊81）訳者注：シュナイダー上級曹長がドイツ黄金十字章を授与されたという公式記録は見当たらない。

現した。突撃砲6両と共にツィッツェン大尉は、主戦線を突破して来たT-34を側面から捕らえてT-34・5両を撃破し、旧主戦線を再び回復することができた。

　次の日、大隊全体はヴィテブスク周辺の戦闘に投入された。2月17日までに激しい防衛戦が展開され、ヴィテブスクを巡る第二次冬季戦は終わりを告げた。確かにソ連軍は大幅に失地を回復することができたが、ヴィテブスクは相変わらずドイツ軍の手中にあった。

　1944年2月18日、フォン・キッツリッツ中尉は大隊を去ることとなり、その2日後のケプラー少佐もヒルガース大尉へ大隊の指揮を譲った。残った突撃砲は他突撃砲大隊へ譲渡することになり、装輪式車両によりヴィルナまでの行軍が開始された。これにより新生第177突撃砲大隊の戦闘は終わりを告げた。大隊は最後の突撃砲に至るまで全力を尽くしたのであった。

第190突撃砲大隊
東部戦線中央戦区における軍の火消し役

　2年間にわたる戦闘後の休養および再編成期間中、すなわち1943年春、トロイエンブリーツェンにある第190突撃砲大隊は、各中隊に10・5cm突撃榴弾砲1個小隊が配備された。

　ヴェアジッヒ大尉が指揮官となり、1943年6月23日に大隊は再び東へと行軍を開始した。ゴメリには6月27日に到着し、ここに大隊は3週間留まった後、新たに積載されてカラーチェフで7月14日に下車した。ここで大隊は第4軍に配属され、緊急の作戦投入のために第5戦車師団と第211歩兵師団の戦区へ到着した。

　両師団は、クルスク地区を解放するため強力な兵力によりジーズドラ付近を息つく暇もなく攻め立てるソ連軍に対し、必死の防戦を継続していた。早くもスーセヤにおける第1中隊の最初の戦闘で、ホーハイゼル中尉の突撃砲が行方不明となった。

　今や軍の火消し役として、大隊は前線の焦点となる全ての重要拠点に作戦投入され、強力なソ連軍による前線突破を防ぐことに成功した。ブランキにおいて、第1中隊はT-34・16両を撃破した。戦闘はカラーチェフの高速道路北方、ヤールツェヴォ~ドゥホーフシチナの高速道路およびクラーギノ付近で展開された。

　クラーギノにおいて、ヘブラー中尉は8月26日に重傷を負い、補助軍医のティートイェ博士が9月13日にソ連軍の爆撃により戦死した。

　引き続き全ての突撃砲はドゥホーフシチナへ移動し、市街北方においてソ連軍の戦車攻撃を撃退した。ヴェアジッヒ大尉は、彼の突撃砲が撃破された際に乗員すべてと共に負傷し、ベンダー大尉が大隊の指揮を引き継いだ。

10月中旬、第１９０大隊は第１９０突撃砲旅団と改称された（＊82）。その間にも旅団は、スモレンスク～オルシャ間の高速道路において、数回にわたるソ連軍の戦車攻撃を粉砕した。

11月初め、第１９０突撃砲旅団は、ヴィテブスク～ネーヴェリ戦区において防衛戦闘で苦戦中の第３戦車軍に配属された。ここでのソ連軍突破の際、突撃砲群はこの戦闘においてこの年の7月以来２００両目となる敵戦車を撃破した。

上記の戦闘では、ヘフィー少尉、トルクサ中尉、カニッツ少尉とヴィントミュラー曹長がドイツ黄金十字章を授与されている（＊83）。

旅団はその後第6軍団に配属され、クレーネ大尉がその指揮を引き継いだ。彼は苦難の最期を迎えるまで指揮官に留まり、地獄のような最後の戦争２ヵ年を通して旅団を率いるのであった。

占領されたネーヴェリの街を再奪回するために発起された１９４３年11月８日の反撃において、旅団は北部および南部部隊の歩兵を援護した。

トルクサ中尉率いる第２中隊は、敵が抑えている丘への道を占領し、そこにあるソ連軍の防衛施設を粉砕した。しかしながら、ここでとんだ災難が降りかかった。ドイツ軍のティーガー戦車（＊84）が誤って突撃砲を砲撃してしまい、丘陵からもう一度撤退しなければならなかった。

丘陵の占領によりトルクサ中尉は騎士十字章を授与された（＊85）。第１９０大隊／第３中隊のブレンダー大尉は、地峡での同じ戦闘で戦死した。

12個狙撃兵師団をもってソ連軍は、１９４３年12月13日にエゼーリシチェ湖南方の第１２９歩兵師団の戦区で大攻勢を発起させた。ヴィテブスクの第一次冬季戦が始まったのである。第１９０旅団は敵の攻撃部隊を迎撃して敵戦車合計40両を撃破し、ヴィテブスクはドイツ軍の手中にあった。こうして１９４３年の戦闘は、輝かしい防衛戦果と共に終わりを告げ、この戦区では大規模な攻撃は年末まで全く起こらなかった。

注

（＊82）編注：著者の誤解と思われる。大隊から旅団への名称変更は１９４４年２月25日付ＯＫＨ命令による。

（＊83）訳者注：ヘフィー少尉がドイツ黄金十字章を授与されたという公式記録は見当たらない。またトルクサ中尉、カニッツ少尉の公式発効日はそれぞれ１９４３年10月29日付け、ヴィントミュラー曹長の公式発効日は１９４３年11月16日付けである。

（＊84）訳者注：第５０２重戦車大隊は１９４３年10月28日にイェーデ新大隊長が赴任し、その可動ティーガーI型19両をもってネーヴェリ付近に展開していた。

（＊85）訳者注：トルクサ中尉は、１９４３年12月17日付けで騎士十字章を授与された。

第237突撃砲大隊
モギレフ、ボブルイスク、コーヴェリ

1943年初夏、この大隊はポーゼンの補充および教育大隊から編成された。部隊マークは飛び跳ねる猟犬が用いられた。秋に東部戦線行きの鉄道へ積載され、1943年10月から中央戦区で実戦に投入された。

チャウスィ付近、モギレフ東方において、10月27日から10月31日まで大隊は戦闘を継続した。敵が立てこもるバールィシェフカ、スクヴァールスクとプリレポフカの集落への攻撃において、大隊は特に傑出した働きを示した。ここで、プラーテ中尉は再三に渡って彼の中隊と共に前進し、多数の敵戦車および対戦車砲を撃破した。10月31日の攻撃において彼は重傷を負い、この負傷が元で翌日死亡してモギレフの軍人墓地に埋葬された。ロンバッハ曹長も、ソ連軍の戦車悌団との戦闘においてT-34・3両を撃破した後、10月31日に戦死を遂げた。

第237突撃砲大隊（旅団）のボード・シュプランツ大尉は1942年10月3日に柏葉付騎士十字章を授与された

この戦闘の後に大隊は旅団に改称となり（＊86）、ヴァルヴァリノおよびカルマルニツカにおいて再び出撃準備態勢を整えた。しかしながら、ここでは作戦投入は行なわれず、11月16日には鉄道輸送によりモギレフ～ジュロービンを経由してゴメリ戦区のウサーへ移動した。

11月17日、第237旅団はここで作戦投入され、4日間の戦闘期間中に敵戦車多数を撃破した。数回にわたる敵の突破は、旅団により撃退、粉砕された。バルチェノクおよびチェルニャーツコエ・ポーレ付近におけるこの戦闘は、ロシアの冬の厳寒も加わって二重の過酷さを帯びていた。この戦闘でクールマン軍曹が戦死した。

11月21日に再び出撃準備態勢となった後、第237突撃砲旅団はローギンを経由してジュロービン戦区へ移動し、11月30日にジダーノヴァ～モルマル・アレクサンドロフ付近の出撃準備陣地へ移動するまで数日の休養期間を得た。

ボールでの戦闘、特にヤーチツキィ駅での戦いは12月6日まで継続し、ここで〝猟犬旅団〟の名前は一躍誉高いものと

なった。旅団が投入された場所は常に燃え盛る戦車と撃破された対戦車砲が横たわり、敵は退却して戦場は掃討された。

第２３７旅団の損害もまた大きかった。１９４３年12月12日に旅団はボブルイスクからクラースヌィ・ベーレグとロガチョーフを経由して、多数の故障した突撃砲の整備のためにモギレフへ移動した。ここで兵士達は14日間あまりの休養期間を得た。その後、整備中隊から全ての突撃砲が再び可動状態となった旨の報告がなされ、12月27日に新しい出撃準備陣地であるニコノーヴィチ戦区へ移動した。

プリオールにおける１９４４年１月４日と5日の戦闘並びに1月17日まで続いた高速道路の防衛戦において、旅団は突破して来た敵戦車悌団の迎撃と強力な敵歩兵部隊に対する防衛戦に従事した。その後、旅団はドゥボーヴォエを経由してモギレフへ移動し、そこからさらにブラゴーヴィチとシチェーコトヴォ戦区へ移動した。ここで１９４４年２月13日にはヘクトーア上等兵が戦死した。

１９４４年2月14日、旅団はシチェーコトヴォからヴィテブスクまで鉄道輸送され、そこからさらにスタールィ・ブィホフへ戻り、そこで最終的に下車した。こうして、第２３７突撃砲旅団の戦闘は、新しい戦区でまた始まるのであった。

第２４４突撃砲大隊 オリョールおよびデスナー河、ゴメリ橋頭堡とジュロービン

スターリングラードでの壊滅後、１９４３年３月にグロースクロイツ少佐の指揮下において、新生第２４４突撃砲大隊の編成が行なわれた。スターリングラードで片腕を失ったグロースクロイツ少佐は、それにもめげず再び突撃砲兵へ返り咲いたのであった。短期間での訓練と慣らし運転の後、第２４４大隊は東部戦線の中央戦区にある第９軍へ配属され、再編成後初めてオリョール南東方面へ再び作戦投入された。

最前線で指揮を執れるように、グロースクロイツ少佐はあらゆる攻撃において常に大隊と共に指揮車両に乗り込んで随行した。少佐と同じように再び部隊に復帰したラーデ中尉は第２中隊の指揮を執った。７月５日に彼の突撃砲が地雷を踏み、突撃砲は粉微塵となり、ラーデ中尉は頭部負傷と脳震盪を起こして野戦病院行きとなった。

しかしながら、５週間も経たないうちに彼は再び部隊へ復帰し、その旨をグロースクロイツ少佐へ報告した。大隊長は早過ぎる彼の部隊復帰を叱責し、同時に2日前に大尉に昇進

注（＊86）編注：著者の誤解と思われる。大隊から旅団への名称変更は１９４４年２月25日付ＯＫＨ命令による。

したことを伝えた。

翌朝、ラーデ大尉は再び彼の中隊の指揮を執ることとなり、中隊と共に出撃準備陣地へと向かった。その少し後、彼は指揮戦車を駆って敵戦車3両を撃破し、4両目のT-34は行動不能となった。ラーデ大尉初陣の日の夕方、第2中隊は戦車撃破8両を報告している。

1943年8月18日（＊87）、ヘアベアト・マイスナー上級曹長が騎士十字章を授与され、その少し後にブッツラフ上級曹長が同じく騎士十字章を授与された（＊88）。

1943年晩夏の戦闘において第244大隊は、死闘を続ける歩兵部隊の整然とした撤退を可能ならしめた。ブリャンスク南方のデスナー河において、大隊は歩兵部隊と共に、全ての歩兵がデスナー河を渡河して撤退するまで、橋頭堡を長期にわたって保持した。

チェルニーゴフにおいて再びラーデ大尉の突撃砲が損傷し、彼は別な突撃砲へ乗り換えて実施中の救援作戦をさらに指揮した。大隊はドニェプル河沿いのローエフへ移動し、ここでデスナー河を渡河した。

1943年10月初旬、ラーデ大尉はゴメリ橋頭堡内で上腕貫通の負傷を受け、今度は本国の病院へ送還されることとなった。グロースクロイツ少佐による推薦文が上申され、そこで大尉はドイツ黄金十字章を授与された（＊89）。

その間、第244突撃砲大隊は激しい戦闘に明け暮れていた。グロースクロイツ少佐は、指揮下の突撃砲と共にソ連軍の戦車部隊に対抗した。ベスーエフ付近の戦闘において、大隊長は味方の救出のため、すでにドイツ軍部隊背後に侵攻した強力な敵部隊を攻撃した。ここで突撃砲は最後まで戦い、敵を殲滅して橋頭堡を守り抜くことに成功した。

すでに大隊が旅団となっていた1943年11月22日は（＊90）、部隊にとって特別な日となった。夜明けと共に旅団はソ連軍戦車部隊と激しい戦闘を交え、突撃砲群は敵戦車11両を撃破した。その日の夕方、ある集落で宿営中にT-34・20両による奇襲攻撃を受けた。集落の東周辺で哨戒中であった突撃砲は、攻撃して来たT-34に激突され、180度回転させられた。照準手は敵のシルエットを確認すると、T-34の砲塔を下方から砲撃した。

敵のT-34は、第244突撃砲旅団を全滅させようと集落を激しく砲撃した。集落は明々と燃え上がり、グロースクロイツ少佐は指揮車両に乗り込んで敵を迎撃した。彼は突撃砲を発進させ、炎の真っ只中で敵戦車に対して砲火を浴びせた。20mの至近距離から、集落に侵入して来たT-34は次から次へと撃破された。

少佐は個々の突撃砲を、正しい射撃ポジションへ誘導した。これにより第244突撃砲旅団は、この日だけで合計38両の敵戦車を撃破することができ、1943年11月27日にグロースクロイツ少佐は、騎士十字章を授与された（＊91）。

12月にラーデ大尉が再び旅団へ復帰し、グロースクロイツ少佐がドイツ本国へ召還された後、しばらくして第244旅団を指揮することとなった。この時点で旅団は、突撃砲14両の損失と引き換えに敵戦車269両を撃破していた。

ジュロービン南方の激しい防衛戦において、ラーデ大尉は彼の指揮型突撃砲と共に常に防衛の中心にあった。レーセツ付近での戦闘において、可動突撃砲5両のうち3両が失われ、最後の2両を率いてラーデ大尉は、さらにもう1度出撃した。これにより、1943年における旅団の東部戦線中央戦区での戦闘は終わりを告げた。

第904突撃砲大隊 セーフスクの初陣　オリョールおよびクルスクでの戦闘

1942年秋、第904突撃砲大隊はユターボク近郊のトロイエンブリーツェンにて編成された。大隊長のヴィーゲルス大尉の下に経験豊富な突撃砲兵が集められ、若い戦友達にこの兵器の初歩的基礎知識を教授した。

1943年初頭に東部戦線へ送られる途中、ヴィーゲルス大尉は病気となり、ゼキルカ大尉が隊長代理として東部戦線への移動を統率した。しかしながら、各中隊からそれぞれ第Ⅲ小隊が残され、重装備と共に後から来ることとなった。

大隊の初陣はセーフスクであり、そこではソ連軍がドイツ軍主戦線を深々と突破することに成功していた。大隊は、過去の戦闘でほとんど戦車を失った第4戦車師団へ配属された。

わずか数日の間に大隊は、ここで敵戦車70両以上を撃破し、これにより第2中隊長のテュルケ中尉がドイツ黄金十字章を授与された（＊92）。

1943年夏季のオリョール付近での戦闘において、第904大隊は味方の攻勢が終了後に開始されたソ連軍の反撃に対し、過酷な防衛戦を展開した。数々の模範的な戦闘を示してドイツ黄金十字章を授与されていたヴィーゲルス少佐（昇進）は顎の重病が快復した後に大隊に復帰したが、1943年7月7日、すなわち自身の27回目の誕生日にオリョール付近の戦闘で戦死した。戦場において昇進していたテュルケ大

注

（＊87）訳者注：公式発効日は1943年8月8日である。

（＊88）訳者注：授与の事実はない。1943年8月20日付けで授与されたドイツ黄金十字章と混同した事実誤認である。

（＊89）訳者注：ラーデ大尉は1943年10月29日付けでドイツ黄金十字章を授与された。

（＊90）編注：著者の誤解と思われる。大隊から旅団への名称変更は1944年2月25日付OKH命令による。

（＊91）訳者注：公式発効日は1943年11月22日である。

（＊92）訳者注：テュルケ大尉（昇進）は1943年9月20日付けでドイツ黄金十字章を授与された。

尉が、孤児となった大隊の指揮を引き継いだ（＊93）。

第2軍の戦区において、ソ連軍は強力な戦車兵力をもって反撃を開始し、大隊は自身の包囲突破、反撃と種々の作戦に従事した。敵戦車撃破数は鰻登りとなり、ここでわずかな日数の間に500両以上となった。

ここでようやく、本国へ留まっていた残りの小隊が再び大隊と合流した。しかしながら、約束された重器材は空手形に終わり、結局、従来の突撃砲が装備された。下記は、クルスクにおける戦闘について書かれたある中隊長の戦闘報告である。

『我々は〝ティーガー〟と数両のⅢ号戦車と共に、ソ連軍のトーチカと対戦戦車陣地を攻撃した。ソ連軍の対戦車砲が1両のⅢ号戦車を砲撃し、それは直撃弾となって戦車はすぐに炎上した。照準手のみが脱出に成功し、その他は鉄の棺桶の内部で焼死した。

突撃砲はトウモロコシ畑をゆっくりと進んだ。「中隊は攻撃準備地点へ！」と中隊長が伝達した。

敵の制空権下にあるため、Ⅲ号突撃砲、すなわち特殊車両Sd.Kfz.142は、互いに間隔を広げて進んだ。すでに乗員の耳には、遠くから戦場の騒音が聞こえて来ていた。凄まじい戦車砲の砲撃、激しい機関銃の連続射撃と時々轟く対戦車砲の咆哮。

目にもとまらぬ全速力で、中隊は戦場を疾走した。889地点において中隊は北西へ方向転換し、10分間の走行の後に渡河点の前面にある丘陵へ到達した。繁みに隠れて突撃砲は、路外を這うようにゆっくり登って行く。中隊長が偵察のために、指揮戦車から外へ出た。

一瞥しただけで、中尉はソ連軍の戦車があらゆる方向から二つの橋目掛けて進んでいるのを見て取った。T-34・3両が南側の橋へまっしぐらに進んでいる。橋までの距離は約700m。

T-34は停車すると、橋近傍のドイツ軍機関銃陣地を砲撃し、それを破壊してさらに前進した。

東方の傾斜面にいるT-34もまた、第58擲弾兵連隊／第Ⅱ大隊の陣地への砲撃を開始した。

大きな歩幅で中尉は中隊に駆け戻ると、ヘッドホンと送話口をセットして命令を下した。突撃砲のエンジンはフルスロットルで轟音を立て、排気管からは炎が迸る。中隊長車が先頭に立って丘陵を登って行く。照準手はすでに南側の橋のすぐ前にあるT-34・3両の姿を捉えていた。

「距離900！」。その刹那、突撃砲の直近に砲弾が着弾した。衝撃！　2発目、破片が突撃砲の装甲を叩く。

照準手が砲撃した。中尉はハッチから顔を出して敵への着弾を注視する。敵戦車は煙を吐き始め、物凄い大爆発と共にバラバラになった。

中尉の左側にいた上級曹長の突撃砲が2番目のT-34を捉

第904突撃砲大隊／第1中隊の突撃砲と共に撮影されたホイザーマン上等兵とムート軍曹

第904突撃砲大隊のゼキルカ大尉の墓標

え、これもたった一発で仕留めた。今やすべての突撃砲が丘陵へ到着し、砲撃の火蓋を切った。しかしながら、その数7両のT-34も、突撃砲めがけて執拗に反撃した。弾着の煤と煙により突撃砲の姿はかき消された。

中隊長が全員へ「左へ位置変更！　俺は突撃砲で橋へ行く！」

2両の突撃砲はエンジンを轟かせながら、丘陵の斜面を下がった。橋は彼らの目の前だ。橋の向こう側の新たなT-34

注（*93）訳者注：ヴィーゲルス大尉（当時）は第210突撃砲大隊第1中隊長として1942年9月13日付けでドイツ黄金十字章を授与された。

が、砲塔を回転させて突撃砲を狙い撃った。砲弾は中隊長車のすぐ横で爆裂した。操縦手が慌ててブレーキを踏む。再び激しい衝撃、今度は突撃砲の正面装甲だ。

「前進、早く前進させろ！」中尉が叫んだ。がくんと突撃砲が動き出し、10ｍほどさらに進んだ。「止まれ！」と中隊長が命令した。

照準手はわずか３００ｍほどの距離にあるT-34に照準を合わせた。７・５cm長砲身カノン砲からの砲弾は、T-34をハンマーのように打ち砕いた。この距離からは外れっこない！

さらに姿を現した新手のT-34・５両が、中隊長車に対して砲撃を浴びせ掛けた。突撃砲は20ｍほど後退して身を隠し、別な地点から姿を現して新たに砲撃を始めた。

他の突撃砲４両も戦闘に加わり、T-34・３両を撃破した。絶え間ないポジションチェンジ、走行しながらの位置変更により、突撃砲はこの優勢な敵を撃破しようと努力した。しかしながら、次から次へとT-34は姿を現した。中隊長車がちょうど射撃位置についた時、２発の戦車砲弾が命中し、１発は火災を発生させ、もう１発は走行装置を損傷させた。乗員は脱出する他なかった。

中隊長には、もはや使える突撃砲は３両しかなかった。さらに１両のT-34が撃破された。そして５両のT-34が、橋を奪取するために進んできた。しかしながら、そこでは撃破されたT-34が橋への道を塞いでおり、その左右に戦車が通れるようなスペースはなかった。１両のT-34が撃破されたT-34を路肩へ押しやろうと試みたが無駄だった。

突然、南の丘を越えて52ｔ戦車（ＫＶ-１）がガタガタと音を立てて進んで来て、突撃砲へ砲撃の火蓋を切った。ちょうど好位置にあった突撃砲が、１発の砲弾を発射してそれらは巨人に吸い込まれるように命中したが、効果は全くなかった。戦車はゆっくりと丘を下り、密集したソ連軍の突撃歩兵も姿を現した。さらに走行装置が損傷して、突撃砲１両が擱座した。

この刹那、遠くから低いエンジンの轟音がかすかに聞こえて来た。「味方のティーガーが来た！」擲弾兵が叫んだ。それは本当だった！　それは河を目指して進んで来たザウファント少佐（＊94）指揮のティーガーで、二つの橋の上を走行して丘を音を立てて登り始めた。戦闘はさらに30分以上続き、戦場は静寂が支配した。34両のT-34が撃破され、夕闇迫る中を段列部隊の車両が橋を渡って西へと退却した。』

以上が第９０４突撃砲大隊の中隊長の戦闘報告である。

１９４３年晩夏の戦闘において、テュルケ少佐は戦死を遂げたが、その死去に際しては敵前での勇敢な行為により中佐に進級する旨の知らせが届いた。クーン大尉が大隊の指揮を引き継いだ。１９４４年９月13日の国防軍公報には、もう一度テュルケ少佐の名前が揚げられた。

第904突撃砲大隊の経験豊富な指揮官フェリックス・アダモヴィッチ大尉

大隊へ配属されて第1中隊を指揮することとなったアダモヴィッチ大尉は、敵の6回にも渡る戦車攻撃を撃退した。常に防衛戦の焦点にあった彼の突撃砲は、50両以上の敵戦車を撃破し、アダモヴィッチ大尉は1943年10月20日付けで騎士十字章を授与された（＊95）。

第202突撃砲大隊
中央戦区のルジェフおよびキエフ方面の防衛戦

ハリコフ会戦に作戦投入後、第202突撃砲大隊は引き続きスームィ付近においてパルチザン掃討戦に従事し、その間にドイツから来た第1中隊が1942年12月20日にスイチョーフカにおいて部隊に合流し、休養した旧第1中隊の残余に増強された。補充部隊は、戦功叙勲式が執り行なわれる12月24日にちょうど間に合うよう到着した。そこで旧第1中隊のシュラム上級曹長とアムリング上級曹長が、すでに授与されている騎士十字章を受領した。

その後、大隊はルジェフ方面へ移動し、ロボドク付近で塹壕を構築した。敵は、ヴャージマ～ルジェフ鉄道線から約1・5㎞の地点に頑張っていた。ここで1943年1月10日に、新しい長砲身型突撃砲が到着した。第1中隊の中隊長用塹壕にソ連軍の砲撃が命中し、ビントナー少尉とオトレムバ装塡手が負傷した。

1943年1月26日の朝、ドイツ軍の攻撃を阻止するため、ソ連軍は1200m前進して新たな主戦線を構築するべく攻勢に出た。突撃砲が前進して敵の戦車を撃破したが、突撃砲1両が命中弾を1発受けて炎上した。

ポドシーノフカへの攻撃の際、第1中隊の突撃砲3両はシュモル先任曹長の突撃砲と共に出撃したが、彼は確認された

注

（＊94）訳者注：第505重戦車大隊長ベルンハルト・ザウファント少佐は、1943年7月5日～12日にかけてオリョール南方で防衛戦を行ない、可動ティーガー10両をもって敵戦車40両を撃破し、同年7月28日付けで柏葉付騎士十字章を授与されている。

（＊95）訳者注：1944年10月20日の誤記である。

敵陣を砲撃するため単独で前進して撃破された。シュモルは戦死し、ビュアス上等兵が負傷した。

1943年1月31日、大隊は東部戦線の南部戦区への移動命令を受領した。ヴャージマで突撃砲が貨車へ積載され、ブリャンスクへ向かった。大隊は、2月5日までにオリョールへ到着し、2月7日にクルスク北方のマフロストヴォ付近で宿営陣地を構築した。

第1中隊は、乗車と降車を数回繰り返した後に、結局のところオリョールの戦車部隊兵舎に到着した。大隊も同じように追及して来た。ここから第1中隊は、2月28日に最終的にブリャンスクへ向けて積載された。ブリャンスクに到着して2日後、すなわち3月7日の日曜日、大隊は警戒警報を受けた。ソ連軍戦車が攻撃して来たのだ。湖の防衛戦でリントナー少尉の突撃砲が撃破され、操縦手のフリートリヒが戦死し、リントナー少尉、プッシュ軍曹とカレンバッハ上等兵が負傷した。ペトリク少尉の突撃砲は、重対戦車砲弾が命中したため爆破しなければならなかった。ペトリク少尉はこの命中弾により重傷を負い、ランゲおよびミュラー上等兵が突撃砲車内で戦死した。

3月15日、シュラム上級曹長が負傷した。

3月23日には、クライン軍曹が彼の突撃砲〝ヤグアー(ジャガー)〟で走行中地雷を踏み、乗員全員が死亡した。

3月28日に3両の新しい突撃砲が到着し、中隊は一息入れることができた。そして4月6日には、今まで単独で戦っていた中隊へ第2および第3中隊へ帰還せよとの命令が下された。

中隊はスームィにおいて大隊へ帰還し、ここで新しい中隊長であるザイデル少尉と合流することができた。

新しい戦区は比較的穏やかであり、敵が占領していた210・6高地を奪回した後は、第88歩兵師団の歩兵が守備していた。このためスームィにおいて、突撃砲の点検を行なうことができた。第1中隊の乗員2名が、オボートヴィンへ対戦車近接戦闘の訓練課程習得のため派遣された。7月14日、第2中隊のギールケ中尉が第1中隊長に任命された。

グルシコーヴォへの移動は、第202突撃砲大隊の戦闘において新たな1ページが加わることを意味していた。ここからさらにレーツキィへ移動し、そこからジィリェーフカ地区へと向かった。8月7日に緊急警報が出され、19時に大隊はニージニャヤ・セロヴァートカへ隊列を組んで出撃した。ここで突撃砲の出撃陣地にあった第1中隊は、8月8日の朝6時頃、ソ連軍の強力な集中砲火を浴びた。この日と8月9日に発起された敵の攻撃は、撃退された。

翌日、中隊は息をつく暇もなく戦闘を継続した。ソ連軍がヴェールフニャヤ~セロヴァートカ付近で戦線を突破したのである。

8月13日の朝、激しい砲撃により突撃砲2両が損傷し、シユテルツァー曹長の突撃砲が撃破され、脱出の際、命中弾により乗員全員が戦死した。翌日には、自分の突撃砲後方にいたゲオルク・ヒラー曹長が、スターリンのオルガンによるロケット弾の破片により負傷した。その後も彼は3回の必要不可欠な攻撃に同行し、ヴェノルフニャヤ～セロヴァートカへ突破して来たソ連軍を撃破した。

8月15日、ソ連軍は強力な戦車部隊の援護の下に、再び攻撃を発起した。第1中隊の突撃砲は、敵を迎撃するため味方の主戦線の200m前方まで前進した。再びヘラー曹長の突撃砲が命中弾を受け、彼は乗員と共に車両を乗り換えなければならなかった。夜になってから彼の突撃砲は牽引回収されたが、翌日、ヘラー曹長には負傷のため4日間の安静処置が言い渡された。

8月17日の火曜日、再びソ連軍の大攻勢が発起された。グレビビーコフカ駅付近の第202大隊／第1中隊の補給前進拠点が命中弾を受け、中隊員数名が負傷して2名が戦死した。その後、ソ連軍は戦車を繰り出して攻撃して来たが、突撃砲兵がセロヴァートカまでこれを撃退した。ここで戦車15両を撃破され、敵の攻撃は頓挫した。第2および第3中隊もこの攻撃の防衛戦に参入し、第2中隊の突撃砲がT-34・1両を屠っている。

これらの戦闘は、いずれも第57歩兵師団の援護が任務となっていた。大隊の全ての中隊は、防衛戦と敵の突破阻止において戦車撃破数は鰻登りとなった。セロヴァートカ付近において第202突撃砲大隊は敵戦車101両を撃破し、8月24日には大隊長が功績のあった兵士に対して勲功を授与した。

次の日には特別任務に投入されたが、それを除けば平穏な日が続いた。9月8日には、補給部隊が無事大隊へ帰還した。彼らはプリルーキ手前で、対戦車砲を装備したパルチザンに襲撃されたのである。弾薬運搬トラックが空中に吹っ飛び、野戦指揮事務室用の移動式ワゴン車がパルチザンの手に落ちた。マイ上等兵が戦死し、クランツおよびヴィマー上等兵が負傷した。

8月7日に大隊長に就任したばかりのクッチャー大尉は、8月8日に偵察任務で前進中、彼の突撃砲車内で頭部銃創により戦死した。前大隊長のブーア少佐は、すでに本国帰還の途にあったが、再び指揮を執るためにクッチャー大尉の葬儀の日に部隊へ戻った。

9月17日に大隊はキエフへの行軍命令を受け、9月19日の朝に到着した。全ての突撃砲が翌日、整備が施された。ブーア少佐は9月25日に、大隊本部のメンバーと共に次の作戦で配属されることになっている第7戦車師団の野戦司令部を訪れた。

第75歩兵師団の戦区で敵戦車接近の報告を受け、第1中隊がそこへ向かい、小規模な戦闘により突破を未然に防ぐことができた。

10月2日、誰もが覚悟していた報告がもたらされた。ソ連軍がキエフ南方11kmの地点で、ドニェプル河を渡河したのである。次の日、大隊は幾つかの地点に投入された。突撃砲1両が命中弾により失われたが、ソ連軍の小さな橋頭堡を殲滅することができた。

10月7日にソ連軍は、大規模なロケット弾攻撃の後にキエフ北方で同じような試みを行なったが、渡河は阻止された。10月11日に敵は、新たに河を越えて攻撃を発起して橋頭堡を構築したため、大隊はキエフ北方の上陸地点へ投入された。第188連隊の野戦本部で第1中隊の突撃砲は、攻撃中の歩兵のために敵の妨害を排除、掃討せよとの命令を受領した。小隊長のシュラム上級曹長が先頭を切って進んだ。彼の突撃砲〝アリガトーア（アリゲーター）〟は森林地帯で命中弾を受け、誘爆炎上した。乗員は命中の直後に脱出することができたが、マルティン・ヘックだけは車体のどこかに身体が引っかかり焼死した。生き残った乗員もおなじように重傷の火傷を負った。敵は残りの突撃砲によって撃滅され、ヘラー曹長がその後の小隊の指揮を執った。

10月13日、新たな敵戦車の報告がもたらされ、突撃砲は迎撃地点へと前進した。ソ連軍は9時に攻撃を開始したが、撃退された。10時頃、再び敵は歩兵の援護を受けた戦車7両と共に突破を試みた。ヘラー曹長が先頭のT-34を撃破すると、残りは向きを変えてテュルクス曹長の砲口の前に進み、T-34・4両が次々と撃破された。最初の撃破した敵戦車により、ヘラー曹長は車両後背面に命中弾を受け、燃料タンクが貫通された。幸いなことに被弾個所は少々低くかった。そうでなければ突撃砲は死の松明と化してしまったかもしれなかった。

10月14日に新たなソ連軍の攻撃が発起されたが、それは撃退された。14時頃に4両のT-34が現れたが、1両はヘラー曹長に撃破され、ハイムバッハ少尉が2両、そしてテュアクスト曹長が4番目を撃破した。

17時頃、第202突撃砲大隊／第1中隊の突撃砲が前線から帰る途中、ヘラー曹長がもう一度停車すると、後方にT-34がいるのに気付いた。敵戦車は完全に突撃砲を味方と勘違いして、そばに延びている林道の横を進んでいる。そしてそのすぐ後方に、もう1両のT-34が姿を現して後に続いた。ヴァルトナー曹長が最初の敵戦車を砲撃し、ハイムバッハ少尉もこれに加わった。2番目の戦車にヘラー曹長の突撃砲が砲撃を開始し、敵戦車はすぐ炎に包まれて爆発した。

10月15日、更なる突撃砲対戦車の戦車戦が行なわれた。7両のT-34が明け方3時頃に、再び前進していた突撃砲の周囲を旋回しながら攻撃して来た。ハイムバッハ少尉が2両撃破した。10時頃にプリーチュ軍曹の〝クラーケ（大ダコ）〟、ヘラー曹長の〝ニルプフェアト（カバ）〟を残して、その他の突撃砲は引き返したが、12時頃になって彼らは自分達が包囲されたことを知った。

次の日、ソ連軍の拡声器によりこの両車両の乗員は、自分たちの状況をよく考えて投降するよう要求された。夜になってヘラー曹長の突撃砲は十字型カルダン軸が折損し、爆破の準備をしなければならなかった。早朝、彼らは味方前線へ戻り、プリーチュ軍曹が突撃砲を爆破した。この乗員達が歩兵部隊の野戦本部に辿り着いたのは、１９４３年10月17日の日曜日であった。彼らがさらに前へ進もうとしたちょうどその時、９時頃に激しい集中砲火が浴びせられた。この強力な砲撃は１時間継続し、その後、「ウラー!」という鬨《とき》の声と共にソ連軍が攻撃して来た。それにもかかわらず、ヘラー曹長とその乗員はまとまって、奇跡的にキエフまで辿り着くことができた。

次の日から第２０２突撃砲大隊は、キエフ周辺の戦闘に休みなく投入された。11月２日、この戦区において最初のチャーチル戦車を撃破した。同じ11月２日には防御拠点が襲撃機により攻撃され、ミルデンベアガー少尉が重傷を負い、その日のうちに死んだ。

11月15日、ヴァルトナー曹長の車両が12発の対戦車砲弾を受けたが、それにもかかわらず、なんとか自分の突撃砲を連れ戻すことができた。プリーチュ軍曹はＫＶ-１に撃破され、ハイムバッハ少尉も同じ地点で撃破され、瀕死の重傷を負った。

11月７日にキエフはソ連軍に制圧された。第２０２突撃砲大隊は、すでに11月５日にベルディーチェフ方面へ前衛部隊を送っており、ジトミル付近において第１中隊は大隊補給部隊と合流し、ドイツ人移民の入植地〝ヘーゲヴァルト〟で宿営した。

この間に大隊は旅団へ改称され（＊96）、ベルディーチェフ地区においてツィンメリットコーティング付きの新型突撃砲数両を受領した。第１中隊はこの新しい車両４両が与えられた。旅団はベルディーチェフに１９４３年のクリスマスまで留まっていたが、小規模な戦闘を除くと概ね平穏であった。第１中隊は12月17日に、新しい中隊長であるバイアー中尉を迎えた。

12月25日に旅団は警戒警報を受けた。ソ連軍がマロ・ボロヴィーチロエ付近を前進し、村を占領したのである。12月26日の戦闘は２時間続いたが敵は撃退され、引き続いて発起された敵の攻撃も阻止された。

12月27日には、さらに占領していた村がソ連軍による新たな攻撃により奪取された。

そして12月28日にトルーシキィへのドイツ軍の反撃が開始された。突撃砲が攻撃のためにそこへ行って見ると、味方の

注（＊96）編注：著者の誤解と思われる。大隊から旅団への名称変更は１９４４年２月25日付ＯＫＨ命令による。

歩兵はもぬけの殻であった。第1中隊はそこから戻り、敵の突破地点で包囲されて危機に直面している第3中隊を救出することができた。両中隊は帰還する途中にソ連軍1個大隊のど真中を突破し、全ての突撃砲が榴弾砲撃を行なった。彼らが通過する次の村はソ連軍によって占領されていたが、結局、突撃砲は迅速な走行により無事通り過ぎることができた。

次の日は、新しい作戦に投入された。8時に第1中隊は高速道路を前進し、敵の抵抗拠点まで進んだ。ヘプカー少尉は対戦車銃の命中弾により軽傷を負い、突撃砲1両が対戦車砲弾を受けた。ここに据え付けられたソ連軍対戦車砲陣地により8両の突撃砲が破壊され、合流した味方の突撃砲に牽引され、これによって新たな前線を構築した。しばらくしてから、第202突撃砲旅団はヴィンニツァ方面へ撤退を開始し、この1943年における激しい戦闘は終わりを告げた。

(突撃砲兵・上　了)

訳者紹介

高橋慶史（たかはしよしふみ）

1956年岩手県盛岡市生まれ。慶応義塾大学工学部電気工学科卒業後、ベルリン工科大学エネルギー工学科へ留学。終了後の1981年から電力会社に勤務。専門は電化住宅、エコキュート、電気温水器、IHクッキングヒータなどを中心とした生活エネルギー営業。妻と長男、次男の４人家族。

定年後は恐山へ修行に行き、イタコの口寄せ秘術を会得してパウル・カレルの霊を呼び出し、『バルバロッサ作戦』、『焦土作戦』に次ぐ未完の第３部『ベルリン攻防戦』を口述筆記して編纂し、出版社と共に莫大な負債を背負うという壮大な夢を抱いている。

突撃砲兵［上］

発　行　日	2002年３月15日　初版第一刷
著　　　者	フランツ・クロヴスキー＋ゴットフリート・トルナウ
訳　　　者	高橋慶史
発　行　人	小川光二
発　行　所	株式会社大日本絵画 〒101-0054　東京都千代田区神田錦町１丁目７番地 Tel:03-3294-7861（代表）　Fax:03-3294-7865 http://www.kaiga.co.jp
企画・編集	株式会社アートボックス
編集担当	卯月　緑
協　　　力	小松徳仁
装　　　丁	寺山祐策
Ｄ　Ｔ　Ｐ	小野寺徹
印　　　刷	大日本印刷株式会社
製　　　本	株式会社関山製本社

ISBN4-499-22772-0